国家出版基金项目
NATIONAL PUBLICATION FOUNDATION

中国大宗淡水鱼
种质资源保护与利用丛书

总主编
桂建芳　戈贤平

# 团头鲂种质资源

## 保护与利用

主编·高泽霞　缪凌鸿

上海科学技术出版社

图书在版编目（CIP）数据

团头鲂种质资源保护与利用 / 高泽霞，缪凌鸿主编
. -- 上海 ： 上海科学技术出版社，2023.12
（中国大宗淡水鱼种质资源保护与利用丛书 / 桂建
芳，戈贤平总主编）
ISBN 978-7-5478-6295-7

Ⅰ．①团… Ⅱ．①高… ②缪… Ⅲ．①团头鲂－种质
资源－研究－中国 Ⅳ．①S965.119

中国国家版本馆CIP数据核字(2023)第158659号

**团头鲂种质资源保护与利用**
高泽霞　　缪凌鸿　主编

上海世纪出版(集团)有限公司
上海 科 学 技 术 出 版 社　出版、发行
（上海市闵行区号景路 159 弄 A 座 9F － 10F）
邮政编码 201101　　www.sstp.cn
上海雅昌艺术印刷有限公司印刷
开本 787×1092　1/16　印张 13
字数 300 千字
2023 年 12 月第 1 版　2023 年 12 月第 1 次印刷
ISBN 978－7－5478－6295－7/S·265
定价：120.00 元

# 内容提要

　　本书为团头鲂种质资源保护与利用的综合性专著。重点介绍团头鲂的种质资源研究进展，包括团头鲂形态学特征、资源分布、种质遗传多样性、重要功能基因，近年来遗传改良研究成果、种质资源保护面临的问题与保护策略，以及团头鲂新品种选育的关键技术、选育技术路线、新品种特性及其养殖性能表现等。另外，对团头鲂的人工繁殖、苗种培育与成鱼养殖、营养与饲料、病害防治、贮存流通与加工技术也进行了系统总结。

　　本书内容全面、系统，技术先进、实用，适合高等院校和科研院所水产养殖等相关专业的师生使用，也可为养殖生产者、水产技术人员提供参考。

中国大宗淡水鱼种质资源保护与利用丛书

# 编委会

## 总主编

桂建芳　戈贤平

## 编　委

团头鲂种质资源保护与利用

# 编委会

**主编**

高泽霞　缪凌鸿

**副主编**

陈　倩

**编写人员**

（按姓氏笔画排序）

于　跃　王卫民　王焕岭　刘　红　刘　茹　刘　寒

陈　倩　高泽霞　黄　君　温周瑞　熊善柏　缪凌鸿

# 序

　　大宗淡水鱼是中国也是世界上最早的水产养殖对象。早在公元前 460 年左右写成的世界上最早的养鱼文献——《养鱼经》就详细描述了鲤的养殖技术。水产养殖是我国农耕文化的重要组成部分,也被证明是世界上最有效的动物源食品生产方式,而大宗淡水鱼在我国养殖鱼类产量中占有绝对优势。大宗淡水鱼包括青鱼、草鱼、鲢、鳙、鲤、鲫、鲂(鳊)七个种类,2022 年养殖产量占全国淡水养殖总产量的 61.6%,发展大宗淡水鱼绿色高效养殖能确保我国水产品可持续供应,对保障粮食安全、满足城乡居民消费发挥着非常重要的作用。大宗淡水鱼养殖还是节粮型渔业和环境友好型渔业的典范,鲢、鳙等对改善水域生态环境发挥着不可替代的作用。但是,由于长期的养殖,大宗淡水鱼存在种质退化、良种缺乏、种质资源保护与利用不够等问题。

　　2021 年 7 月召开的中央全面深化改革委员会第二十次会议审议通过了《种业振兴行动方案》,强调把种源安全提升到关系国家安全的战略高度,集中力量破难题、补短板、强优势、控风险,实现种业科技自立自强、种源自主可控。

　　大宗淡水鱼不仅是我国重要的经济鱼类,也是我国最为重要的水产种质资源之一。为充分了解我国大宗淡水鱼种质状况特别是鱼类远缘杂交技术、草鱼优良种质的示范推广、团头鲂肌间刺性状遗传选育研究、鲤等种质资源鉴定与评价等相关种质资源工作,国家大宗淡水鱼产业技术体系首席科学家戈贤平研究员组织编写了《中国大宗淡水鱼种质资源保护与利用丛书》。

　　本丛书从种质资源的保护和利用入手,整理、凝练了体系近年来在种质资源保护方面的研究进展,尤其是系统总结了大宗淡水鱼的种质资源及近年来研发的如合方鲫、建鲤2号等数十个水产养殖新品种资源,汇集了体系在种质资源保护、开发、养殖新品种研发,养殖新技术等方面的最新成果,对体系在新品种培育方面的研究和成果推广利用进行了系统的总结,同时对病害防控、饲料营养研究及加工技术也进行了展示。在写作方式上,本丛书也不同于以往的传统书籍,强调了技术的前沿性和系统性,将最新的研究成果贯穿始终。

本丛书具有系统性、权威性、科学性、指导性和可操作性等特点,是对中国大宗淡水鱼目前种质资源与养殖状况的全面总结,也是对未来大宗淡水鱼发展的导向,还可以为开展水生生物种质资源开发利用、生态环境保护与修复及渔业的可持续发展工作提供科技支撑,为种业振兴行动增添助力。

中国科学院院士

中国科学院水生生物研究所研究员

2023 年 10 月 28 日于武汉水果湖

# 前　言

我国大宗淡水鱼主要包括青鱼、草鱼、鲢、鳙、鲤、鲫、团头鲂。这七大品种是我国主要的水产养殖鱼类，也是淡水养殖产量的主体，其养殖产量占内陆水产养殖产量较大比重，产业地位十分重要。据统计，2021 年全国淡水养殖总产量 3 183.27 万吨，其中大宗淡水鱼总产量达 1 986.50 万吨、占总产量 62.40%。湖北、江苏、湖南、广东、江西、安徽、四川、山东、广西、河南、辽宁、浙江是我国大宗淡水鱼养殖的主产省份，养殖历史悠久，且技术先进。

我国大宗淡水鱼产业地位十分重要，主要体现为"两保四促"。

两保：一是保护了水域生态环境。大宗淡水鱼多采用多品种混养的综合生态养殖模式，通过搭配鲢、鳙等以浮游生物为食的鱼类，可有效消耗水体中过剩的藻类和氮、磷等营养元素，千岛湖、查干湖等大湖渔业通过开展以渔净水、以渔养水，水体水质显著改善，生态保护和产业发展相得益彰。二是保障了优质蛋白供给。大宗淡水鱼是我国食品安全的重要组成部分，也是主要的动物蛋白来源之一，为国民提供了优质、价廉、充足的蛋白质，为保障我国粮食安全、满足城乡市场水产品有效供给起到了关键作用，对提高国民的营养水平、增强国民身体素质做出了重要贡献。

四促：一是促进了乡村渔村振兴。大宗淡水鱼养殖业是农村经济的重要产业和农民增收的重要增长点，在调整农业产业结构、扩大农村就业、增加农民收入、带动相关产业发展等方面都发挥了重要的作用，有效助力乡村振兴的实施。二是促进了渔业高质量发展。进一步完善了良种、良法、良饵为核心的大宗淡水鱼模式化生产系统。三是促进了渔业精准扶贫。充分发挥大宗淡水鱼的资源优势,以研发推广"稻渔综合种养"等先进技术为抓手,在特困连片区域开展精准扶贫工作,为贫困地区渔民增收、脱贫摘帽做出了重要贡献。四是促进了渔业转型升级。

改革开放以来,我国确立了"以养为主"的渔业发展方针,培育出了建鲤、异育银鲫、团头鲂"浦江1号"等一批新品种,促进了水产养殖向良种化方向发展,再加上配合饲料、渔业机械的广泛应用,使我国大宗淡水鱼养殖业取得显著成绩。2008年农业部和财政部联合启动设立国家大宗淡水鱼类产业技术体系(以下简称体系),其研发中心依托单位为中国水产科学研究院淡水渔业研究中心。体系在大宗淡水鱼优良新品种培育、扩繁及示范推广方面取得了显著成效。通过群体选育、家系选育、雌核发育、杂交选育和分子标记辅助等育种技术,培育出了异育银鲫"中科5号"、福瑞鲤、长丰鲢、团头鲂"华海1号"等数十个通过国家审定的水产养殖新品种,并培育了草鱼等新品系,这些良种已在中国大部分地区进行了推广养殖,并且构建了完善、配套的新品种苗种大规模人工扩繁技术体系。此外,体系还突破了大宗淡水鱼主要病害防控的技术瓶颈,开展主要病害流行病学调查与防控,建立病害远程诊断系统。在养殖环境方面,这些年体系开发了池塘养殖环境调控技术,研发了很多新的养殖模式,比如建立池塘循环水养殖模式;创制数字化信息设备,建立区域化科学健康养殖技术体系。

当前我国大宗淡水鱼产业发展虽然取得了一定成绩,但还存在健康养殖技术有待完善、鱼病防治技术有待提高、良种缺乏等制约大宗淡水鱼产业持续健康发展等问题。

2021年7月召开的中央全面深化改革委员会第二十次会议,审议通过了《种业振兴行动方案》,强调把种源安全提升到关系国家安全的战略高度,集中力量破难题、补短板、强优势、控风险,实现种业科技自立自强、种源自主可控。

中央下发种业振兴行动方案。这是继 1962 年出台加强种子工作的决定后,再次对种业发展做出重要部署。该行动方案明确了实现种业科技自立自强、种源自主可控的总目标,提出了种业振兴的指导思想、基本原则、重点任务和保障措施等一揽子安排,为打好种业翻身仗、推动我国由种业大国向种业强国迈进提供了路线图、任务书。此次方案强调要大力推进种业创新攻关,国家将启动种源关键核心技术攻关,实施生物育种重大项目,有序推进产业化应用;各地要组建一批育种攻关联合体,推进科企合作,加快突破一批重大新品种。

由于大宗淡水鱼不仅是我国重要的经济鱼类,还是我国重要的水产种质资源。目前,国内还没有系统介绍大宗淡水鱼种质资源保护与利用方面的专著。为此,体系专家学者经与上海科学技术出版社共同策划,拟基于草鱼优良种质的示范推广、团头鲂肌间刺性状遗传选育研究、鲤等种质资源鉴定与评价等相关科研项目成果,以学术专著的形式,系统总结近些年我国大宗淡水鱼的种质资源与养殖状况。依托国家大宗淡水鱼产业技术体系,组织专家撰写了"中国大宗淡水鱼种质资源保护与利用丛书",包括《青鱼种质资源保护与利用》《草鱼种质资源保护与利用》《鲢种质资源保护与利用》《鳙种质资源保护与利用》《鲤种质资源保护与利用》《鲫种质资源保护与利用》《团头鲂种质资源保护与利用》7 个分册。

本套丛书从种质资源的保护和利用入手,提炼、集成了体系近年来在种质资源保护方面的研究进展,对体系在新品种培育方面的研究成果推广利用进行系统总结,同时对养殖技术、病害防控、饲料营养及加工技术也进行了展示。在写作方式上,本套丛书更加强调技术的前沿性和系统性,将最新的研究成果贯穿始终。

本套丛书可供广大水产科研人员、教学人员学习使用,也适用于从事水产养殖的技术人员、管理人员和专业户参考。衷心希望丛书的出版，能引领未来我国大宗淡水鱼发展导向，为开展水生生物种质资源开发利用、生态保护与修复及渔业的可持续发展等提供科技支撑，为种业振兴行动增添助力。

中国水产科学研究院淡水渔业研究中心党委书记
国家大宗淡水鱼产业技术体系首席科学家　戈贤平

2023 年 5 月

# 目 录

1

# 团头鲂种质资源研究进展

团头鲂(*Megalobrama amblycephala* Yih)属鲤形目(Cypriniformes)、鲤科(Cyprinidae)、鲂属(*Megalobrama*),俗称武昌鱼。团头鲂原产于长江中游的一些大、中型湖泊,1955年由易伯鲁教授在湖北省梁子湖发现并定名为新种。团头鲂具有食性广、养殖成本低、生长快、成活率高、易捕捞、能在池塘中产卵繁殖,且具有味美、头小、含肉率高、体形好、规格适中等优点,因而在20世纪60年代就被作为优良的草食性鱼种在我国普遍推广。据FAO最新统计数据(图1-1),团头鲂的年产量从1984年的4.5万吨增加至2020年的78.2万吨,已成为中国主要淡水水产养殖对象之一。

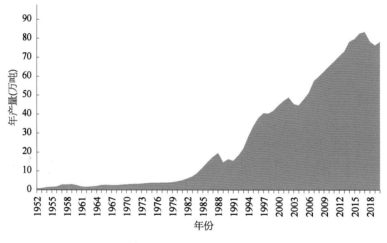

图1-1·团头鲂年产量统计图

自20世纪50年代以来,国内多家单位在团头鲂营养、疾病、免疫、杂交等方面开展了系统研究,主要涉及单位包括华中农业大学、上海海洋大学、南京农业大学、中国科学院水生生物研究所、中国水产科学研究院淡水渔业研究中心、苏州大学、湖南师范大学等。

本章主要综述团头鲂种质资源保护和利用方面的研究进展,以期为团头鲂种业和养殖产业的绿色、高质量、可持续发展提供基础资料(高泽霞等,2014)。

# 团头鲂种质资源概况

## 1.1.1 · 形态学特征

团头鲂体高而侧扁,略呈斜方形(图1-2)。侧线完全。头小,锥形。吻圆钝。口小,端位,口裂呈弧形,上、下颌有薄的角质层。头后部急剧隆起,腹部在腹鳍基前向上斜起,在腹鳍基到肛门间有腹棱。背鳍最后的不分枝鳍条在腹鳍起点的后上方;腹鳍不到肛门,肛门靠近臀鳍;臀鳍基较长;尾鳍叉形。背部灰黑色,腹部浅灰白色,体侧有若干黑条纹,各鳍浅灰色。

图 1-2·团头鲂外形

最早开始对团头鲂的形态进行研究的是易伯鲁(1955)和曹文宣(1960),随后方耀林等(1990)、罗云林(1990)、李思发等(1991)、柯鸿文等(1993)、欧阳敏等(2001)、徐薇和熊邦喜(2008)等都曾对"三湖"(淤泥湖、梁子湖、鄱阳湖)的团头鲂形态学进行过报道。其中,李思发等(1991)分别利用传统测定法和框架测定法分析了湖北省淤泥湖、牛山湖、南湖,以及江苏省邗江的团头鲂群体间的形态差异,研究发现4个团头鲂群体的形态在总体水平上有显著差异。在用判别函数分析方法鉴别鱼的来源方面,单独使用传统测量法的参数时,平均判别率为48.1%;单独使用框架测量法的参数时,平均判别率为63.5%。此外,判别分析显示,淤泥湖、牛山湖和南湖3个群体关系较近,邗江群体与其他群体关系稍远。曾聪等(2011、2014)对来自梁子湖、鄱阳湖和淤泥湖的团头鲂群体的可量性状和可数性状进行了单因素方差分析、单因素协方差分析、聚类分析、判别分析和主成分分析,结果:主成分分析、判别分析和聚类分析结果显示3个湖泊的团头鲂趋于同一群体;通过计算差异系数,根据Mayr等提出的75%规则,认为它们的形态差异仍然是种内不同地理种群的差异,差异还达不到亚种水平;对3个群体的17个可量性状的平均值进行聚类分析(图1-3),结果表明,梁子湖和鄱阳湖团头鲂聚为一类、淤泥湖群体单独成类,梁子湖和鄱阳湖群体聚类距离很近说明两者在形态上非常相似,而淤泥湖的群体则与其他两湖的群体存在较大差别。

从外部形态看,梁子湖与鄱阳湖群体更加相似,这可能与"三湖"的水系有关。梁子湖、鄱阳湖和淤泥湖都是长江中游的附属水体,樊口是梁子湖与长江相通的港口,鄱阳湖更是多处与长江相连通,而淤泥湖以前曾有河道与长江相连,后因建坝修闸而隔断(李思

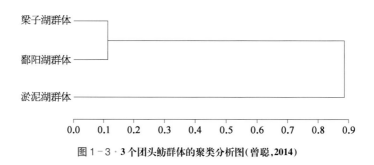

图 1 - 3 · 3 个团头鲂群体的聚类分析图(曾聪,2014)

发,1991)。可能是梁子湖和鄱阳湖的生态环境更为相似,从而导致团头鲂的形态比较相似;也可能是两湖之间有水系直接连通,使得种群之间存在基因交流,或者是广泛的移植和人工繁殖导致这一现象的产生。

### 1.1.2 · 种质资源分布状况

团头鲂自然分布范围比较狭窄,主要集中分布在湖北的梁子湖和淤泥湖、江西的鄱阳湖 3 个长江中游的大、中型湖泊。目前,在梁子湖建立了国家级团头鲂原种场及相应的种质资源保护区,在淤泥湖建立了团头鲂国家级水产种质资源保护区,保护区的建设对团头鲂原种保护起到积极作用。

截至 2022 年,国家审定的、通过选择育种方法培育的团头鲂新品种有 3 个,分别为团头鲂"浦江 1 号"、团头鲂"浦江 2 号"、团头鲂"华海 1 号";与鲌属鱼类和黄尾密鲴通过杂交选育的新品种有 5 个,分别为鲌鲂"先锋 2 号"、鳊鲴杂交鱼、芦台鲂鲌、太湖鲂鲌、杂交鲂鲌"皖江 1 号"。这些新品种在全国范围内得到大面积推广应用,极大地推动了团头鲂的养殖经济效益,各地也相应地建立了国家级和省级的团头鲂良种场,包括湖北阳新团头鲂良种场、江苏滆湖团头鲂良种场、陕西兴平团头鲂良种场等。

### 1.1.3 · 种质遗传多样性

20 世纪 80 年代以来,用于研究群体遗传多样性、物种亲缘关系和系统进化、种质鉴定,以及构建分子遗传连锁图谱等的各种分子标记方法发展迅速,主要有限制性片段长度多态性(restriction fragment length polymorphism, RFLP)、微卫星(microsatellite)、线粒体 DNA(mtDNA)、随机扩增多态性 DNA(random amplification polymorphic DNA, RAPD)、扩增片段长度多态性(amplified fragment length polymorphism, AFLP)等。进入 21 世纪以后,一方面由于团头鲂人工驯养群体退化现象十分普遍且日益严重,另一方面由于过度捕捞和水域污染等情况日益恶化,导致团头鲂天然种质资源也面临严重的威胁。鉴于此,许多研究者开始利用 RAPD、mtDNA、微卫星等分子标记来调查和评估团头鲂野生群体和养殖群体的遗传多样性现状。

张德春(2001)利用 RAPD 技术对淤泥湖和梁子湖的团头鲂野生群体进行了遗传结构分析,结果表明,淤泥湖和梁子湖团头鲂个体间的遗传相似度在 0.939 5~0.961 4 之间,平均值为 0.954 1,说明淤泥湖和梁子湖野生群体的遗传多样性水平较低。李弘华(2008)测定了淤泥湖、梁子湖及鄱阳湖团头鲂共 53 尾样本的 mtDNA 控制区序列,结果显示,在获得的 411 bp 长度的控制区序列中仅检测到 3 个突变位点、5 种单倍型,表明这 3 个种群的遗传多样性水平比较低,且淤泥湖种群的遗传多样性水平最低。李杨(2010)和冉玮 等(2010)采用微卫星和相关序列扩增多态性(sequence-related amplified polymorphism,SRAP)分子标记方法分析了 3 个团头鲂天然群体(梁子湖、鄱阳湖和淤泥湖)的遗传多样性,结果显示,3 个地理群体团头鲂之间遗传分化均很小,表明团头鲂之间地理隔绝造成的种内分化不明显;其中,梁子湖和鄱阳湖群体之间的遗传分化水平($Fst$ = 0.037 6)极低,而梁子湖与淤泥湖群体之间的遗传分化水平相对较高($Fst$ = 0.073 3)。李杨(2010)采用 10 个微卫星标记对 3 个团头鲂野生群体进行扩增(表 1-1),共检测到等位基因 136 个,等位基因数($A$)在 4~8 之间,3 个群体的平均等位基因数为梁子湖群体最少(5.6 个)、鄱阳湖群体最多(6.5 个)、淤泥湖居于中间(6.3 个);所有 10 个微卫星标记在 3 个群体的观测杂合度($Ho$)在 0.606 1~0.923 1 之间,期望杂合度($He$)在 0.669 0~ 0.883 8 之间;10 对微卫星标记在 23 个位点上表现出较高的观测杂合度($Ho$>0.7)、占总座位数的 76.7%,淤泥湖群体虽然等位基因数目较鄱阳湖群体少,但是其平均观测杂合度却是最高的($Ho$ = 0.765 4)。Luo 等(2017)采用 9 个微卫星标记对淤泥湖、梁子湖和鄱阳湖团头鲂野生群体的遗传多样性进行了分析,3 个野生群体的遗传多样性分别为 0.71、0.77 和 0.77,淤泥湖和梁子湖群体之间的遗传距离相对较远,而鄱阳湖和梁子湖群体之间的遗传距离相对较近。

**表 1-1 · 团头鲂 3 个野生群体的遗传结构分析**

(李杨,2010)

| 微卫星位点 | 梁子湖(LZ) | | | 鄱阳湖(PY) | | | 淤泥湖(YN) | | |
|---|---|---|---|---|---|---|---|---|---|
| | $A$ | $Ho$ | $He$ | $A$ | $Ho$ | $He$ | $A$ | $Ho$ | $He$ |
| WCB01 | 6* | 0.888 9 | 0.771 9 | 7 | 0.843 8 | 0.810 5 | 7* | 0.857 1 | 0.817 0 |
| WCB02 | 6* | 0.875 0 | 0.786 7 | 5* | 0.846 2 | 0.794 9 | 6* | 0.628 6 | 0.813 3 |
| WCB03 | 5* | 0.606 1 | 0.740 8 | 6 | 0.666 7 | 0.741 4 | 6 | 0.709 7 | 0.759 4 |
| WCB04 | 5 | 0.900 0 | 0.786 1 | 6 | 0.911 8 | 0.795 9 | 5* | 0.923 1 | 0.669 0 |

| 微卫星位点 | 梁子湖（LZ） | | | 鄱阳湖（PY） | | | 淤泥湖（YN） | | |
|---|---|---|---|---|---|---|---|---|---|
| | A | Ho | He | A | Ho | He | A | Ho | He |
| WCB05 | 7 | 0.843 0 | 0.804 2 | 8 | 0.897 4 | 0.785 6 | 6 | 0.784 2 | 0.654 2 |
| WCB06 | 4 | 0.899 2 | 0.883 8 | 8 | 0.886 3 | 0.815 4 | 6 | 0.803 5 | 0.739 9 |
| WCB07 | 4 | 0.865 4 | 0.712 5 | 7 | 0.848 5 | 0.779 3 | 8 | 0.927 0 | 0.690 5 |
| WCB08 | 8* | 0.687 9 | 0.742 1 | 5 | 0.748 9 | 0.704 1 | 5 | 0.743 2 | 0.758 0 |
| WCB09 | 5 | 0.665 1 | 0.774 9 | 6 | 0.826 2 | 0.763 8 | 7 | 0.668 9 | 0.801 2 |
| WCB10 | 6 | 0.754 2 | 0.812 3 | 7 | 0.698 0 | 0.754 0 | 7 | 0.765 4 | 0.844 3 |
| 平均值 | 5.6 | 0.798 | 0.782 | 6.5 | 0.817 | 0.774 | 6.3 | 0.781 | 0.754 |

注：上标 * 示显著偏离哈代—温伯格平衡（$P<0.05$）。

在团头鲂人工繁殖群体遗传多样性研究方面，边春媛等（2007）采用 mtDNA - loop 区段的 PCR - RFLP 方法对采自天津市蓟县、宁河县及山西省太原市的 3 个人工繁殖群体共 136 尾团头鲂进行遗传多样性分析，结果显示，蓟县和太原两个群体所有个体间没有差异，只有一种单倍型，宁河县群体 46 尾鱼中也仅存 2 种单倍型，说明这 3 个人工繁殖群体的遗传多样性很低。Ji 等（2014）采用 SRAP 标记分析了团头鲂"浦江 1 号"养殖群体和南溪养殖群体的遗传结构，结果显示，养殖群体的遗传多样性显著低于其野生群体。

为及时检测团头鲂多倍体群体内的遗传变异，并为选育团头鲂不育系提供理论依据和参考资料，唐首杰等（2007、2008）分别利用微卫星标记和线粒体 DNA 标记对不同倍性团头鲂（同源 4n - $F_1$、正交 3n、反交 3n、异源 3n 和 2n）群体进行了遗传多样性分析，结果均表明，5 个群体的遗传多样性由大到小依次为：反交 3n>异源 3n>正交 3n>同源 4n - $F_1$>2n，而且前 4 个群体的遗传多样性水平均显著高于第五个群体（2n）。

### 1.1.4 · 多组学资源

21 世纪以来，随着高通量测序技术的快速发展，测序成本不断降低，高通量测序已经被广泛应用到现代农业科学及生命科学研究中。团头鲂组学相关研究也逐渐开展，研究人员相继构建了全面、丰富的团头鲂全基因组、转录组、miRNA 组、代谢组、蛋白组等多组学资源，并用于研究团头鲂生长、抗病、耐低氧、肌间刺等性状发生和发育的分子机制。

#### ■（1）团头鲂全基因组资源开发

全基因组测序对研究物种的基因集信息、基因表达模式、物种进化、发育调控机理及品种改良都具有重要意义。为获得团头鲂的全基因组信息,Liu 等(2017)解析了团头鲂的全基因组遗传图谱信息。提取双单倍体团头鲂血液 DNA 建库,基于二代测序平台对其全基因组进行 de novo 测序、组装、注释及进化研究,获得了团头鲂的全基因组与基因集数据。团头鲂基因组大小为 1.116 Gb,测序覆盖度为 130X,GC 含量为 37.3%,contig N50 长度为 49 kb,scaffold N50 长度为 839 kb;团头鲂基因组注释得到 23 696 个蛋白编码基因,其中 99% 的基因都有转录组数据及同源物种注释信息支持,另外注释到 1 408 个非编码 RNA,其中 474 个 miRNA、110 个 rRNA、530 个 tRNA 和 294 个 snRNA;团头鲂基因组中有 34% 的转座子序列(TE),其中 DNA 型转座子占 23.8%、逆转座子 LTRs 占 9.89%,与其他鱼类相比,团头鲂 LTRs 的比例较高(Liu 等,2017);为了进一步提高团头鲂基因组的组装质量,Liu 等(2021)基于三代测序平台,测序、组装得到团头鲂基因组大小为 1.11 Gb,contig N50 长度为 2.4 Mb,scaffold N50 长度为 3.2 Mb。经 BUSCO 评价,组装结果完整性为 96.1%,并利用遗传图谱将组装结果锚定到 24 条染色体上。在团头鲂 24 条染色体和斑马鱼 25 条染色体间不存在大的染色体易位,团头鲂的 2 号染色体与斑马鱼的 10 号和 22 号染色相关(图 1-4)。

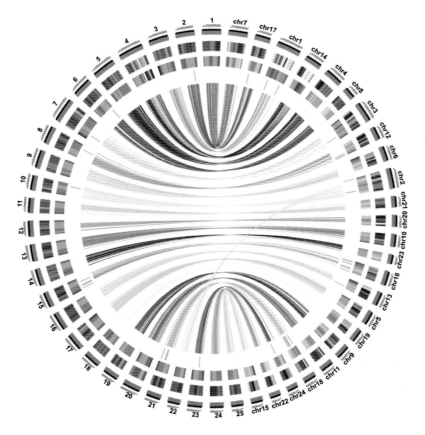

**图 1-4·团头鲂与斑马鱼基因组共线性分析**

从内圈到外圈:绿色柱子代表 OR 基因;蓝色柱子代表 50 kb 滑动窗口内的 GC 含量;橙色柱子代表每条染色体上基因的分布;灰色柱子代表遗传连锁图谱

### ▪（2）团头鲂生长相关性状多组学资源开发

生长性状是水产养殖中衡量经济效益的核心因素,如何提高经济鱼类生长速度从而使其拥有更高的经济效益一直备受关注。Gao 等(2012)采用高通量 454 GS FLX Titanium 测序技术对生长快和生长慢的团头鲂个体进行测序分析,首次获得了团头鲂的转录组数据资源库,共获得 100 477 条 unigene,包括 26 802 条 contig 和 73 675 singleton。在装配好的 contig 中,5 615(21%)的 ORF 长于 200 bp,平均长度为($736\pm244$) bp,其中最短的 305 bp、最长的 3 017 bp。利用 BlastX 程序(期望值为 $E^{-10}$)将所有的 unigene(contig 和 singleton)序列与 Nr 进行同源性比对。共提交了 100 477 条 unigene 进行比对,其中有 40 687 条(40.5%)unigene 至少得到一种显著的注释。对所有注释到的团头鲂 unigene 进行 GO 功能分类,共有 21 023 个 unigene 获得注释结果,这些序列被分为分子功能(molecular function)、细胞组分(cellular component)和生物学过程(biological process)3 个大类、41 个小类,这一分类结果显示了基因表达谱的总体情况。Yi 等(2013)对团头鲂生长快和生长慢两个家系不同生长发育阶段个体的组织(脑、垂体、肝脏、肌肉)miRNA 组进行了 Solexa 高通量测序,共筛选到 347 个已知 miRNA 以及 22 个新 miRNA。通过比较生长快速和生长慢速家系的 miRNA 表达情况,筛选到 16 个下调表达的 miRNA 和 11 个上调表达的 miRNA。采用 stem-loop RT－PCR 方法检测了 8 个 miRNA 在团头鲂 10 个组织中的表达情况。研究开发的 miRNA 资源有助于进一步探讨 miRNA 在团头鲂生长或其他表型性状的调控作用。

非编码 RNA(non-coding RNA, ncRNA)已被证实在哺乳动物机体中广泛调控生长发育过程。Liu 等(2021)通过分析团头鲂快速生长群体和缓慢生长群体中 ncRNA 和相关基因的表达模式,为进一步探究 ncRNA 在鱼类生长发育过程中的调控机制提供研究基础,主要研究结果如下:通过 RNA－seq 构建了团头鲂生长快群体和生长慢群体的肌肉组织全转录组数据库,来自两个群体的 6 个测序组分别获得 16.63 Gb、13.23 Gb、13.41 Gb、12.28 Gb、13.45 Gb、13.48 Gb 的去 rRNA 链特异性文库 clean data 和 0.68 Gb、0.80 Gb、0.80 Gb、0.77 Gb、0.88 Gb、0.95 Gb 的 sRNA 文库 clean data。经过数据分析鉴定到了 445 个环状 RNA(circular RNA, circRNA)、18 194 个长链非编码 RNA(long non-coding RNA, lncRNA)、292 个已知微小 RNA(microRNA, miRNA)、23 696 个信使 RNA(messengerRNA, mRNA),筛选到 124 个差异表达 RNA(42 个 circRNA、8 个 miRNA、55 个 lncRNA 和 19 个 mRNA)。这些差异表达 ncRNA 的靶基因和来源基因在多种酶活、代谢通路和信号通路富集,表明这些差异表达 ncRNA 很可能通过靶向与生长发育相关的基因来发挥调节功能。通过相关性分析构建 ceRNA 网络,其中 circRNA－miRNA－mRNA 网络预测到 15 个 circRNA、14 个 miRNA 和 27 个 mRNA,lncRNA－miRNA－mRNA 网络预测到 755 个 lncRNA、51 个 miRNA 和 73 个 mRNA。通过对基因功能及调控通路分析,鉴定到两个可能对团头鲂生长发育具有一定影响的 ceRNA 调控网络,其中 novel_circ_0001608 和 LNC_011955 可与 MamblycephalaGene14755(*PIK3R1*)竞争 dre－miR－153b－5p,novel_circ_0002886 和 LNC_010094 可与 MamblycephalaGene10444(*apip*)竞争 dre－miR－124－6－5p,从而影响这些靶基因在肌肉生长和细胞凋亡过程中发挥作用。使用 qRT－PCR 验证部分差异表达转录本及 ceRNA 的表达趋势,结果表明,测序数据真实有效。成功培养了 Hela 细胞和团头鲂肌肉细胞用于验证实验,双荧光素酶报告实验和过表达实验的结果表明,预测的 LNC_010094 具有 dre－miR－124－6－5p 结合位点,可作为 dre－miR－124－6－5p 的分子海绵,从而抑制 dre－miR－124－6－5p 发挥作用。此外,过表达实验的结果显示,转染进细胞的外源 dre－miR－124－6－5p 模拟物可能与内源 dre－miR－124－6－5p 产生了竞争关系,导致可利用的 RISC 复合体损失,从而减轻了对内源性 dre－miR－124－6－5p 靶标基因的抑制作用。

### ▤ (3) 团头鲂免疫与抗病性状多组学资源开发

团头鲂具有抗病性强的优良特性,相对于同为草食性的草鱼来说,不仅患病要少得多,而且发病的程度也较轻。但近年来,由于生态环境恶化、水质不达标,以及滥用药物、饲养管理不善等原因,团头鲂养殖过程中的病害越来越严重,其中最严重的就是由嗜水气单胞菌引起的团头鲂细菌性败血症。研究者通过高通量测序技术和生物信息学分析,对嗜水气单胞菌感染后不同时间点团头鲂的肝脏组织进行了 mRNA、miRNA、lncRNA、circRNA 转录组学分析。

在 mRNA 组学方面,魏伟(2015)分析得到 13 962 个差异表达基因(DEG),KEGG 富集到 43 个通路,包括多个疾病相关以及免疫调节相关通路;GO 富集分析得到 16 个 Component Ontology、22 个 Function Ontology 以及 33 个 Process Ontology,这些分类与内质网和 MHC 蛋白复合体、多种酶的活性、抗原结合、铁离子结合、血红素结合、肽段结合、抗原加工与呈递过程,以及 T 细胞、白细胞和淋巴细胞介导的免疫过程、适应性免疫过程、细胞杀伤过程、小分子降解过程等相关。在 miRNA 组学方面,Cui 等(2016)鉴定到 171 个保守的 miRNA 和 62 个新的 miRNA,分别有 61 个和 44 个 miRNA 在感染后 4 h 和 24 h 呈显著上调或者下调表达。差异表达 miRNA 靶基因预测和靶基因 GO、KEGG 分析表明,嗜水气单胞菌能够影响团头鲂的多种生物学通路。在预测的靶基因中共鉴定到 94 个免疫相关基因。通过靶基因预测、荧光定量 PCR 检测和双荧光素酶报告载体实验等初步验证了一些 miRNA 与其相应靶基因的关系,推测差异表达 miRNA 可能通过调控相应的靶基因进而参与了抵抗细菌入侵的免疫反应:miR-375 通过调控靶基因转铁蛋白(TF)和转铁蛋白受体(TFR)在团头鲂铁稳态和抵抗细菌入侵中发挥着重要的作用;miR-146a 和 miR-29a 作为负调控因子通过靶向调控 traf6 基因,进而参与调控 TLR/NF-κB 信号通路,在鱼体先天性免疫反应中起重要的作用。在 lncRNA 组学方面,Sun 等(2021)鉴定出 14 849 个 lncRNA,其中有 2 196 个差异表达 lncRNA。差异表达 lncRNA 的靶基因主要参与感染后 4 h 和 12 h 的"催化活性、内质网细胞质和高尔基体"等过程。WGCNA (weighted correlation network analysis)分析发现 28 个模块与感染后不同时间点显著相关,其中显著正相关的 6 个模块中包括许多免疫相关基因,如 HACE1、IL-1β、NF-kB、TF、p53、Hsp90、铁调素基因、穿孔素基因等。KEGG 分析表明,感染后差异表达 lncRNA 靶基因显著富集于"脂肪细胞因子信号通路、单纯疱疹病毒感染、NOD 样受体信号通路、PPAR 信号通路"和"蛋白质输出、内质网中的蛋白质加工、RIG-I 样受体信号通路、TGF-β 信号通路和 Toll 样受体信号通路"。Wang 等(2021)鉴定到 250 个可靠的新 circRNA,超过 50% 的 circRNA 来源于外显子,其他来源于内含子(约 13%)和基因间区域(约 32%)。circRNA 长度介于 200~400 bp,平均长 305 bp。在 24 条染色体上均有 circRNA 分布,数量为 3~12 个。筛选到 106 个差异表达 circRNA,GO 分析显示,其亲本基因主要富集到阴离子结合、维生素结合、肝脏发育、吞噬作用的调节和内吞作用的调节等条目;KEGG 分析显示,主要富集到补体和凝血级联反应、FcγR 介导的吞噬作用和铁死亡等与免疫相关的通路。对 circRNA 的靶 miRNA 进行预测,显示 208 个 circRNA 可以结合 162 个 miRNA。构建了与免疫相关的 circRNA-miRNA-mRNA 调控网络,包含 139 个 circRNA、39 个差异表达 miRNA 和 72 个免疫相关的 mRNA。WGCNA 分析得到 13 个与感染相关的模块,其中 5 个与嗜水气单胞菌感染高度正相关。进一步通过软件预测、荧光素酶报告基因实验、核质 RNA 分离提取及 qPCR 检测等显示,circARHGEF15 主要分布在细胞质,具备作为 miRNA 海绵参与转录后调控的条件。

此外,在团头鲂免疫研究方面,Jiang 等(2016)构建了内毒素刺激前后免疫组织的两个 miRNA(SRNA)文库,并用高通量测序技术对其进行了测序。两个文库差异表达的 miRNA 有 113 个(34.88%),其中 63 个在脂多糖刺激样品中表达上调。GO 和 KEGG 对靶基因的功能注释表明,大多数差异表达 miRNA 可能参与了免疫应答。

### ■ (4)团头鲂耐低氧等抗逆性状相关多组学资源开发

在耐低氧性状方面,Chen 等(2017)采用 Illumina HiSeq TM 2500 高通量测序平台对 3 种不同低氧处理的团头鲂肌肉样本进行深度测序,总共产生了 96 934 854 个原始读数,生物信息分析显示 426 个基因差异表达,在低氧胁迫条件下下调差异基因的数目远大于上调差异基因的数目,表明肌肉组织主要是通过抑制基因表达的方式来应对低氧胁迫的。下调差异基因富集的生物学功能集中在蛋白与大分子复合物的组装和组织过程,上调差异基因主要涉及肌肉收缩和血液循环。发现了 52 623 个可能的 SNPs 位点,其中碱基转换型位点 30 192 个、颠换型位点 16 802 个,转换与颠换比为 1.80;同义 SNPs 占编码区总 SNPs 的 99.7%,错义 SNPs 仅占约 0.3%。Sun 等(2017)在 4 个急性缺氧和复氧阶段对团头鲂的 miRNA 和 mRNA 表达差异进行了综合分析,鉴定了许多与氧化应激相关的显著差异表达 miRNA 和基因,并通过 GO 功能和 KEGG 通路分析揭示了其功能特征。结果显示,差异表达 miRNA 和基因参与影响能量代谢和凋亡的 HIF-1 途径。

在氨氮等抗逆性方面,Sun 等(2016a)将团头鲂暴露于氨(0.1 mg/L 或 20 mg/L)之后,从团头鲂鳃中构建了两个 cDNA 文库,使用 Illumina HiSeq 2000 进行测序,共产生了超过 9 000 万条读数,并从头组装成 46 615 个单基因,通过与不同的蛋白质数据库进行比较,并对其进行广泛注释,然后进行生化途径预测。结果显示,2 666 个单基因的表达有明显差异,1 961 个单基因表达上调、975 个单基因表达下调,250 个单基因被确定为 10 个保守 miRNA 家族和 4 个推定的新 miRNA 家族的靶点。

### ■ (5) 团头鲂食性相关多组学资源开发

基于不同食性鱼类的比较基因组学分析发现,草食性的团头鲂和草鱼祖先支扩张的基因家族主要与免疫、嗅觉受体、糖和脂类物质代谢相关;与其他肉食性和杂食性鱼类相比,在草食性的团头鲂和草鱼同时受到正选择的基因家族中,有 17 个基因在糖代谢和脂肪代谢调控中起关键作用(Liu 等,2017)。为了明确草食性的团头鲂和其他不同食性鱼类肠道微生物的差别,Liu 等(2016a)基于高通量测序的宏基因组测序方法研究了同一水域 4 种不同食性的 8 种鱼肠道微生物菌群组成与丰度的关系。研究构建了 24 个测序文库,共获得 985 356 条高质量序列、7 349 个 OTUs,共包含了 53 个细菌门。PCoA 分析发现,由于食性不同,草食性和肉食性鱼类明显聚为两个群;4 种食性鱼共有的核心菌群比例较大(18.01%)。在门水平,优势菌群分别为变形菌门、后壁菌门、梭菌门和酸杆菌门,但 4 种菌群相对丰度有差别;在属水平,草食性的团头鲂和草鱼肠道微生物中纤维素降解菌群比例最高(>7%),主要为梭菌属、柠檬酸杆菌属、纤毛菌属和链球菌属。在肉食性鱼类中,纤维素降解菌群比例只有 2%,而相对丰度较高的菌群主要为鲸杆菌属和盐单胞菌属。在杂食性和肉食性鱼类中,梭杆菌属、鲸杆菌属和盐单胞菌属的相对丰度均较高。推测,纤维素降解菌群在草食性鱼类食物消化中可能扮演极为重要的作用。

为了探究性别差异是否会影响嗅觉受体的表达，Lv 等（2021）对性成熟的团头鲂嗅囊组织进行了转录组测序，雌、雄各 3 尾，6 个团头鲂嗅囊组织测序获得 40 Gb 数据，有81.78%的 clean reads 比对到团头鲂参考基因组中。对雌雄差异表达基因进行分析发现，与雌性相比，雄性嗅囊中表达上调的基因有 2 137 个、表达下调的基因有 1 717 个，其中差异最为明显的基因均参与了免疫系统的调节，如主要组织相容性复合体（MHC）、20 s 蛋白酶体（PMSB）等。对嗅觉受体基因进行注释，根据注释结果获得 224 个主嗅觉受体（ORs）基因、5 个犁鼻器 Ⅰ 型受体（V1Rs）基因、55 个犁鼻器 Ⅱ 型受体（V2Rs）基因和 52 个痕量氨相关受体（TAARs）基因。其中，大部分嗅觉受体基因并没有表现出性别二态性，仅 10 个嗅觉受体基因（*Delta24*、*Delta25*、*Delta58*、*Delta61*、*Delta37*、*V2R1*、*V2R4*、*V2R23*、*V2R27*、*TAAR31*）表现出明显的雌雄差异（Lv 等，2021）。

### ■ （6）团头鲂肌间刺发生发育相关多组学资源开发

肌间刺的存在显著影响了团头鲂等大宗淡水鱼类的食用和加工利用价值，为了解团头鲂肌间刺发生、发育不同时期的基因表达差异信息，科研人员做了大量的工作（图 1-5）。Wan 等（2016）基于团头鲂肌间刺发育的 4 个关键时期（S1,肌间刺尚未出现；S2,少量短的肌间刺出现；S3,肌间刺大量出现并快速生长；S4,肌间刺完全出现），开展了 mRNA 表达谱与 miRNA 转录组联合分析，获得了与骨发育相关的差异表达基因和调控骨发育的 miRNA,且这些差异基因被 KEGG 通路功能注释到与骨分化相关的信号通路，如 *MAPK*、*Wnt*、*TGF - β* 等验证了 mRNA 和 miRNA 的表达模式和调控关系。Liu 等（2017）运用全基因组和转录组结合分析团头鲂肌间刺发育的 3 个时期（S1,肌间刺尚未出现；S2,部分肌间刺出现；S3,肌间刺完全出现）的遗传基础和功能，结果表明有 249 个上调的差异表达基因在 S2 和 S3 时期表达，且 KEGG 功能注释这些基因是与钙离子转运、肌动蛋白、细胞骨架、肌肉收缩相关的。Nie 等（2019）对团头鲂肌间刺发育的 4 个关键时期进行 iTRAQ 比较蛋白组学分析，一些鉴定的蛋白被注释到与骨发育相关的通路，如 TGF - β、Calcium、MAPK 等。KEGG 功能注释不同肌间刺发育时期的差异表达蛋白结果表明，与骨发育相关的通路在 4 个肌间刺发育时期可能发挥不同的调控作用；另外，也筛选出来一些与骨发育相关的基因，如 *entpd5*、*casq1a*、*camk*、*pvalb*、*col6α3* 等。Chen 等（2021）对 6 月龄（肌间刺快速生长，形态短且简单）和 3 龄（肌间刺生长缓慢，形态长且复杂）团头鲂的肌间刺样本进行全转录组分析，共确定差异表达的 126 个 miRNA、403 个 mRNA 和 353 个 lncRNA,构建了 14 个与肌间刺生长相关的 ceRNA 调控网络，发现 MAPK 通路在肌间刺矿化过程中发挥重要的作用。

为解析肌间刺组织与其外周结缔组织、肌肉组织及肋骨组织的基因表达差异，Wan

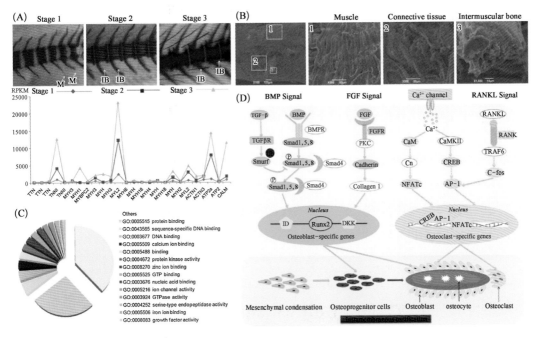

图 1-5·团头鲂肌间刺发育相关功能基因调控图

等(2015)对 6 月龄团头鲂的肌肉组织、结缔组织和肌间刺组织进行 mRNA 表达谱和 miRNA 比较分析,分别确定了 3 个组织间的差异表达基因和特异性表达基因,且这些基因都被 GO 和 KEGG 功能注释,miRNA 分析结果显示 44 个保守的 miRNA 在肌间刺和结缔组织中差异表达,并通过荧光定量方法验证了差异基因和 miRNA 的表达模式。Nie 等(2017)对 1 龄和 2 龄团头鲂的肋骨和肌间刺组织进行 iTRAQ 比较蛋白组学分析,明确一些蛋白对肌间刺或肋骨发育具有更重要的作用,如影响骨骼钙化的 annexins A2、与骨矿化相关的 collagen α1(V)。此外,该研究还表明,与肌间刺相比,团头鲂肋骨在发育过程中具有更多的骨重塑和再吸收过程,发现了两个在肋骨中高表达的蛋白(vitronectin b precursor 和 matrix metalloproteinase-2),这可能是肌间刺体积无法像肋骨一样大的原因。

Chen(2021)通过对有刺鱼(团头鲂、斑马鱼、鲤、草鱼)和无刺鱼(牙鲆、罗非鱼、虹鳟、大西洋鳕鱼)的同源基因比较分析,发现了 7 869 个基因在有刺鱼和无刺鱼共同表达,其中有 2 935 个同源基因仅在有刺鱼中表达;同时,也对团头鲂肌间刺发生、发育的 3 个时期(S1,肌间刺尚未出现;S2,部分肌间刺出现;S3,肌间刺完全出现)进行转录组测序,筛选出与肌间刺发育相关的基因。

### 1.1.5·重要功能基因

团头鲂的功能基因研究肇始于 2001 年,早期研究主要集中在与团头鲂生长、繁殖、内分泌及体型进化相关基因的研究,近年来主要集中在耐低氧、抗病、肌间刺、食性等性状方面。

### ■ (1) 团头鲂生长相关基因

劳海华等(2001)采用 cDNA 末端快速扩增技术(rapid amplification of cDNA ends, RACE)克隆获得了团头鲂生长激素基因 *GH* 的 cDNA 序列。白俊杰等(2001)采用逆转录 PCR(reverse transcription PCR, RT-PCR)方法获得了团头鲂胰岛素样生长因子基因 *IGF-I* 的 cDNA 序列。俞菊华等(2003)采用 RT-PCR 和 RACE 法,分离和测定了团头鲂生长抑素前体基因 I(*PSSI*)的 cDNA 全长核苷酸序列。在繁殖相关基因研究方面,曲宪成等(2007)利用 RT-PCR 和 RACE 克隆了团头鲂脑下垂体中两种促性腺激素 β 亚基基因 *GtH Iβ* 和 *GtH IIβ* 的 cDNA 序列,并对其进行了结构和系统进化分析。曲宪成等(2008)利用改进的锚定 PCR 法克隆了团头鲂 *GtH Iβ* 基因 5′端侧翼序列,并在生物信息学方法分析的基础上构建了荧光素酶质粒表达载体。Zeng 等(2014)克隆了团头鲂一批基因并分析了其对相关性状的调控作用,包括生长性状相关基因,如生长激素受体基因 *GHR1* 和 *GHR2*、胰岛素样生长因子基因 *IGF-I* 和 *IGF-II*、肌肉生长抑制素基因 *MSTN a* 和 *MSTN b* 等,采用 Real-time PCR 方法定量分析了团头鲂 6 个生长相关基因在其不同生长发育阶段相应组织(脑、肝脏、肌肉)的表达情况,并比较了这些基因在生长快和生长慢两个群体的表达差异。结果显示: *GHRs* 基因在肝脏与肌肉中高表达,在 6 月龄表达量高于 3 月龄与 12 月龄,生长快群体中的表达量高于生长慢群体($P<0.05$);*IGFs* 基因在 3 个组织中均有表达,且在肝脏中表达量最高,随着月龄的增加表达量递减,生长快群体中的表达量高于生长慢群体($P<0.05$);*MSTN a* 与 *MSTN b* 基因在团头鲂组织中表达模式存在较大差异,*MSTN a* 在肌肉中高表达,*MSTN b* 主要在脑与肝脏中表达,且 *MSTNs* 基因的表达量与团头鲂生长速度呈负相关($P<0.05$)。聚类分析显示: 除 *MSTN b* 基因外,其他 5 个基因在生长快、慢两个群体中表达量均分别聚为一支;团头鲂不同时期组织表达聚类结果表明,除了 3 月龄肝脏与 12 月龄肌肉组织外,本研究中的 6 个生长相关基因在不同时期的同一组织中的表达模式存在相似性。杜尚可(2017)在团头鲂中过表达 *MSTN* 基因,结果显示,胚胎在体节发生期出现前-后轴伸长、背-腹轴缩短、脊索发生扭曲、生长发育受到抑制等现象。肝素结合生长因子(*Mdk*)是一种对细胞生长、分化、迁移有重要作用的生长因子。在注射重组人体生长激素(hGH)处理过程中,与对照组相比,在注射 50 μg hGH 的肝脏、肠组织中 *Mdka* 和 *Mdkb* mRNA 表达量迅速下降;在注射 10 μg hGH 的肠组织中 *Mdka* 和 *Mdkb* mRNA 表达量也都呈现下降趋势,但它们的表达量下降程度不同;在注射 10 μg 和 50 μg hGH 的脑组织中 *Mdka* mRNA 表达量迅速上升,而 *Mdkb* mRNA

表达量没有显著变化。

### ■（2）团头鲂免疫与抗病性状相关基因

研究人员克隆了团头鲂如热激蛋白 90（heat shock protein 90，Hsp90α 和 Hsp90β）（Ding 等，2013）、主要组织相容性复合体（major histocompatibility complex，MHC IIA 和 MHC IIB）（Luo 等，2014）、转铁蛋白及其受体 2（transferrin，TF；transferrin receptor 2，TFR2）（Ding 等，2015）、铁蛋白重链和中链（ferritin heavy and middle chain，FTH 和 FTM）（Ding 等，2017a）、内凝集素（intelectin，INTL）（Ding 等，2017b）、白细胞介素 6（interleukin-6，TL-6）（Fu 等，2016）、白细胞介素-12（IL-12）（武佳琪等，2022）、NOD 样受体 C 亚族（the nucleotide-binding oligomerization domain-like receptors subfamily C3 like，NLRC3-like）（Zhou 等，2017）、补体（complement factor，Pf、If、Hf、Bf/C2、Df 和 Pf）（范君等 2019；Ding 等，2019）、抗菌肽 NK-lysin（詹柒凤等，2016）等免疫与抗病性状相关基因，对其进行了系统进化等生物信息学分析，利用 qPCR 和 Western blot 技术检测了其在健康团头鲂各组织中的表达和在嗜水气单胞菌感染后团头鲂各组织中的表达。结果显示：除个别基因在特异组织高表达（如 tf 在肝脏中特异高表达）外，大部分基因在健康鱼各组织广泛表达，但在免疫相关组织如肝脏、脾脏、肾脏中表达相对高于其他组织；在嗜水气单胞菌感染后，各基因在不同免疫组织中的表达与对照均有显著差异，但表达模式各不相同，表明这些基因参与细菌感染后鱼体的非特异性免疫反应，获得的原核表达的 Tf、Fth、Ftm、Intl、Df、IL-12Bb、IL-12Bc 等重组蛋白对嗜水气单胞菌、大肠杆菌和金黄色葡萄球菌的生长有明显的抑制效果。Ding 等（2019b）研究表明，Intl 可介导团头鲂巨噬细胞吞噬和杀伤活性。铁代谢基因 hepc、ft、tf 和 tfr 在嗜水气单胞菌感染后表达显著上调，表明这些基因除参与机体铁代谢外，在感染初期参与了鱼体的非特异性免疫反应。Ding 等（2017a、2019a）进一步通过重组蛋白抑菌实验、细胞水平过表达和 RNA 干扰等手段研究了这些基因在铁代谢和非特异免疫中的功能。结果表明，Ft 两个亚基 H 和 M 在发育早期都表现为出膜后表达上调，其中 H 主要表达于血液和脑中，M 则在脾脏、肝脏和肾脏中高表达；两者在嗜水气单胞菌感染后都能被诱导而显著上调表达，其中 H 具有更快速的急性期反应；免疫组化和免疫荧光分析表明，感染后两者在细胞质和细胞核上的信号强度都会显著增强。此外，重组 FtM 蛋白具有更有效的铁结合活性，而重组 FtH 蛋白则对嗜水气单胞菌增殖的抑制作用更显著。Ding 等（2015）通过免疫组化和普鲁士蓝铁染色分析表明，细菌感染后转铁蛋白及其受体可能通过内吞方式将铁离子转运至胞内，使团头鲂肝细胞内铁含量上调。重组转铁蛋白的铁结合活性呈现出浓度依赖性上升，体外实验表明添加重组转铁蛋白可以在一定程度上抑制嗜水气单胞菌的增殖。丁祝进（2017）进一步研究发现，$fi$ 和 $tf$ 过表达会抑制嗜水气单胞菌对 EPC 细胞的且附，而干扰后会促进细菌的且附数量。ECM 相关基因 fibronectin（$FN$）和 Integrin beta 1（$Intg\beta1$）都参与介导 $fi$ 和 $tf$ 对细菌潜伏过程的调控。$fi$ 和 $tf$ 过表达后先调控 $NLRC5$，再通过 $NLRC5$ 调控 $\beta2M$ 表达，最后通过 $\beta2M$ 对 $hepc$ 进行调控。

对团头鲂 JAK（Janus Kinase）（张建，2020）、STAT（signal transducers and activators of transcription）（Xu 等，2022）及 SOCS（李博，2020）家族各成员的基因特征、氨基酸序列、结构域、系统进化关系及共线性等进行比较分析，检测了这些基因在健康团头鲂各组织及嗜水气单胞菌感染后各免疫相关组织中的表达情况。Wang 等（2022a、b、c）在细胞系和原代细胞中，采用过表达和 JAK/STAT 通路抑制的干预方式，综合分析干预后 STAT3 的磷酸化水平、JAK、各炎症因子和铁代谢基因表达，阐明 IL - 6 经典信号和反式信号通过 JAK/STAT3 通路参与非特异性免疫和铁代谢过程调控。

白介素 1（IL - 1）是炎症反应中的核心因子，通过上调或下调其他细胞因子和趋化因子使机体引发一系列炎症反应。另外，有研究表明，鱼类肌肉代谢受 IL - 1 的影响，诱导肌肉代谢相关基因和胰岛素样生长因子结合蛋白 6 的表达量上升。储辛伊（2020）应用不同浓度的嗜水气单胞菌注射对团头鲂进行攻毒实验，结果显示 $IL - 1\beta$ 基因和 $IL - 1R$ 基因表达量总体先上升后下降，在攻毒 12 h 时表达量达到最高水平。白介素-6（IL - 6）是一种多功能细胞因子，通过经典信号（IL - 6 结合膜 IL - 6 受体/IL - 6R）和反式信号（IL - 6 结合可溶性 IL - 6R）在炎症中发挥双重作用。Zhang 等（2016）鉴定并克隆了团头鲂 $IL - 6$ 基因 cDNA，并研究了其在氨胁迫和细菌攻击下的表达。在氨胁迫下，脾脏和肠道中的 $IL - 6$ 基因 mRNA 水平显著升高（$P<0.05$），在 6 h 和 12 h 达到最高水平（分别为 72 倍和 10 倍）。此后，它们都显著下降（$P<0.01$），并在 48 h 内恢复到基础值。然而，在肝脏中，其在 3 h 时先略有下降（0.5 倍），然后在 12 h 达到最高水平（3 倍），显著增加（$P<0.05$）。进一步的表达分析表明，团头鲂脾脏、肠道和肝脏中 $IL - 6$ 基因 mRNA 水平均显著升高（$P<0.05$），在注射嗜水气单胞菌后 6 h、3 h 和 6 h 达到最大值（分别为 10 倍、6 倍和 18 倍），然后在 24 h 内降至基础值，这表明 IL - 6 参与了对嗜水气单胞菌的免疫反应。Wang 等（2022b）以草鱼肝脏（L8824）细胞、肾脏（CIK）细胞和原代肝细胞为实验载体，通过定量 PCR 和 Western blot 验证了团头鲂 IL - 6（rmaIL - 6）和 sIL - 6R（rmasIL - 6R）的生物活性。研究结果显示，rmaIL - 6 显著上调信号转导子和转录激活子 3（STAT3）磷酸化，而 rmaIL - 6 与 rmasIL - 6R（rmaIL - 6+rmasIL - 6R）联合显著上调所有类型细胞中的 STAT3 磷酸化。此外，maIL - 6 和 maIL - 6+rmasIL - 6R 只能分别在 L8824 细胞和 CIK 细胞中诱导细胞外信号调节激酶 1/2（ERK1/2）磷酸化。因此，IL - 6 主要通过激活 Janus Kinase 激酶（JAK）/STAT3 途径而不是丝裂原活化蛋白激酶（MEK）/ERK 途

径发挥作用。白介素 1 受体相关激酶 4(IRAK4)介导先天免疫和获得性免疫的下游信号转导。Zhang 等(2022)发现,肉毒素刺激诱导团头鲂脾脏和头肾组织中 *MaIRAK4* 的表达显著上调。嗜水气单胞菌攻毒也使团头鲂脾脏/头肾和肝脏中 *MaIRAK4* 表达上升,并在 48 h 和 72 h 达到峰值。后续免疫共沉淀、亚细胞共定位及共转染实验结果表明, *MaIRAK4* 参与了 *MaMyD88* 介导的 NF-κB 信号通路。在 siRNA 介导的 *MaIRAK4* 基因敲除后,促炎症细胞因子(IL-1β、IL-6、IL-8 和肿瘤坏死因子-α)的表达水平显著降低。 *MaIRAK4* 通过诱导细胞因子的表达,在团头鲂的先天免疫中发挥重要作用。

铁蛋白是一种保守的铁储存蛋白,存在于大多数生物体内,在铁稳态中起着至关重要的作用。转铁蛋白(Tf)是一种高亲和力的铁结合蛋白,主要在肝脏中合成,通过结合和运输铁到目标细胞,在铁代谢中发挥重要作用。Tf 参与呼吸、调节细胞增殖和抑制细菌繁殖。一般游离的铁沉积在细胞浆中或与血清 Tf、乳铁蛋白等紧密螯合,因此病原体细菌在宿主中可利用的铁非常有限。病原体必须与宿主竞争并封存铁,从而供自身利用。为了应对感染,更多的铁载体转铁蛋白的表达可能使游离的铁被封存,从而使它不能被病原体利用。Sun 等(2016b)报道了团头鲂铁蛋白中链亚基 MaFerM 的鉴定和分析。MaFerM 对嗜水气单胞菌的攻毒实验反应积极,并且团头鲂暴露在胁迫诱导剂(铁和过氧化氢)处理下,显著上调 MaFerM 的表达,并呈剂量依赖关系。Teng 等(2017)鉴定了团头鲂的 *Tf* 基因,并评估了其在基础条件下、铁超载和实验性感染嗜水气单胞菌后的表达。在肝脏中,人工注射嗜水气单胞菌的团头鲂 *Tf* 基因 mRNA 表达显著上调,在注射后 12 h 达到峰值,然后下降。注射 $FeCl_3$ 的团头鲂 *Tf* 基因 mRNA 表达呈现类似的趋势,在注射后 8 h 时达到峰值。同时注射嗜水气单胞菌后,鱼血清铁显著降低,但在注射后 4 h 时达到峰值,然后在注射 $FeCl_3$ 的鱼中降低。

此外,自然抗性相关巨噬细胞蛋白(Nramp)基因已被确定为调节脊椎动物对细胞内病原体自然抗性的重要候选基因之一。Jiang 等(2018)成功克隆了团头鲂 *Nramp* 并将其命名为 *maNramp* 基因。maNRAMP 具有 NRAMP 蛋白家族的典型结构特征,包括 12 个跨膜结构域、3 个 N-键糖基化位点和一个保守的转运基序。系统发育分析表明, *maNramp* 与其他硬骨鱼类具有显著的序列一致性。团头鲂受到脂多糖(LPS)刺激后, *maNramp* mRNA 水平迅速上调,在 6 h 时达到峰值,这些结果表明, *maNramp* 与鱼类先天免疫相关,在功能上与哺乳动物 *Nramp1* 相似。p65 是 NF-κB(核因子 κB)信号家族中的二聚体转录因子之一,在几乎所有多细胞生物体中协调炎症和固有免疫反应。p65 和 p65/p50 复合二聚体可以调节几种免疫相关基因的表达,包括肿瘤坏死因子-α(TNF-α)、白细胞介素-1β(IL-1β)、白细胞介素-6、白细胞介素-8 等。Zhou 等(2021)克隆并鉴定了团头鲂 *Mnp65* 基因,并预测了其编码的蛋白结构与功能。用嗜水气单胞菌攻毒,团头鲂肝脏

下调了 *IkBα*(NF－κB 抑制剂 α 基因），上调了 *Mnp65* 和 *TNF－α*。*IkBα－Mnp65* 受细胞因子风暴的负反馈调节，增加 *IkBα*、减少 *Mnp65*。研究结果表明，*Mnp65* 在硬骨鱼类对细菌感染的生理反应中起至关重要的作用。p38 丝裂原活化蛋白激酶(MAPK)是一种重要的蛋白质，在调节先天免疫中起关键作用。Zhang 等(2019)从团头鲂的肝脏克隆了 *p38 MAPK* 的全长 cDNA，并通过体内氨暴露和细菌攻击实验及体外脂多糖(LPS)诱导的原代肝细胞炎症实验检测 *p38 MAPK* 的功能。*p38 MAPK* 在所有受试组织中均有不同程度的表达。受氨胁迫和嗜水气单胞菌攻击，*p38 MAPK* mRNA 表达显著上调，并呈时间依赖性改变。结果表明，LPS 在肝细胞中诱导的炎症反应是 *p38 MAPK* 依赖性的，因为使用 siRNA 技术敲除 *p38 MAPK* 会抑制 *IL－1β* 和 *IL－6* 的表达。研究表明，p38 MAPK 具有抗应激特性，在保护钝吻鲷免受细菌感染和炎症方面起关键作用。肿瘤坏死因子－α(TNF－α)是一种与炎症和脂代谢相关的细胞因子，参与脊椎动物的全身炎症反应。在哺乳动物中，TNF－α 由环境和外部刺激产生，在细胞迁移、增殖、分化、凋亡和免疫应激损伤中发挥重要作用。Zhou 等(2017)从团头鲂肝脏中克隆了 *TNF－α* 的全长 cDNA，并通过转录组分析发现 *TNF－α* 在团头鲂脂代谢中起关键作用，其可能通过减少脂肪合成、增强脂肪酸的 β 氧化作用而影响脂肪代谢。脂多糖诱导的 TNFα 因子(LITAF)是调节肿瘤坏死因子－α(TNF－α)的重要转录因子。在本研究中，从团头鲂中鉴定并克隆了一个新的 *litaf* 基因。在健康团头鲂的所有检查组织中，包括肾脏、头肾、肌肉、肝脏、脾脏、鳃和心脏，检测到 *Malitaf* 的 mRNA 转录物，并且在免疫器官脾脏和头肾中表达最高。在脂多糖(LPS)刺激后 2 h，脾脏中 *Malitaf* 的表达水平迅速上调并达到峰值(1.29 倍，$P<0.05$)；在 LPS 刺激后 4 h，*Matnfα* 转录水平也瞬时诱导至高水平(51.74 倍，$P<0.001$)。研究表明，*Malitaf* 为一种组成性和诱导性免疫应答基因，在致病性感染过程中参与团头鲂的先天免疫。热休克蛋白(HSPs)在抗应激和免疫过程中发挥关键作用，并与自身免疫性疾病有关。Song 等(2018)从团头鲂中克隆了 *Hsp60* 和 *Hsp90* 的全长 cDNA。嗜水气单胞菌感染团头鲂后，*Hsp60* 和 *Hsp90* 的 mRNA 表达极显著上调。显著上调和快速反应表明它们对细菌敏感。

### ■ (3) 耐低氧等抗逆性状相关基因

低氧是影响水产养殖产量的一个重要环境因子，为了解团头鲂低氧适应的机制，获得了多个团头鲂低氧相关基因，如 *phd* 家族、*fih1* 家族、*foxo* 家族等。Chen 等(2016、2018)获得了 *phd* 家族的 3 个基因，并对其进行了时空表达分析，发现这 3 个基因在低氧应激中呈现差异性表达，在低氧敏感群体中启动子甲基化程度较高；证实 *phd1* 可通过选择性起始翻译表达 2 个 Phd1 蛋白，且在细胞增殖中发挥不同作用；发现 *phd3* 存在两个选择性剪接体,且通过 $Hif-1\alpha$ 介导的途径参与低氧应激。Zhang 等(2016)克隆了团头鲂 $fih-1$ 基因的 cDNA 序列,表达分析显示,$fih-1$ 在胚胎发育过程中呈广泛表达,且在发育早期表达量较高;在成鱼肌肉中表达量最高,在脾脏中表达量最低;证实该基因表达受低氧调节,并发现了 3 个与低氧性状显著相关的 SNP 位点。Huang 等(2017)获得了 miR-462/731 基因簇,发现 $Hif-1\alpha$ 与该基因簇启动子结合参与低氧应答调控,并在细胞增殖和细胞周期中发挥重要作用。鲍凯凯(2018)通过 PCR 扩增及组学测序获得团头鲂 $bcl2l13$ 基因序列,发现 TM 结构域对其亚细胞定位至关重要;证实 $bcl2l13$ 参与低氧介导的线粒体自噬,且不同结构域在细胞凋亡中的作用不同。张阿鑫等(2022)获得团头鲂 foxO 家族 7 个基因,证实该家族基因通过 $Hif-1\alpha$ 介导的途径参与低氧应激;陈康(2021)进一步研究发现,PI3K 信号通路在低氧介导 $foxO1a/1b$ 转录调控,并在线粒体自噬中发挥作用。

血红素加氧酶(HO)是一种细胞保护酶,其催化血红素降解,参与硬骨鱼类对氧的反应、利用和细胞对低氧应激的保护作用。Zhang(2017)等研究了团头鲂重复血红素加氧酶基因($HO-2a$ 和 $HO-2b$)的表达模式,以及在缺氧环境中的动态表达变化。急性低氧实验结果表明,$HO-2a$ 和 $HO-2b$ 的 mRNA 在不同组织中均有显著变化。在缺氧期间,$HO-2a$ 和 $HO-2b$ 的 mRNA 在大脑中表达显著上调,但在鳃和肝脏中表达下调。在心脏中,缺氧使 $HO-2a$ mRNA 显著增加,而 $HO-2b$ mRNA 减少。Guan 等(2017)克隆了团头鲂 $HO-1a$ 和 $HO-1b$ 的 cDNA,并追踪了其在胚胎和成鱼中的表达模式。低氧应激后,$HO-1a$ 和 $HO-1b$ 在鳃和肝脏的表达显著上调,而在脑中的表达显著下调($P<0.01$)。缺氧诱导因子 3α(HIF3α)隶属 bHLH 家族。刘子茵(2018)发现低氧胁迫导致团头鲂各组织中 HIF3α 蛋白水平表达量显著增加,$HIF3\alpha$ 基因的 mRNA 在肝、脑、肾中表达显著上调。Guo 等(2018)在团头鲂低氧胁迫实验中发现,低氧应激不仅能诱导胚胎中 $Cited3a$ 和 $Cited3b$ 的 mRNA 表达上调,也能诱导幼鱼肾脏、肝脏和脑 $Cited3a$ mRNA 的表达量上调,以及肾脏和脑 $Cited3b$ mRNA 的表达量上调,结果表明团头鲂 $CITED3$ 基因的表达机制受到低氧的调控。Sun 等(2018)通过急性缺氧实验发现,低氧下团头鲂 $CITED1$ 和 $CITED2$ 基因在肾脏中表达显著上升,在肝脏、脑、鳃和心脏中表达显著下降。不同发育阶段的低氧胚胎中,$CITED1$ 和 $CITED2$ 基因也被显著诱导升高。TET1(ten eleven translocation 1)是一种 5-甲基胞嘧啶(5-methylcytosine,5mC)羟基化酶,参与低氧反应并在低氧应答过程中有重要作用。刘娟等(2021)通过 qRT-PCR 检测急性缺氧处理下 $TET1$ 的表达量,$TET1$ 基因在鳃和脾脏等组织中表达显著升高,在脑、皮肤、眼和肾脏中表达显著降低。在胚胎中,$TET1$ 基因相对表达量明显高于对照组,尤其在 24 h 低氧处理组的表达量显著高于对照组。基于简化基因组测序方法,吴成宾(2019)通过两个亲本

[耐低氧 $F_4$（♀）×团头鲂"浦江 1 号"（♂）]和 98 个杂交子代进行重测序,筛选出两个耐低氧功能基因:*Klf4*（Krueppel-like factor 4）和 *RNF220*（E3 ubiquitin-protein ligase RNF220）。随后通过 CRISPR/Cas9 技术敲降团头鲂 *RNF220* 基因,结果显示,团头鲂耐低氧 $F_6$ 新品系的 LOEcrit 值在 20℃和 25℃时分别为 0.81 mg/L 和 0.92 mg/L,显著小于（$P<0.01$）敲除型个体在 20℃和 25℃时的 0.94 mg/L 和 1.15 mg/L,说明 *RNF220* 基因对团头鲂耐低氧群体抗低氧能力具有重要作用。刘娟（2021）还发现,低氧处理 12 h、24 h 对鳃组织中 HIF−1α 表达水平无明显影响,但对 HIF−2α、TET1 的表达却有显著影响,推测团头鲂缺氧诱导的鳃小片减少依赖 HIF−2α 途径。CITED 家族为缺乏典型 DNA 结合区域的转录辅助因子与 CPB/p300 参与缺氧诱导因子 1（HIF−1）的转录共激活调控网络。

在抗氨氮性能方面,Caspase 是一类具有天冬氨酸特异性的半胱氨酸蛋白酶,几乎参与所有凋亡通路的级联反应。章琼等（2016）发现,在氨氮胁迫和恢复过程中,*caspase9* 基因在肝脏和脑中均表现出表达量上调的趋势,并在氨氮胁迫 72 h 达到最高峰。这一研究结果表明,氨氮胁迫下 *caspase9* 基因参与团头鲂与细胞凋亡有关的免疫防御机制。谷胱甘肽 S−转移酶（glutathione S-transferase, GST）是一类多功能蛋白家族,主要参与抗氧化防预和解毒过程。孙盛明等（2016）发现,氨氮胁迫期间 GST 基因在团头鲂肝脏和鳃组织中表达量显著上调,提示 GST 参与了氨氮胁迫的解毒过程。

### （4）食性相关基因

动物食性研究一直是研究者关注的热点,目前对哺乳动物的摄食与消化研究有了比较清晰的认识。在食物消化与吸收方面,内源性消化酶在食物中碳水化合物、脂肪和蛋白质等物质的消化与吸收中起直接作用,然而高等动物体内缺乏内源性纤维素消化酶基因（Li 等,2010）,因此对食物中纤维素的消化主要依赖肠道微生物中的纤维素降解菌群（Zhu 等,2011）。Liu 等（2017）通过对团头鲂等不同食性鱼的内源性消化系统比较发现,草食性鱼类基因组中不存在内源性纤维素消化酶（内切葡聚糖酶、外切葡聚糖酶及 β−葡糖苷酶）基因,其对食物中纤维素的消化可能主要依赖其肠道微生物;草食性鱼类内源性淀粉酶（α 淀粉酶和葡萄糖淀粉酶）基因和蛋白酶（胃蛋白酶、胰蛋白酶、组织蛋白酶及糜蛋白酶）基因的拷贝数与肉食性鱼类相比没有显著差异,说明其具有完善的消化碳水化合物和蛋白质的能力。胰核糖核酸酶（RNase1）是由动物胰脏分泌的重要消化酶,与草食性动物的食性适应性进化有关（Zhang, 2006）。刘宁等（2021）在团头鲂、草鱼、鲤、鲢、鳙、斑马鱼和青鳉基因组数据中分别鉴定出了 *RNase1* 基因,且都是单拷贝;多序列比对发现,这 5 种鱼类的 *RNase1* 具有哺乳动物 RNase A 超家族的特征。基因表达模式研究表明,团头鲂 *RNase1* 基因在胚胎发育早期不表达,但在受精后 120 h 和 144 h 有表达。在 1 龄和 2 龄团头鲂的不同组织中表达模式也明显不同,其中 1 龄鱼主要在肝脏和心脏中表达,其他组织均不表达;2 龄鱼除了心脏和肌肉外,在肝、脾、肾、脑、肠道及性腺中均表达(Liu 等,2016)。团头鲂 *RNase1* 重组蛋白的生物学功能研究发现,团头鲂 *RNase1* 重组蛋白不仅具有较强的消化活性(Liu 等,2016),还具有抗菌活性,对革兰氏阴性菌和阳性菌均有明显作用(Chen 等,2021;Geng 等,2018、2019)。此外,动物体的感觉系统(包括嗅觉系统和味觉系统)对于食物的选择及有毒物质的识别也起到重要作用(Nei 等,2008)。动物机体嗅觉受体基因家族数目的多少及亚型数目的变化是与其生物学特性的发展相适应的。Liu 等(2017)研究发现,不同食性鱼类鲜味、甜味及苦味受体基因拷贝数和进化方式明显不同,其中草食性团头鲂体内缺少鲜味受体基因 *T1R1*,说明其可能失去对鲜味感知的能力,而甜味受体基因 *T1R2* 和苦味受体基因 *T2Rs* 发生扩张;相反,在肉食性鱼类,*T1R1* 基因扩张,*T1R2* 和 *T2Rs* 基因发生收缩或缺失。在团头鲂基因组中鉴定出 223 个完整的嗅觉受体基因(*ORs*),数目远高于其他食性鱼类,特别是 *ORs* 的 β 和 ε 亚型显著扩张,且在团头鲂嗅觉器官中高表达。此外,明确了 *ORs* 进化与鱼类食性的关系,系统探究了不同食性 28 种鱼类嗅觉受体的进化模式和表达模式,明确了草食性和肉食性鱼类分别特异扩张的 *ORs* 及其与食性的关系。基于团头鲂三代基因组数据并结合已有鱼类基因组数据对 4 种不同食性的 28 种鱼类 *ORs* 进行鉴定、分类及进化分析,明确了不同食性鱼类 *ORs* 进化历程各不相同,肉食性鱼类总 *ORs* 拷贝数显著低于草食性鱼类;淡水草食性鱼类特异性扩张 *ORs* 的 β 和 ε 亚型,这种扩张受正选择压力驱使(Liu 等,2021)。

### ■（5）肌间刺发生发育相关基因

基于前期的高通量组学数据,研究者开始聚焦特定基因对团头鲂肌间刺发育过程的调控作用。Zhang 等(2018)用荧光定量方法研究了 9 个 *bmp* 基因(*bmp2a*、*bmp2b*、*bmp3*、*bmp4* 等)在团头鲂肌间刺 4 个关键发育时间及成鱼肌间刺、肋骨组织中的表达,结果表明,这些 *bmp* 基因在肌间刺的形成和维持方面发挥重要的调控作用。陈宇龙等(2019)克隆了团头鲂肌腱发育相关 *tnmd* 和 *xirp2a* 基因的 cDNA 全长序列,并采用荧光定量方法比较分析 tnmd/xirp2a 在团头鲂成鱼不同组织及肌间刺发生、发育的 4 个关键时期的表达情况,结果表明,*tnmd* 基因在肌间刺的发育过程中存在潜在作用,而 *xirp2a* 基因与肌间刺的发育之间的相关性还需进一步研究。Nie 等(2019)采用荧光定量方法检测了 *entpd5*、*casq1a*、*camk*、*pvalb*、*col6α3*、*scxa*、*scxb*、*tnmd*、*xirp2a* 等基因在团头鲂肌间刺 4 个发育时期的表达,结果表明大多数基因都是在 S1~S3 时期的表达呈上升趋势,且在 S3 时期的表达最高。Yang 等(2019)用荧光定量方法检测 *bmp2b* 基因在团头鲂肋骨和肌间刺组织中是高表达的（相对于 bmp2a 基因），这表明 bmp2b 基因在肌间刺形成过程中可能有重要的调控作用。王旭东等（2021）在团头鲂肌间刺数目极少（<100）和极多（>130）两个群体中运用 PCR 扩增和测序方法检测 scxa 基因的 SNP 位点，结果表明，团头鲂 scxa 基因的 SNP 位点与多肌间刺性状相关。廖青等（2021）采用 qRT - PCR 方法分析 col1a1（a/b）、col1a2 和 col2a1b 在 1 龄团头鲂躯体不同部位肌肉组织和团头鲂肌间刺发育不同时期（5~60 日龄）的表达情况，结果表明，I 型胶原蛋白基因（col1a1 和 col1a2）在团头鲂背部、尾部上方及尾部下方中的表达量是显著下降的，团头鲂 col1a1a 在 5~15 日龄的表达呈上升趋势，在 20~40 日龄表达量降至极低且无显著差异，而在 50 日龄左右表达量又出现极显著上升，60 日龄时表达量降低但仍在较高水平；col1a1b 基因在各阶段的表达水平相对较低且较为稳定，各阶段之间无显著差异。Zhou 等（2021）采用荧光定量方法分析了与骨骼发育相关基因 entpd5、phex、bgp、alpl、sp7、runx2、fgf23、col1a2、scx 等基因在团头鲂不同发育时期的表达定量，结果表明，团头鲂 sp7 和 entpd5 基因在其 40 日龄时的相对表达水平最高、bgp 在 60 日龄时的相对表达水平最高，推断这些基因与肌间刺的矿化有关。Dong 等（2023）通过基因敲除肌间刺发生关键基因 runx2b，培育了完全无肌间刺的团头鲂新种质。

# 团头鲂遗传改良研究

## 1.2.1 · 群体选育

团头鲂群体选育研究可追溯至 20 世纪 80 年代中期，以李思发教授为核心的上海水产大学水产种质资源研究室科研团队从 1985 年开始，以湖北省公安县淤泥湖野生团头鲂为基础群体，在数量遗传学理论指导下，群体选育与生物技术继承，经历 16 年（6 代）的高强度选育，终于育成世界上首例草食性鱼类良种——团头鲂"浦江 1 号"，该良种生长速度比原种提高了 30%，体形优美，遗传性状十分稳定（Li 和 Cai，2003）。2000 年，经中国水产原良种审定委员会审定，农业部审核、公布为适应推广的优良品种。

此后，李福贵等（2018）通过群体选育构建了团头鲂耐低氧新品系。从鄱阳湖引进和挑选野生优良亲本为奠基群体 $F_0$，2009—2011 年进行两代的传代驯化得到鄱阳湖选育 $F_2$ 代。2012 年，以鄱阳湖选育 $F_2$ 和团头鲂"浦江 1 号" $F_9$ 为基础，经夏、秋两次低氧胁迫筛选出 526 尾耐低氧能力强的 $F_2$ 代亲本，然后于 2016 年在其中挑选生长性状优良的亲本(雌鱼 50 尾、雄鱼 48 尾)建立了 24 个 F₃ 代家系群体(2♀×2♂ 群体 22 个、3♀×2♂ 群体 2 个),共 100 个 F₃ 家系。后续研究发现,耐低氧团头鲂品系的生长性能指标与耐低氧性状呈正相关。在 1 龄阶段长时间低氧胁迫养殖条件下,团头鲂耐低氧 F₃ 代中耐低氧能力强的家系的体重显著大于耐低氧能力弱的家系,选育出的团头鲂耐低氧 F₃ 家系在 2 龄阶段同样保持了快速生长特征。随后,王冬冬等(2019)比较了团头鲂耐低氧品系 F₄ 代和"浦江 1 号"团头鲂的生长速度,并发现耐低氧 F₄ 代依然保持着显著升高的生长特性且 1 龄、2 龄阶段的耐低氧 F₄ 代团头鲂体重绝对增长率显著快于同池饲养的"浦江 1 号"。

### 1.2.2 · 家系选育

在生长性状方面,以梁子湖、鄱阳湖和淤泥湖捕捞的原种亲本作为育种的繁育亲本,采用雌雄比 1∶1 和 2∶1 构建了 33 个全同胞家系。达到 6 月龄时,在所有的 33 个家系中,每个家系随机抽取 50 尾无畸形的子代测量体长(0.1 cm)和体重(0.01 g)。遗传力估计采用混合家系遗传参数估计法。通过计算获得各性状的方差组分和各性状的遗传力,可以看出体长的方差要远远比体重的大。遗传力评估结果显示,体重的遗传力为 0.49,属于中等遗传力;体长的遗传力为 0.72,属于高等遗传力,表明在加性效应控制下,团头鲂的体长和体重具有较大的遗传改良潜力,较易获得遗传改良进展。对体长和体重遗传力的估计值进行 t 检验,其 $P$ 值均小于 0.01。选择梁子湖、淤泥湖和鄱阳湖亲本一共 92 尾进行人工催产(42 ♀、50 ♂)。人工繁殖时,将 4~5 尾雄鱼的精子与 4~5 尾雌鱼的卵子等量混合受精,所得鱼苗等量混合养殖。经过 20 个月的养殖,随机选择 749 尾子代鱼分别测量其全长、体长、体高和体重。提取所有亲本和子代的 DNA,用 9 个高度多态的微卫星标记进行亲子鉴定分析,结果显示,708 个子代(94.5%)能准确找到父母亲本;41 个个体没有准确找到亲本,其中 25 个个体是由于部分 SSR 位点 PCR 扩增不成功造成的,另外 16 个是由于微卫星位点的排除能力不够而不足以准确找到唯一的父母本。通过亲子鉴定得出每个亲本都产生了后代,每个母本平均与 1.19 个父本交配,总共获得 317 个全同胞家系。每个母系半同胞家系的数量为 1~48 个,平均为(16.86±9.23)个;每个父系半同胞家系的数量为 1~54 个,平均为(14.16±7.42)个。每一个全同胞家系的数量为 1~34 个,平均为 2.23 个。3×3 的双列杂交产生后代的 9 个组合中,子代数量为 41~193 个,平均为(78.67±47.09)个。

在抗病性状方面,采用 30 尾团头鲂雌鱼和 25 尾雄鱼构建了 30 个全同胞家系,家系子代采用水泥池、网箱单独饲养。家系子代 14 月龄时(团头鲂发病高峰期)用来自 27 个家系的 834 尾鱼用于开展攻毒实验。实验所用的嗜水气单胞菌病原来自湖北东西湖团头鲂养殖群体,由患细菌性出血病死亡的个体中分离获得。通过预实验确定了嗜水气单胞菌对团头鲂的半致死浓度为 $10^6$ cfu/尾。通过在鱼体不同部位注射不同颜色的荧光标记来区分来自不同家系的个体,并测量每尾鱼的体长、体重和体高数据。对每尾鱼注射 $7.9×10^6$ cfu 嗜水气单胞菌悬液,在接下来的 5 天时间里,每隔 2 h 监测鱼的死亡情况。整个家系群体在注射嗜水气单胞菌悬液后的第 1 天和第 2 天死亡率达到高峰,因此以第 2 天的死亡情况作为抗病遗传力的计算时间点,第 1 天和第 2 天死亡的个体其抗病表型记为 0,将第 2 天死亡统计结束后依然存活个体的抗病表型记为 1。同时,以 5 天实验结束时家系鱼的死亡和成活率情况计算了遗传力。对家系个体注射嗜水气单胞菌悬液后,各家系间的存活率存在明显变异情况。根据统计数据总结了来自 27 个家系的 834 个个体的死亡情况。所有鱼的累积死亡率在第 5 天达到 94.36%,其中 5 个家系(家系编号 1003、1005、1009、1016 和 1017)达到 100% 的死亡率。家系编号为 1022 的成活率最高,为 37.5%。整个群体的死亡率在第 1 天和第 2 天最高,在第 2 天累积死亡率达到了 83.93%,家系个体的死亡率分布范围为 22.22%~97.22%。第 2 天时,死亡个体的体重、体长和体高的平均值(±SD)分别为 124.20(±49.00)、17.31(±2.18) 和 7.58(±1.32),存活个体的体重、体长和体高的平均值(±SD)分别为 170.14(±48.82)、19.30(±1.752) 和 8.71(±1.13)。不同家系的个体死亡率差异较大,表明可通过家系选育的方法开展团头鲂抗嗜水气单胞菌疾病家系的筛选。采用 LIN、THRp 和 THRl 模型对团头鲂抗嗜水气单胞菌疾病性状的遗传力进行评估,其中 THRp 和 THRl 模型评估的遗传力分别为 0.306 和 0.333,为中等遗传力;而 LIN 模型评估的遗传力为 $7.981 0×10^{-7}$,属于低遗传力范围。在 3 个模型分析中,共同环境效应在总方差分量中所占的比例都较低。在 LIN 模型中,父本效应对总方差分量的贡献率最低。THRp 和 THRl 两种模型的 Spearman 相关系数非常高,为 0.999;而 LIN 模型与 THRp 和 THRl 模型的 Spearman 相关系数相对较低,分别为 0.685 和 0671。

育种值是指个体数量性状遗传效应中的加性效应部分,能够稳定地传给后代。育种值估计可以帮助育种工作者从以表型值转变到以遗传加性效应选择亲本,从而更加直观、高效和准确,育种值估计的准确性直接影响选育性状的遗传进展和选择效果。基于团头鲂 20 月龄子代的生长表型数据,将谱系信息和子代的表型值整理,利用各性状的遗传力,通过 Pedigree Viewer 软件的 BLUP analysis 估算出性状的育种值。采用单性状动物模型估计团头鲂生长相关性状的个体育种值,然后依据育种值的大小进行排名。根据亲子鉴定结果显示,在体重育种值前 20 名的个体中,主要是梁子湖和鄱阳湖亲本自交或杂交的家系后代,只有极少部分是淤泥湖自交或杂交家系后代。应用 3 个野生种群进行群体杂交,共建立了 40 个母系半同胞和 49 个父系半同胞。在单因素方差分析和多重比较后,筛选到具有生产和生长优势后代潜力的 6 个母本和 9 个父本,同时也筛选到一些优秀的亲本组合及其构建的家系。

### 1.2.3 · 分子标记辅助选育

分子标记辅助选育可以大大提高育种进程和效率。以团头鲂天然分布群体(梁子湖、淤泥湖和鄱阳湖)的原种为亲本,以生长和成活率为主要选育指标,运用家系亲子鉴定(高泽霞等,2013;Luo 等,2014b、2017)、性状关联分子标记辅助(高泽霞等,2017)、数量遗传学分析评估个体育种值(曾聪等,2014;罗伟,2014)、性状遗传力(曾聪等,2014;Luo 等,2014b;罗伟,2014;Xiong 等,2017)、性状遗传相关和表型相关参数等多种育种技术手段,充分提高选育的效应值;经过 4 代系统选育,培育成遗传稳定、生长快、成活率高的团头鲂养殖新品种"华海 1 号",2017 年由全国水产原良种审定委员会审定,农业部审核、公布为适应推广的优良品种。在相同养殖条件下,"华海 1 号"团头鲂生长速度比未经选育群体快 22.9%～28.7%,成活率比未经选育群体高 20.5%～30.0%。

#### ▧ (1) 生长性状

罗伟(2014)采用 17 个微卫星标记对 20 月龄时体重大于 0.4 kg 的个体和体重小于 0.28 kg 的个体各 96 尾进行了基因型比较分析,大个体组的等位基因数在 5～17 之间,平均等位基因数为 9.5,杂合度位于 0.565 8～0.892 8 之间,平均杂合度为 0.762 7;小个体组的等位基因数在 4～18 之间,平均等位基因数为 10.2,杂合度位于 0.448 9～0.885 1 之间,平均杂合度为 0.715 0。两个组的遗传多样性没有显著差异。利用一般线性模型对团头鲂的生长性状与 17 对微卫星标记进行相关性分析,结果发现在 17 个微卫星位点中,位点 Mam166 和 Mam116 与体长、体重、体高均表现出极显著相关($P<0.01$)。再对 2 个位点的基因型进行多重比较,推断出各个微卫星标记位点上的劣势等位基因,从而初步判断以上基因型对性状起着或正或负的效应。QTL 定位研究是实现分子标记辅助育种、新品种培育、基因选择和定位以及加快优良性状遗传研究的重要辅助手段。Wan 等(2016)采用 RAD 测序方法构建的团头鲂高密度遗传连锁图谱以及测量的 187 尾子代的生长表型和性腺发育数据开展了团头鲂生长和性腺发育性状的 QTL 位点定位,研究发现,8 个与体长(BL)、体高(HT)、体重(WT)、性腺重(WG)、性腺发育时期(SG)及性别(GD)相关的 QTL 位点分别分布于团头鲂连锁群 LG1、LG2、LG9、LG13 和 LG18,其中 5 个 QTL 被发现与 BL、HT 和 WT 相关(LOD≥2.5),3 个 QTL 与 WG、SG 和 GD 相关(LOD≥2)。这些 QTL 中的半数分布于连锁群 LG9。一个包含两个 QTL(qHT-2 和 qWT-2)的基因簇被发现位于 LG9 的 11.2～12.4 cM 处,但这两个相邻的 QTL 与不同的性状相关。而位点

qHT－1 和 qWT－1 位于 LG9 的相同位置并包含相同的标记,这两个 QTL 位于 LG9 的 1.8~2.0 cM 处,并具有最高的 LOD 值(4.48),相应地对表型变异具有 8%的最高贡献值。在连锁群 LG18 中,位点 qBL 的 LOD 值为 3.8,解释了 7%的表型变异。与性腺发育相关的 3 个位点(qWG、qSG 和 qGD)分别位于 LG13、LG2 和 LG14 的 9.2 cM、70.2 cM 和 138.0 cM 处,相应地解释了 4%、8%和 4%的遗传变异。总体而言,5 个 QTL 解释了大于 35%的生长相关表型变异,3 个 QTL 解释了大于 16%的性腺相关表型变异。

### ■ (2) 抗病性状

通过对团头鲂注射嗜水气单胞菌筛选出易感和抗病个体,并采用高分辨率熔解曲线法(HRM)或限制性内切酶酶切法对得到的各基因 SNP 位点进行分型,统计分型结果并做抗病关联性分析,筛选出与抗病相关的基因 SNP 位点。以转录起始位点为 1,*tf* 基因 384(A/G)GG、4029(A/C)AA 及 *tfr* 基因 3837(A/G)AG 基因型在抗病个体中占优势(刘红等,2020、2021)。*MHC II a* 基因 1395(T/A)位点的基因型频率和等位基因频率在易感和抗病组中差异极显著($P<0.01$),221(G/T)和 1859(G/T)位点的基因型频率和等位基因频率在易感组和抗病组中差异显著($P<0.05$)(柴欣等,2017)。$\beta_2 m$ 基因 1059A/C 基因型与等位基因频率在易感与抗病群体中均差异显著($P<0.05$),SNP－1693A/T 位点的基因型频率差异不显著,但等位基因频率差异显著($P<0.05$)(Wang 等,2021)。*NLRC3－like* 基因 6515C/T 位点突变在易感组和抗性组之间具有极显著差异,拥有 CC 基因型的个体明显比拥有 CT 基因型的个体抗病(Zhou 等,2017)。这些研究成果为团头鲂抗病新品种的培育奠定了理论基础,为团头鲂分子标记辅助育种提供了候选标记。

### ■ (3) 耐低氧性状

通过团头鲂 *fih－1* 基因的启动子和 cDNA 序列的扩增,测序比对找到 3 个 SNP 位点,分别位于启动子中的－402T/A、5′UTR 中的－106 G/T 和 3′UTR 中的+1557C/T(以 CDS 的第一个碱基设为 0)。利用 PCR－RFLP 和 PCR－HRM 方法进一步分析各 SNP 位点在低氧耐受群体与低氧敏感群体中的等位基因频率和基因型频率。哈代-温伯格平衡检测发现,3 个 SNP 位点在两个群体中均符合哈代-温伯格平衡。使用 SPSS 16.0 软件分析不同 SNP 位点的等位基因频率与低氧性状的相关性。使用卡方检验分析其显著性,发现 3 个 SNP 位点均与低氧性状具有显著相关性($P<0.05$),其中－106 G/T SNP 与低氧性状极显著相关($P<0.01$)。由于－106 G/T SNP 与低氧性状极显著相关,且等位基因"T"在低氧耐受群体中的频率显著高于其在低氧敏感群体中的频率。分别选取 TT 基因型与 GG 基因型的团头鲂个体进行相同的低氧处理,在低氧处理 3 h 时取肌肉组织,经 RNA 提

取、反转录及荧光定量 PCR 检测,结果显示 *fih-1* 在 TT 基因型中的表达量显著高于在 GG 基因型中的表达(Zhang 等,2016)。基于简化基因组测序方法,吴成宾(2019)通过两个亲本[耐低氧 $F_4$(♀)×团头鲂"浦江 1 号"(♂)]和 98 个杂交子代进行重测序,共获得 219 832 个 SNP 标记。然后,将 219 832 个 SNP 标记通过滑窗方法整合成 4 686 个 bin 标记,构建含有 24 个连锁群的高密度遗传连锁图谱,其中一个低氧性状相关的标记(LOD=7.037)定位在 17 号染色体。

### (4) 肌间刺性状

Xiong 等(2019)对 758 个团头鲂的肌间刺数量统计结果显示,团头鲂整体肌间刺数量的变异系数为 6.98%,而脉弓小骨数量的变异系数高达 13.63%,显著高于髓弓小骨数量的变异系数(6.60%);对 213 个全同胞家系团头鲂的肌间刺数量遗传力进行评估显示,髓弓小骨数量为低遗传力(0.098)、脉弓小骨数量为中等遗传力(0.410),通过家系选择育种可有效减少脉弓小骨数量。Wan 等(2019)运用全基因组重测序和混合分组分析(bulked segregant analysis, BSA)方法在团头鲂肌间刺数目极少(<100)和极多(>130)两个极端群体中共确定了 6 074 个高质量的 SNP 位点,分别筛选到与肌间刺发育相关的、位于 6 号和 11 号染色体上的 21 个和 300 个候选 SNP 位点。

## 1.2.4 · 杂交选育

迄今,有关团头鲂杂交育种的报道主要包括种间杂交、属间杂交和亚科间杂交。

### (1) 种间杂交

已有的研究主要针对鲂属的团头鲂、三角鲂和广东鲂这 3 个种之间的杂交。谢刚等(2002)研究了杂交鲂[广东鲂(♀)×团头鲂(♂)]及其亲本的主要形态性状,发现杂交鲂 $F_1$ 代的形态性状大多数介于父母本之间,主要可数性状和可量性状有些偏近父本、有些偏近母本,也有些介于父、母本之间;进一步的实践表明,杂交鲂 $F_1$ 代的成活率偏高且可育,其肉质近似母本,某些生理特性如耐低氧、耐操作和运输等均优于母本,但从生长对比试验结果初步看,$F_1$ 代的生长速度不及父本,期望的杂种生长优势不大明显。叶星等(2002)采用活体肾细胞直接制片法制了广东鲂(♀)和团头鲂(♂)及其杂交子一代的染色体,结果显示,杂交子一代的染色体组型及总臂数与母本广东鲂相同。广东鲂和团头鲂的染色体组型较相似,从细胞遗传学的角度阐释了广东鲂与团头鲂杂交成功、杂种后代可育的原因。叶星等(2002)采用聚丙烯酰胺垂直平板电泳法对广东鲂、团头鲂及其杂交子一代的肌肉、肝脏和眼的 4 种同工酶(EST、LDH、MDH、SOD)进行电泳,分析其酶谱组成和活性差异,结果显示,父母本同种组织中大部分同工酶的表达酶谱较相似,表明两种鱼的亲缘关系较近。杨怀宇等(2002)采用聚类分析、主成分分析和判别分析对团头鲂、三角鲂及其正、反杂交 $F_1$ 的比例性状和框架参数进行分析,探讨了亲本形态性状在子代中的遗传传递情况,结果显示,正、反杂交 $F_1$ 形态都表现出较多的母性遗传特征,但三角鲂母本对杂交 $F_1$ 遗传特征的影响强于团头鲂母本。后续研究比较了团头鲂与广东鲂、三角鲂以及厚颌鲂的正交、反交及每种鱼类自交的比较研究,结果显示所有组合的受精率、孵化率和成活率均较高,证明鲂属的种间杂交具有可行性;团头鲂与厚颌鲂正、反交子代除体高杂种优势不明显外,体长与体重均表现出杂种优势;团头鲂与三角鲂正、反交子代的体长、体重、体高均未表现出明显的杂种优势;团头鲂与广东鲂的正交子代表现出明显的抗嗜水气单胞菌疾病的优势(张大龙等,2014;Tran 等,2015)。对鲂属( _Megalobrama_ )团头鲂(AA)、三角鲂(TT),鳊属( _Parabramis_ )长春鳊(PP)自交群体及其杂交子代(AT、TA、AP 和 PA)共 7 个群体进行了生长对比,结果显示,团头鲂(AA)的生长速度显著快于三角鲂(TT)和长春鳊(PP)自交群体($P<0.05$),而 AT、TA、AP 和 PA 这些杂交后代的生长速度介于双亲之间,即低于团头鲂而高于三角鲂或长春鳊。

### ■ (2) 属间杂交

团头鲂和翘嘴红鲌之间的杂交研究较多。翘嘴红鲌和团头鲂分属鲌亚科的鲌属和鲂属,两者在生理和生态上有较大差异。翘嘴红鲌为强肉食性鱼类,具有生长快、体型佳、肉质细嫩等优点,不过也存在着鳞片细小而易脱落受伤、饲料成本高等不足;团头鲂为草食性鱼类,具有饲料成本低、鳞片大而不易脱落、抗逆性强等优点。鉴于此,顾志敏等(2008)开展了翘嘴红鲌(♀)×团头鲂(♂)杂种 $F_1$ 的形态和遗传分析,结果表明,翘嘴红鲌(♀)×团头鲂(♂)具有良好的亲和力,杂交受精率、孵化率均达到90%以上;翘嘴红鲌(♀)×团头鲂(♂)杂种 $F_1$ 的多数可数、可量性状表现为中间型;进一步对框架参数的聚类和判别分析显示,杂种 $F_1$ 的染色体数(2n)为 48,核型公式为 18m+26sm+4st(NF = 92),杂种 $F_1$ 大部分 RAPD 扩增条带能在亲本中找到,有的仅来自父本、有的仅来自母本,说明杂种 $F_1$ 为二倍体杂种;杂种 $F_1$ 与母本的相对遗传距离为 0.432 7,而与父本的相对遗传距离为 0.231 2,前者大于后者,表明杂种 $F_1$ 与两亲本的遗传差异不是对等的,而是偏向父本一方。金万昆等(2006)对团头鲂(♀)×翘嘴红鲌(♂)杂种 $F_1$ 的含肉率、肌肉营养成分以及蛋白质的 18 种氨基酸进行了测定分析,结果表明,该杂种的含肉率、蛋白质含量、脂肪含量、氨基酸含量等许多指标都较高。康雪伟(2013)研究发现,团头鲂(♀)×翘嘴红鲌(♂)杂交 $F_1$ 代中有二倍体鲂鲌(2n = 48)和三倍体鲂鲌(2n = 72),而翘嘴红鲌(♀)×团头鲂(♂)杂种 $F_1$ 中只有二倍体鲂鲌(2n = 48);正、反交产生的两种二倍体鱼,雌、雄均能正常发育,分别自交后得到了两性可育的二倍体 $F_2$($2n=48$);杂交后代均继承了双亲的遗传特征。郑国栋等(2015)研究表明,团头鲂(♀)×翘嘴红鲌(♂)杂交 $F_1$ 的生长速度显著快于团头鲂"浦江 1 号"和翘嘴红鲌,表现出明显的超亲生长优势。对团头鲂、长春鳊及其杂交子代 $F_1$[团头鲂(♀)×长春鳊(♂)]的形态学差异和性腺发育进行比较分析,结果表明,杂交子代的多数可数、可量性状同父母本相近,差异不显著;聚类分析显示,杂交子代在形态上与母本团头鲂更相似,但遗传了父本长春鳊的全腹棱特征;性腺发育检测发现,杂交子代的卵巢和精巢存在单侧发育和两侧不均衡发育的情况,但都能产生成熟的精子和卵子(赵博文等,2015)。范晶晶等(2020)以团头鲂为母本、蒙古鲌为父本进行属间远缘杂交,研究表明,鲂鲌杂交子代全部为二倍体,$F_1$ 代鲂鲌育性良好,具有正常发育的精巢及卵巢结构并能够成功生产大量存活的鲂鲌 $F_2$ 代个体;鲂鲌表现出较纯系团头鲂和蒙古鲌更高的受精率(80.4%)、孵化率(63.5%)及早期存活率(88.6%);2 龄团头鲂(♀)×蒙古鲌(♂)杂交子代的平均体重显著高于同龄的蒙古鲌与团头鲂,表现出明显的生长优势。谭慧(2019)团队首先以团头鲂和翘嘴红鲌为亲本进行属间的远缘杂交育种并成功培育出两性可育的异源二倍体正交品系鲂鲌($F_1$~$F_5$)和反交品系鲌鲂($F_1$~$F_3$),并基于团头鲂和翘嘴红鲌全基因组及其杂交后代肝脏转录组序列数据,比较分析了不同世代杂交子代中同源基因的表达模式,包括表达优势、同源表达偏向、基因沉默和基因印记。同时,利用实时荧光定量 PCR 技术探究同源表达偏向基因在不同世代杂交子代的不同发育时期及不同组织中的表达情况。该研究为鲂鲌品系和鲌鲂品系杂种优势的分子机制探究奠定了基础。崔文涛等(2020)对团头鲂(MA)、翘嘴鲌(CA)及其杂交 $F_2$ 团头鲂(♀)×翘嘴鲌(♂)(MC－$F_2$)、回交 $F_2$ 团头鲂(♀)×MC(♂)(BC$_1$－$F_2$)和回交 $F_2$ 翘嘴鲌(♀)×MC(♂)(BC$_2$－$F_2$)进行了基于微卫星的结构遗传解析以及生长性能分析,结果显示,5 个群体的平均等位基因数($Na$)分别为 4.50、4.40、4.75、4.85、5.10,平均观测杂合度($Ho$)分别为 0.768 3、0.555 0、0.796 7、0.831 7、0.620 0,平均期望杂合度($He$)分别为 0.667 1、0.630 8、0.699 5、0.724 0、0.674 9,平均多态信息含量($PIC$)分别为 0.604 6、0.571 7、0.640 6、0.667 6、0.633 9,且以 BC$_1$－$F_2$ 群体的遗传多样性最高($P<0.05$)。此外,通过对 5 个群体的生长性能进行测量,发现 BC$_1$－$F_2$ 群体表现出显著的生长优势。郑国栋(2018)通过团头鲂(MA)和翘嘴鲌(CA)的杂交和回交试验获得了 5 个遗传背景不同的群体,即 MC(MA♀×CA♂)、BC－1(MA♀×MC♂)、BC－2(MC♀×MA♂)、BC－3(CA♀×MC♂)和 BC－4(MC♀×CA♂)。5 个杂交群体的受精率、孵化率和成活率均很高,并且性腺发育正常。5 个杂交群体的肌肉蛋白含量显著高于其父母本($P<0.05$),碳水化合物含量则显著低于其父母本($P<0.05$)。回交鲂鲌 BC－1 表现出肉质好、形态优、肌间刺较父本少且形态简单等优良性状。Gong 等

(2022)基于雌性团头鲂(BSB)和雄性翘嘴鲌(TC)远缘杂交得到的二倍体家系后代(BT, $2n=48$, $F_1 \sim F_6$),首先通过雌性 BT 与雄性 BSB 回交得到回交后代 BTB($2n=48$),再将雌性 BTB 与雄性 BSB 回交得到改良的新型杂交鳊 BTBB。经过研究,BTBB 的性腺发育是正常的。另一方面,与 BSB 相比,BTBB 的生长速度更快、肌肉蛋白水平更高,而肌肉碳水化合物水平更低。因此,能够双性繁殖的 BTBB 可以作为优质鱼类应用,也可以作为新的鱼类种质资源进一步开发优质鱼类。李武辉(2018)对团头鲂和翘嘴红鲌杂交培育的正交品系鲂鲌($F_1 \sim F_5$)和反交品系鲌鲂($F_1 \sim F_3$)的外形特征、染色体倍性、群体分化比例等进行了系统研究,结果表明,鲂鲌 $F_4$ 和 $F_5$ 群体在外形特征上与鲂鲌 $F_1 \sim F_3$ 均无显著差异;鲂鲌 $F_4$ 和 $F_5$ 个体均为二倍体,倍性稳定;$F_4$ 和 $F_5$ 群体中约 15%的个体出现了基因型和表型的分化。随后对鲂鲌和鲌鲂消化道结构、消化酶含量以及肠道微生物进行了比较,结果显示,鲌鲂和鲂鲌肠道结构(相对肠长、相对肠重、ZI 指数)和消化酶含量(肠道淀粉酶和纤维素酶,肝脏胰蛋白酶和脂肪酶)略偏向于团头鲂,鲂鲌和鲌鲂的肠道微生物多样性水平显著高于翘嘴红鲌,且优势菌群丰度与团头鲂接近,因此判断杂交品系具有偏向团头鲂的食性特征。

### ■ （3）亚科间杂交

目前已在框鳞镜鲤(♀)×团头鲂(♂)、散鳞镜鲤(♀)×团头鲂(♂)和丁鱥(♀)×团头鲂(♂)3 个杂交组合获得了杂种 $F_1$(金万昆等,2003;马波和金万昆,2004;Zou 等,2007),但杂交种的养殖潜力尚需进一步研究才能确认。刘少军团队在鲤(2nCOC, $2n=100$)(♀)和团头鲂(2nBSB, $2n=48$)(♂)亚科间远缘杂交 $F_1$ 中首次形成了 4 种不同倍性的可育后代;然后,将 $F_1$ 中的两种不同倍性的后代进行再次杂交,即以雌性异源四倍体鲤鲂($4n=148$,简称为 4nCB)为母本,以雄性同源二倍体类鲫($2n=100$,简称为 2nNCRC)为父本进行杂交,在其杂交后代中获得了染色体数目为 200 的同源四倍体鱼($4n=200$,简称为 4nNC)。建立的性状优良的同源四倍体鲤品系($4n=200$, 4nNC-$F_1$-$F_4$)可作为核心亲本用以研制具有不育、生长速度快、肉质好等优点的新型三倍体鱼。周佩(2020)通过后续研究发现,四倍体鲤的 200 条染色体均来源于原始亲本 2nCOC。在 10 月龄观察 4nNC-$F_3$ 性腺发现,雌、雄个体分别能分化出良好的卵细胞和精细胞,表明同源四倍体鲤品系性腺发育正常且两性可育(源于远缘杂交形成的同源四倍体鲤品系的生物学特性研究)。在上述 4 种不同倍性类型的子代中,新型同源二倍体类鲫(2nNCRC, $2n=100$)占比 1.70%。焦妮(2019)继而对新型同源二倍体类鲫品系($F_1$-$F_5$)的外形特征、繁殖特性、染色体数目、DNA 含量、线粒体全基因组、Hox 和 18S rDNA 基因等生物学特性进行系统研究。王余德(2018)对锦鲤(KOC, $2n=100$,♀)与团头鲂(BSB, $2n=48$,

♂)远缘杂交培育的两性可育同源二倍体红鲫和雌核发育锦鲤以及同源二倍体自交培育的同源二倍体金鱼的外形特征、染色体组成、性腺发育、遗传特征等进行了系统的研究。

研究人员也尝试通过杂交选育减少肌间刺数目。钟泽洲(2014)对团头鲂、翘嘴红鲌、鲌鲂 $F_1$ 代及翘嘴鳊 4 种不同杂交鱼的肌间刺的数目、形态和分布进行研究,结果表明,翘嘴鳊等人工培育的杂交鱼比原始亲本翘嘴红鲌、团头鲂的肌间刺少。蒋文枰等(2016)对鲌鲂 $F_1$ 代及 $F_2$ 代和母本翘嘴鲌、父本团头鲂肌间刺的数目、形态和分布进行统计分析表明,鲌鲂 $F_1$ 代、鲌鲂 $F_2$ 代在肌间刺数目和形态复杂性方面较母本有所减少,并且 $F_2$ 代较 $F_1$ 代还呈现下降趋势。聂春红等(2016)对团头鲂与其他 3 种鲂属鱼类(三角鲂、广东鲂和厚颌鲂)正、反交及亲本自交后代共 10 种杂交组合子代的肌间刺数目、形态、分布和长度进行了比较分析,结果表明,鲂属鱼类近缘杂交子一代的肌间刺数量性状特征无显著改变。范晶晶(2020)对鲂鲌 $F_1$ 代、母本团头鲂和父本蒙古鲌的肌间刺数目及形态比较分析显示,鲂鲌 $F_1$ 代的肌间刺数目比父本蒙古鲌的数目显著减少,但形态不存在显著差异。Wu 等(2020)用远缘杂交技术培育的新型杂交鲌[团头鲂(♀)×翘嘴鲌(♂)]肌间刺数量相对于父本肌间刺数量减少 5.7%。

### 1.2.5 · 雌核发育选育

鱼类雌核发育在水产养殖上具有极其重要的应用价值。在鱼类育种工作和遗传学研究中,诱导雌核发育可用来加快品种、种群等选育系的形成,以及数量性状遗传分析和基因定位等。为使团头鲂"浦江 1 号"良种的优良性状基因进一步纯化、巩固和发展,从 1999 年开始,上海水产大学水产种质资源研究室的科研人员先后对团头鲂选育系 3 龄鱼( $F_5$ )和 2 龄鱼( $F_6$ )进行了人工雌核发育(抑制第二次成熟分裂)的研究,利用紫外线照射遗传失活的鲤精子诱导,采用冷休克方法抑制团头鲂第二极体排出;探索了适合团头鲂 2 龄及 3 龄鱼卵的休克温度、起始时间和持续时间,结果发现,2 龄鱼和 3 龄鱼诱导起始时间均在受精后 3 min 效果最好,而在休克温度和持续时间上稍有差异,其中 3 龄鱼在 0~2℃冷休克处理 30 min、2 龄鱼在 4~6℃冷休克处理 20 min 效果较佳。进而分别通过抑制第二极体释放和第一次卵裂获得了团头鲂的抑制减数分裂和有丝分裂的两个群体,两种类型的雌核发育群体的遗传同质性均显著高于正常群体(张新辉等,2015;Liu 等,2017)。

徐湛宁等(2017)构建了团头鲂耐低氧品系减数分裂和有丝分裂雌核发育后代群体,并比较分析了团头鲂耐低氧群体(TN)及其减数分裂(TNM)、有丝分裂(TNDH)雌核发育后代群体的遗传结构。结果显示,团头鲂 TN、TNM、TNDH 及团头鲂"浦江 1 号"(TPJ1)对照的平均等位基因数($Na$)分别为 3.90、3.55、3.45、4.25,平均观测杂合度($Ho$)分别为

0.785 3、0.393 4、0.276 8、0.807 5,平均期望杂合度($He$)分别为 0.649 1、0.556 3、0.487 0、0.685 5,平均多态信息含量($PIC$)分别为 0.569 5、0.479 6、0.418 1、0.610 5;TPJ1 对照群体的遗传多样性最高,TN 群体较 TPJ1 群体的遗传多样性有所降低,但不存在显著差异,仍保持了较高的遗传杂合度,而 2 个雌核发育群体(TNM 和 TNDH)的遗传多样性显著低于 TPJ1 和 TN 群体,TNDH 群体的遗传多样性显著低于 TNM 群体;聚类分析表明,TPJ1 和 TN 群体聚类成一个分支,而 TNM、TNDH 雌核发育群体聚类成另一个分支,产生了一定程度的遗传分化。综合以上表明,在 TN 群体中实施雌核发育可加速遗传物质的纯合,可用于团头鲂进一步耐低氧性状基因的纯化。唐首杰等(2019)以团头鲂"浦江 1 号"选育系 $F_9$ 群体为对照组利用 39 个多态性 RAPD 随机引物比较分析了团头鲂人工减数分裂雌核发育一代群体($G_1$)、二代群体($G_2$)和三代群体($G_3$)的遗传多样性和遗传结构,获得了用于鉴别不同团头鲂育种群体($F_9$、$G_1$、$G_2$、$G_3$)的稳定的 RAPD 分子遗传标记。结果显示,3 个雌核发育群体的遗传多样性水平均明显低于对照组 $F_9$ 群体;随着雌核发育世代数的增加,遗传多样性水平呈现逐代降低的趋势,即 $G_1>G_2>G_3$;群体内个体间的平均遗传相似系数呈现随雌核发育世代数的增加而升高的趋势,即 $G_3>G_2>G_1$。综合以上表明,雌核发育使群体遗传多样性明显降低、遗传纯度明显升高,雌核发育三代群体($G_3$)已经是一个遗传一致性较高的高纯品系。

关柠楠等(2017)对 86 尾雌核发育团头鲂群体肌间刺的数目、形态、分布和长度进行了比较分析,结果表明,雌核发育团头鲂群体的肌间刺的数目比正常团头鲂群体的有所减少,但没有显著差异。

### 1.2.6 · 多倍体选育

鱼类多倍体育种是基于染色体组操作基础上发展起来的育种技术。人工诱导多倍体鱼的主要目的:一是希望多倍体鱼的个体生长速度快于同类二倍体鱼,获得比同种二倍体鱼更高的群体产量;二是利用三倍体鱼的不育性控制养殖鱼类的过速繁殖和防止对天然鱼类种质资源的干扰(刘筠,1997)。目前,团头鲂优良新品种——团头鲂"浦江 1 号"和"华海 1 号"均为二倍体,可育。随着推广范围的扩大,养殖单位引进后可留种用于苗种繁殖。但是,留种和繁育不当,种质便会退化,影响良种的声誉和养殖者的效益。因此,在良种的基础上,研制不育的团头鲂三倍体可实现种质的进一步创新及有效保护知识产权,对确保我国团头鲂养殖业的健康、有序发展具有重要的经济价值和社会意义。

Zou 等(2004)通过热休克抑制团头鲂的第一次卵裂,获得了团头鲂人工同源四倍体奠基群体。同源四倍体奠基群体的部分母本和全部父本达到性成熟,并通过四倍体自繁和与二倍体进行倍间杂交获得了大量的四倍体 $F_1$ 和正、反倍间杂交三倍体(Li 等,

2006）。与此同时，采用种间远缘杂交和物理诱导（热休克）相结合的方式，建立了团头鲂（♀）×三角鲂（♂）异源四倍体奠基群体（Zou 等，2008），还通过异源四倍体（♂）与团头鲂二倍体（♀）交配获得了正常的异源"倍间"杂交三倍体。团头鲂四倍体传代过程中的形态遗传特征（邹曙明等，2005）、红细胞遗传特征（邹曙明等，2006）、线粒体 DNA 遗传特征（唐首杰等，2008），以及早期存活率、生长性能和性腺发育等特征（Li 等，2006）与二倍体团头鲂相比都存在很大程度的变异性。邹曙明等（2005）对诱导产生的同源四倍体自繁后代（4n－F$_1$）和倍间交配后代（正交 3n 和反交 3n）的形态遗传特征进行比较时发现，多倍体的体长/体高、体长/头长显著小于 2n 团头鲂（$P<0.05$），而多倍体的背棘长/体长则显著大于 2n 团头鲂（$P<0.05$）；29 个参数的主成分分析结果表明，团头鲂同源 4n、4n－F$_1$、倍间交配 3n 及 2n 团头鲂等 5 个不同倍性群体的传统形态差别很大程度上是由躯干部的形态差异（主要是体长/体高）引起的，可作为团头鲂多倍体与二倍体群体鉴别的形态依据。通过冷休克方法抑制受精卵第二极体的排放，诱导获得了团头鲂三倍体，采用染色体计数、DNA 含量测定和红细胞大小测定法分别对三倍体个体进行鉴定，结果表明，3 种方法都可以准确鉴定团头鲂三倍体个体（张新辉等，2013）。

李宝玉等（2022）对团头鲂三倍体和二倍体进行微卫星遗传结构特征分析和生长性能比较，团头鲂三倍体相对于二倍体出现了等位基因缺失、杂合度下降的现象。此外，三倍体与二倍体在 1 龄阶段生长速度无显著差异（$P>0.05$），而在 2 龄阶段三倍体的平均体重和绝对体重增加率均显著高于二倍体（$P<0.05$），表现出明显的生长优势。崔文涛（2020）通过调整静水压处理起始时间、处理强度和处理持续时间 3 个因素，获得了诱导 BC$_1$－F$_3$［团头鲂（♀）×鲂鲌（♂）回交 F$_3$ 代］三倍体的最佳诱导条件。

## 1.3
# 团头鲂种质资源保护面临的问题与保护策略

### 1.3.1 · 种质资源保护面临的问题

团头鲂自 20 世纪 50 年代在湖北省淤泥湖、梁子湖等湖泊被发掘为养殖对象以来，由于其肉质好和草食性等优点，推广到全国的许多地方进行养殖，人工繁育群体已成为增养殖主要群体。然而，由于过度捕捞、水域污染、水利工程建设（如葛洲坝和三峡大坝对长江干流的截断、水闸对沿江通江湖泊的隔断、围湖造田等）等原因，导致生境的巨变、破碎、隔离及恶化，团头鲂的天然资源已遭严重破坏并趋衰竭。但在另一方面，自团头鲂人工繁殖技术被突破以来,团头鲂养殖业改变了依赖天然鱼苗的局面,虽极大地促进了团头鲂养殖业的发展,但也从此带来了对天然基因库的干扰。大量的人工繁殖,造就了人工繁殖群体与天然群体的交叉混合条件;而水利建设的空前发展、工业生产和城镇的快速发展等所导致的江河湖泊污染,则加剧了团头鲂基因库的生存和进化危机。天然群体的遗传变异正在悄悄发生。

### 1.3.2 · 种质资源保护策略

对团头鲂种质资源采取保护措施的目的是防止其天然种群衰退、有效管理其人工繁殖群体和维持天然群体的种质特性。以下几个方面的保护策略可供参考。

#### ▤（1）种质资源调查、监测及评估

团头鲂的自然分布区域十分狭窄,因此,进行我国团头鲂种质资源的全面调查和监测、掌握种质资源的总体情况是制定种质资源保护计划的基础。从分子群体遗传学的角度,采用可靠的分子遗传标记如 SSR、AFLP、SNP 等对团头鲂天然群体、养殖群体及遗传改良群体的遗传多样性、群体遗传结构及起源分化等进行全面评估,可更好地指导种质资源监测和保护工作。

#### ▤（2）种质资源保护措施

团头鲂种质资源保护措施主要包括就地保护和异地保护两种。就地保护是在团头鲂繁殖、生长和进化的原栖息地,通过保护生态系统和栖息环境来保护种质资源。对于原栖息地生态环境尚未遭到破坏的水域,应划定自然保护区进行封闭式管理,保护其天然水域生态系统的动态平衡;对于原栖息地生态环境已经遭到破坏的水域,应采取积极有效的措施进行生态修复,逐渐恢复该水域生态系统的天然特性,同时还应减少野生资源的经济利用,恢复天然种质资源特性。迄今,已在团头鲂原产地之一的湖北省鄂州市梁子湖建立了国家级团头鲂原种场及相应的种质资源保护区,该种质资源保护区位于梁子湖的北面,湖面用双层网栅围栏,面积 333 hm²(5 000 亩),对保护团头鲂原种起到了积极的作用。

异地保护是在异地模拟团头鲂的天然生存环境,并尽可能完整地保存遗传资源在原栖息地的遗传多样性和遗传组成,以达到保护种质资源目的。异地保护主要包括活体保存、种质超低温保存,如基因保存、配子保存等。建立团头鲂人工种质资源库或原种保护基地,并将野生遗传资源异地活体保存其中,是种质资源保护的最为可行的方法之一。

### ■ (3) 种质资源的合理开发利用

为满足人们对团头鲂消费的需要,在保护种质资源的基础上,应积极探索和寻求开发利用途径,以达到保护和利用的目的。在上海市松江区和江苏省常州市分别建立了国家级团头鲂良种场,为实现团头鲂选育良种苗种生产的规模化和标准化提供了保障,也为团头鲂优良种质的开发利用创造了条件。在捕捞生产中,应严格划定捕捞区域,采取合理捕捞制度,积极执行禁渔期、休渔期和捕捞许可制度,加强渔业行政管理和执法的力度。

（撰稿：高泽霞、王卫民、刘寒、刘红、王焕岭、于跃）

2

# 团头鲂新品种选育

　　2008 年,国家启动了"现代农业——国家大宗淡水鱼类产业技术体系",华中农业大学水产学院承担了"团头鲂种质资源与育种"岗位。团队针对团头鲂养殖过程中存在的问题,围绕团头鲂种质资源、遗传选育、基因功能及基因组学等方面开展了系列研究,基于传统育种方法及分子标记辅助育种和数量遗传学分析相结合的方法,建立了团头鲂分子标记辅助 BLUP 育种技术体系(图 2 - 1),培育出生长快、成活率高的团头鲂"华海 1号"新品种,并建立了团头鲂良种育繁推一体化体系,在全国范围内进行了大面积推广应用,取得了较好的经济效益和社会效益。

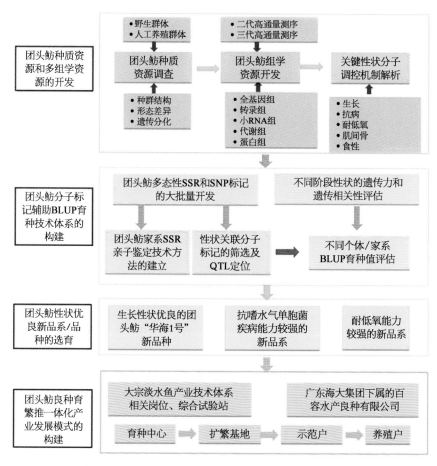

图 2 - 1　团头鲂分子标记辅助 BLUP 育种技术体系

## 2.1

# 新品种选育关键技术

### 2.1.1 · 基于微卫星标记的团头鲂亲子鉴定体系构建

亲子鉴定(parentage identification)或亲缘关系鉴定,是指利用分子遗传学理论和技术判断亲代与子代是否具有血缘关系的技术。在动物的家系选育或综合选育过程中,保持完整、准确的系谱信息可以有效地指导育种亲本选留和配对,从而促进亲本配合力的提高和避免近交衰退。我们在团头鲂选育之初,基于课题组开发的多态性微卫星标记,以选育基础群体的父母本的基因型为基础,构建了团头鲂亲子鉴定技术平台,用于其家系鉴定(高泽霞等,2013;Luo 等,2014a、2017)。

2009 年 3 月,采集湖北省鄂州市梁子湖野生团头鲂雌鱼 30 尾、雄鱼 15 尾,然后进行精心培育。2009 年 5 月,采用 1 雄配 2 雌的方式进行人工授精,产生了 30 个母系全同胞家系和 15 个父系半同胞家系。30 个家系分别在孵化缸中单独孵化,平均水温约 24℃;鱼苗平游后,30 个家系单独在水泥池中饲养。当鱼苗长到约 4 cm 时,每个家系选择 10 尾混养在一个水泥池中。待鱼苗长到约 5 cm 时,从 30 个单独饲养家系中采集鱼苗,每个家系 10 尾,同时采集 30 个家系混养在水泥池的所有鱼苗。计算机 CERVUS 3.0 模拟结果表明,在个体父母双方基因型都未知的情况下,8 个微卫星位点的排除概率在 28.5%~61.4%之间,累积排除概率超过了 99.9%(图 2 - 2)。模拟分析结果显示,在团头鲂中要达到 95%以上的排除率,最少需要 5 个高度多态性的微卫星位点。利用 8 对微卫星对

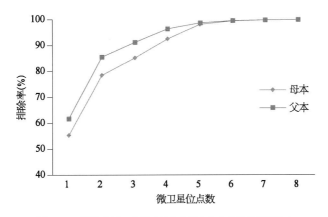

图 2 - 2 · 模拟分析 8 个微卫星位点母本和父本的累积排除率

300 尾团头鲂子代进行基因型分型,微卫星位点的平均等位基因为 10 个,平均观测杂合度和期望杂合度分别为 0.65 和 0.67,多态信息含量为 0.66。通过微卫星家系鉴定结果与实际养殖记录比对发现,在 300 尾后代个体中,有 6 尾没有找到正确的父本或母本,准确率为 98.00%,说明微卫星亲子鉴定具有很高的可靠性。

在 $F_1$~$F_4$ 代的选育过程中,对于池塘混养的家系,都采用 SSR 亲子鉴定的方法对优良个体的来源亲本进行了分析,从而明确了生长快和成活率高的家系。同时,保持了选育谱系清晰、避免近交衰退,促进团头鲂的种质资源保护和分子标记辅助育种。

### 2.1.2 · 团头鲂重要选育性状相关 SSR 和 SNP 标记筛选

#### ■（1）生长性状

鱼类的生长性状为数量性状,由多个基因控制。通过找到或者标记控制这些性状的基因,从而辅助对鱼类的经济性状进行遗传改良。从同一批次繁殖的团头鲂群体中,挑选 20 月龄时体重大于 0.4 kg 的个体和体重小于 0.28 kg 的个体各 96 尾,前者标记为大个体组,后者为小个体组。选用 17 对微卫星引物对微卫星位点进行 PCR 扩增,利用一般线性模型对团头鲂的生长性状与 17 对微卫星标记进行相关性分析,结果发现,17 个微卫星位点中,位点 Mam166 和 Mam116 与体长、体重、体高均表现出极显著相关($P<0.01$,表 2-1)。再对这 2 个位点的基因型进行多重比较,推断出各个微卫星标记位点上的劣势等位基因,从而初步判断以上基因型对性状起着或正或负的效应。在验证群体的 72 个 $F_1$ 代个体中进行基因型分析,选取其中含有正或负效应基因型的个体进行生长性状的多重比较与差异显著性分析。从结果中可以直观看到,包含优势基因型个体的生长性状值要显著高于带有劣势基因型个体的生长性状值。依据此分析结果,可以有效地选择含有正效基因型的个体作为选育亲本,且能避开含有负效基因型的个体。

表 2-1 · 验证群体的正或负效应基因型的个体分析

| 基 因 型 | | N | P=0.05 的子集 (体重,kg) | | P=0.05 的子集 (体长,cm) | | P=0.05 的子集 (体高,cm) | |
| --- | --- | --- | --- | --- | --- | --- | --- | --- |
| | | | 小个体组 | 大个体组 | 小个体组 | 大个体组 | 小个体组 | 大个体组 |
| Mam166 | 269/279 | 9 | 0.201 1[a] | | 21.955 6[a] | | 10.344 4[a] | |
| Mam116 | 121/133 | 13 | 0.216 2[a] | | 22.300 0[a] | | 10.523 1[a] | |
| Mam116 | 121/121 | 14 | 0.217 5[a] | | 22.350 0[a] | | 10.600 0[a] | |
| Mam166 | 269/269 | 6 | 0.233 3[a] | | 22.966 7[a] | | 10.800 0[a] | |

续　表

| 基　因　型 | | N | P = 0.05 的子集<br>(体重,kg) | | P = 0.05 的子集<br>(体长,cm) | | P = 0.05 的子集<br>(体高,cm) | |
|---|---|---|---|---|---|---|---|---|
| | | | 小个体组 | 大个体组 | 小个体组 | 大个体组 | 小个体组 | 大个体组 |
| Mam116 | 121/129 | 3 | 0.243 3[a] | | 23.033 3[a] | | 11.066 7[a] | |
| Mam166 | 123/135 | 8 | | 0.470 6[b] | | 27.850 0[b] | | 13.125 0[b] |
| Mam116 | 176/176 | 3 | | 0.486 7[b] | | 28.033 3[b] | | 13.533 3[b] |
| Mam166 | 123/123 | 6 | | 0.510 0[b] | | 28.850 0[b] | | 13.683 3[b] |
| Mam166 | 123/129 | 8 | | 0.528 1[b] | | 29.037 5[b] | | 13.700 0[b] |
| Mam116 | 176/182 | 3 | | 0.540 0[b] | | 29.133 3[b] | | 13.900 0[b] |
| Mam116 | 154/176 | 4 | | 0.553 8[b] | | 29.725 0[b] | | 13.400 0[b] |
| 显著性 | | | 0.998 | 0.326 | 0.992 | 0.836 | 0.956 | 0.967 |

注:同一生长性状中相同字母表示差异不显著($P>0.05$),不同字母表示显著差异($P<0.05$)。

采用 RAD 测序方法构建的团头鲂高密度遗传连锁图谱以及测量的 187 尾子代的生长表型和性腺发育数据,用卡方测试计算标记的分离比,显著偏离分离比的标记将被移除。符合区间映射算法将应用于 WinQTLCart2.5 软件进行 QTL 分析。保守的 LOD 阈值 2.5 与 2.0 将被用于筛选重要的 QTL 位点。研究发现 8 个与体长(BL)、体高(HT)、体重(WT)、性腺重(WG)、性腺发育时期(SG)及性别(GD)相关的 QTL 位点(表 2-2),总体而言,5 个 QTL 解释了大于 35% 的生长相关表型变异,3 个 QTL 解释了大于 16% 的性腺相关表型变异。

表 2-2·研究定位的团头鲂生长和性腺发育相关的 QTL 信息

| QTL | 连锁群 | 遗传位置 | 连锁标记 | LOD | $R^2$ |
|---|---|---|---|---|---|
| qBL | LG18 | 27.1~27.4 | RAD15 371 | 3.8 | 0.07 |
| qHT-1 | LG9 | 1.8~2.0 | RAD257 309 | 4.48 | 0.08 |
| qHT-2 | LG9 | 11.7~12.4 | RAD236 205 | 3.41 | 0.07 |
| qWT-1 | LG9 | 1.8~2.0 | RAD257 309 | 4.48 | 0.08 |
| qWT-2 | LG9 | 11.2~11.3 | RAD82 931 | 2.65 | 0.05 |
| qWG | LG13 | 49.2~49.3 | RAD49 930 | 2.01 | 0.04 |

续　表

| QTL | 连锁群 | 遗传位置 | 连锁标记 | LOD | R² |
|---|---|---|---|---|---|
| qSG | LG2 | 70.3~70.4 | RAD5 610 | 2.2 | 0.08 |
| qGD | LG1 | 137.6~139.1 | RAD212 933 | 2.18 | 0.04 |

注: $R^2$ 指能解释的表型变异数。

### ■ (2) 抗病性状

用嗜水气单胞菌感染区分团头鲂抗病和易感群体,对团头鲂 *MHCIIa*、*transferrin* 及其受体基因、*NLRC3 - like* 基因进行了 SNP 筛选、分型及抗病关联分析,为团头鲂抗病育种提供科学依据。团头鲂 *MHC II a* 基因含有丰富的多态位点,且具有极高的特异性,用 SPSS 软件对分型成功的 5 个 SNP 位点各在 100 尾易感群体和 100 尾抗病群体中的基因型频率和等位基因频率进行统计,结果如表 2 - 3。通过卡方检验分析发现,位于 1 395 bp(T/A)位点的基因型频率和等位基因频率在易感组和抗病组中均为差异极显著($P<0.01$),位于 221 bp(G/T)位点和 1 859 bp(G/T)位点的基因型频率和等位基因频率在易感组和抗病组中均为差异显著($P<0.05$)。进一步分析表明,纯合个体对嗜水气单胞菌引起的细菌性败血病抗性更高。

表 2 - 3 · *MHC II a* 核苷酸多态性位点基因型分布

| 位点 | 基因型 | 易感个体(%) | 抗病个体(%) | 卡方值(P值) | 等位基因 | 易感个体(%) | 抗病个体(%) | 卡方值(P值) |
|---|---|---|---|---|---|---|---|---|
| 221 bp G/T | AA | 34(34.0) | 31(31.0) | 7.26(0.02*) | A | 105(52.55) | 85(42.5) | 4.01(0.04*) |
| | AG | 37(37.0) | 23(23.0) | | G | 95(47.5) | 115(57.5) | |
| | GG | 29(29.0) | 46(46.0) | | | | | |
| 974 bp C/A | CC | 34(34.0) | 38(38) | 1.04(0.59) | C | 86(43.0) | 89(44.5) | 0.09(0.76) |
| | CA | 18(18.0) | 13(13.0) | | A | 114(57.0) | 111(55.5) | |
| | AA | 48(48.0) | 49(49.0) | | | | | |
| 1 395 bp T/A | TT | 35(35.0) | 28(28.0) | 10.78(0.00**) | T | 106(53.0) | 77(38.5) | 8.47(0.00**) |
| | AT | 36(36.0) | 21(21.0) | | A | 94(47.0) | 123(61.5) | |
| | AA | 29(29.0) | 51(51.0) | | | | | |

续 表

| 位点 | 基因型 | 易感个体 (%) | 抗病个体 (%) | 卡方值 (P值) | 等位基因 | 易感个体 (%) | 抗病个体 (%) | 卡方值 (P值) |
|---|---|---|---|---|---|---|---|---|
| 1 859 bp G/T | GG | 42(42.0) | 23(23.0) | 8.23(0.01*) | G | 107(53.5) | 76(38.0) | 9.68(0.00*) |
| | GT | 23(23.0) | 30(30.0) | | T | 93(46.5) | 124(62.0) | |
| | TT | 35(35.0) | 47(47.0) | | | | | |
| 2 074 bp G/T | GG | 78(78.0) | 75(75.0) | 0.25(0.62) | G | 178(89) | 175(87.5) | 0.22(0.64) |
| | GT | 22(22.0) | 25(25.0) | | T | 22(11) | 25(12.5) | |

注：* 表示差异显著(P <0.05)，** 表示差异极显著(P <0.01)。

### ▧ （3）耐低氧性状

在团头鲂低氧耐受和敏感个体转录组测序数据的基础上，筛选部分预测 SNP 位点，并通过性状关联分析以期获得与团头鲂耐低氧性状显著相关的 SNP 位点，为团头鲂低氧耐受性状的品种选育、QTL 定位、分子辅助育种技术等提供相关的基础。团头鲂实验鱼来源于培育的 $F_3$ 后备亲本，16 月龄，随机选取 600 尾，体重（430±20）g，对这些鱼进行低氧处理，选取最开始出现缺氧腹部翻转的 5 尾团头鲂作为低氧敏感个体（MS），最后出现缺氧腹部翻转的 5 尾团头鲂作为低氧耐受个体（MT），在实验前随机选取 5 尾作为对照个体（MC），3 种不同低氧处理条件的团头鲂肌肉组织样用于转录组测序。对 3 个处理组样品提取 RNA，反转录成 cDNA 后构建测序文库，并利用 Hiseq2000 进行双端测序。基于转录组数据比对分析，共获得 52 623 个 SNP 位点，除去 5 629 个插入/缺失类型 SNP 位点（11.0%）后，46 994 个 SNP 位点中碱基转换型位点 30 192 个、颠换型位点 16 802 个，转换与颠换比为 1.80。

进一步分析显示，团头鲂低氧敏感和耐受个体的 SNP 数目分别为 10 818 个和 10 736 个，非编码区的数目为 23 819 个和 22 859 个，而在编码区 SNP 中同义 SNP 有 10 701 个和 10 786 个，错义 SNP 仅有 32 个和 35 个。通过 PCR-RFLP 验证，最终从 16 个基因的 28 个 SNP 非同义位点中获得 5 个 SNP 用于后续的研究（表 2-4）。在 $F_1$ 代低氧敏感和耐受个体中分析发现 Plin2-A1157G 和 Hif-3α-A2917G 位点与低氧性状显著相关（P<0.05）。进一步分析显示，上述 2 个显著相关的 SNP 位点（Plin2-A1157G 和 Hif-3α-A2917G）在不同子代群体中的低氧耐受和敏感群体中均不存在显著性差异（P>0.05）。

表 2-4 · SNP 基因型在低氧耐受群体和敏感群体卡方检验

| SNP 位点 | 基因型 | 耐受群体(%) | 敏感群体(%) | 卡方值 | $P$ | 等位基因 | 耐受群体(%) | 敏感群体(%) | 卡方值 | $P$ |
|---|---|---|---|---|---|---|---|---|---|---|
| Plin2-A1157G | AA | 11(50.00) | 38(79.17) | 6.700 | 0.035* | A | 32(72.72) | 84(87.5) | 4.636 | 0.031* |
| | AG | 10(45.45) | 8(16.67) | | | G | 12(27.27) | 12(12.5) | | |
| | GG | 1(4.55) | 2(4.17) | | | | | | | |
| Nr4a1-C2188T | CC | 8(38.10) | 26(57.78) | 2.691 | 0.26 | C | 25(59.52) | 63(70) | 1.414 | 0.234 |
| | CT | 9(42.86) | 11(24.44) | | | T | 17(40.47) | 27(30) | | |
| | TT | 4(19.05) | 8(17.78) | | | | | | | |
| Hif-3α-A2917G | AA | 15(62.50) | 39(82.98) | 6.659 | 0.036* | A | 39(81.25) | 86(91.48) | 4.161 | 0.035* |
| | AG | 9(37.50) | 8(17.02) | | | G | 9(18.75) | 8(8.51) | | |
| | GG | 0(0.00) | 0(0.00) | | | | | | | |
| Obsl1-C10761G | CC | 10(40.00) | 23(46.00) | 0.983 | 0.612 | C | 30(71.428) | 66(67.34) | 0.227 | 0.634 |
| | CG | 10(40.00) | 20(40.00) | | | G | 12(28.57) | 32(32.65) | | |
| | GG | 1(4.00) | 6(12.00) | | | | | | | |
| Csrnp2-C1568T | CC | 14(63.64) | 24(52.17) | 1.280 | 0.527 | C | 34(77.27) | 67(72.83) | 0.308 | 0.579 |
| | CT | 6(27.27) | 19(41.30) | | | T | 10(22.73) | 25(27.17) | | |
| | TT | 2(9.09) | 3(6.52) | | | | | | | |

注: *表示差异显著($P<0.05$),**表示差异极显著($P<0.01$)。

### 2.1.3 · 团头鲂性状遗传参数评估

基于数量遗传学的选择育种技术将缩短良种选育的时间,更快、更有效地进行鱼类良种的选育和品种改良。我们自开展团头鲂遗传选育工作以来,对其生长、抗病、耐低氧、性腺发育等多个性状的遗传参数进行了评估(曾聪等,2014;Luo 等,2014a、b;Xiong 等,2017、2019),为团头鲂遗传选育工作的有效开展奠定了良好的基础。

#### ▦ (1) 遗传力

生长性状方面,通过采用多性状动物模型,分别利用 33 个、28 个和 317 个全同胞家系对 6 月龄、12 月龄和 20 月龄的团头鲂生长相关性状的遗传力进行了评估,其体长和体重的遗传力分别为 0.72 和 0.49、0.67 和 0.50、0.53 和 0.65;体长与体重两个生长性状间的遗传相关、环境相关和表型相关均呈正相关,且遗传相关大于环境相关(Luo 等,2014)。团头鲂 20 月龄时,4 个生长性状的遗传相关和表型相关也非常高(表 2-5)。其中,体长和全长的表型相关最高,为 0.94±0.01;体重与其他 3 个性状的表型相关介于 0.92±0.01(BL)~0.94±0.01(BH)之间。体重与其他 3 个性状的遗传相关都十分接近 1。

表 2-5 · 团头鲂 20 月龄时生长性状之间的遗传相关和表型相关

| 性 状 | 体 长 | 全 长 | 体 高 | 体 重 |
|---|---|---|---|---|
| 体长 | | 0.94±0.01 | 0.87±0.01 | 0.92±0.01 |
| 全长 | 0.99±0.00 | | 0.90±0.01 | 0.93±0.01 |
| 体高 | 0.98±0.01 | 0.98±0.01 | | 0.94±0.01 |
| 体重 | 0.99±0.01 | 0.99±0.01 | 1.00±0.00 | |

注:表中上右三角为表型相关,下左三角为遗传相关。

在抗病性状方面,采用 27 个全同胞家系,利用动物模型对感染嗜水气单胞菌后家系成活率的遗传力进行评估,对家系个体注射嗜水气单胞菌悬液后,各家系间的存活率存在明显变异情况。所有鱼的累积死亡率在第 5 天达到了 94.36%,其中在 5 个家系中达到了 100%的死亡率。家系编号为 1022 的成活率最高,为 37.5%。整个群体的死亡率在第 1 天和第 2 天最高,在第 2 天累积死亡率达到了 83.93%,家系个体的死亡率分布范围为 22.22%~97.22%。第 2 天时,死亡个体的体重、体长和体高的平均值(±SD)分别为 124.20(±49.00)、17.31(±2.18)和 7.58(±1.32),存活个体的体重、体长和体高的平均值(±SD)分别为 170.14(±48.82)、19.30(±1.752)和 8.71(±1.13)。不同家系的个体死亡率差异较大,表明可通过家系选育的方法开展团头鲂抗嗜水气单胞菌疾病家系的筛选。团头鲂对嗜水气单胞菌的抗病遗传力为 0.33(表 2-6),嗜水气单胞菌抗病力与体高、体长和体重的遗传相关系数分别为 0.63、0.65 和 0.60,且为显著正相关;但其与性别的相关性显著(Xiong 等,2017)。

表 2-6 · 基于三种模型的遗传参数评估

| 模型 | $\sigma_s^2$ | $\sigma_d^2$ | $\sigma_c^2$ | $\sigma_e^2$ | $h^2$ |
|---|---|---|---|---|---|
| LIN | $2.909\,8\times10^{-8}$ | $2.943\,8\times10^{-2}$ | $1.862\,3\times10^{-7}$ | $1.164\,0\times10^{-1}$ | $7.981\,0\times10^{-7}$ |
| THRp | $9.869\,9\times10^{-2}$ | $1.930\,5\times10^{-1}$ | $1.425\,9\times10^{-6}$ | 1 | 0.305 6 |
| THRI | $3.511\,6\times10^{-1}$ | $5.785\,4\times10^{-1}$ | $7.732\,2\times10^{-7}$ | 3.289 9 | 0.332 9 |

注:$\sigma_s^2$ 为评估的父本方差组分;$\sigma_d^2$ 为母本方差组分;$\sigma_c^2$ 为共同环境方差组分;$\sigma_e^2$ 为剩余方差组分;$h^2$ 为遗传力。

### ■（2）性状间的相关性

来自所有家系个体的体重、体长和体高的生长表型数据呈正太分布,生长表型的遗传力处于 0.40±0.110~0.852±0.148 的范围。体高与抗嗜水气单胞菌疾病性状的遗传相关系数为 0.628,表型相关系数为 0.319;体长与抗嗜水气单胞菌疾病性状的遗传相关系数为 0.645,表型相关系数为 0.342;体重与抗嗜水气单胞菌疾病性状的遗传相关系数为 0.597,表型相关系数为 0.332(表 2 - 7)。抗嗜水气单胞菌疾病性状与体高、体长和体重表型数据都表现为极显著的正相关($P<0.01$),而与性别性状的相关性不显著($P>0.05$)。针对鱼类抗病育种项目,若直接通过注射病原后筛选抗病个体存在较大的风险,可能会让整个育种体系都处于被病原感染的危险状态。因此,如果能通过前期研究筛选到与抗病性状相关联的其他较易被测量的性状,则可以方便、快捷地实施筛选。本研究结果显示,团头鲂抗嗜水气单胞菌疾病性状与体高(0.628)、体长(0.645)和体重(0.597)呈显著的正相关($P<0.01$),而与性别无显著相关性($P>0.05$)。团头鲂的体长、体高和体重都表现出较高的遗传力($h^2>0.5$),表明这 3 个生长相关性状主要受累加基因效应控制(Luo 等,2014a;Zeng 等,2014)。基于本研究结果,我们建议在团头鲂抗嗜水气单胞菌疾病性状选育过程中,生长性状可以作为间接筛选抗病性状的指标。

表 2 - 7 · 生长和性别表型性状与抗嗜水气单胞菌疾病性状之间的遗传和表型相关性

| 相 关 性 状 | 遗传相关系数 | 表型相关系数 | $P$ |
| --- | --- | --- | --- |
| BH & RTA | 0.627 6±0.144 8 | 0.318 6±0.057 3 | 0.002 4 |
| BL & RTA | 0.645 4±0.140 2 | 0.341 6±0.055 4 | 0.001 7 |
| BW & RTA | 0.596 9±0.153 0 | 0.331 9±0.058 0 | 0.004 8 |
| Sex & RTA | −0.420 6±0.383 0 | −0.066 9±0.049 1 | 0.364 2 |

注:BH、BL、BW、Sex 和 RTA 分别代表体高、体长、体重、性别和抗嗜水气单胞菌疾病性状。$P$ 代表相关系数的显著性水平。

### ■（3）育种值评估

育种值是指个体数量性状遗传效应中的加性效应部分,能够稳定地传给后代。基于团头鲂 20 月龄子代的生长表型数据,将谱系信息和子代的表型值整理在 Excel 中,利用各性状的遗传力,通过 Pedigree Viewer 软件的 BLUP analysis 可以估算出这些性状的育种值。采用单性状动物模型估计团头鲂生长相关性状的个体育种值,依据育种值的大小进行排名。对目标性状确定为体重、体长和体高进行综合育种值评估。基于本章中团头鲂

20 月龄子代的生长表型数据,综合育种值评估公式为:

$$A_i = W_1 EBV_{1i} + W_2 EBV_{2i} + W_3 EBV_{3i}$$

其中,$W_1$:体重的经济加权值,为 0.01 U/g;$W_2$:体高的经济加权值,为 0.4 U/cm;$W_3$:体长的经济加权值,为 0.2 U/cm;$EBV_{1i}$、$EBV_{2i}$ 和 $EBV_{3i}$ 分别表示个体 i 的体重、体高和体长性状的育种值。

根据单个性状的育种值的估计值,对各性状育种值给予适当的加权,得到体重、体高和体长的综合育种值。综合育种值与体重育种值的排名结果比较一致。在混养条件下,用微卫星亲子鉴定技术进行团头鲂家系鉴定,利用全同胞/半同胞资料估计遗传力,采用 BLUP 法对子代生长相关性状的育种值进行估计,具有很高的准确性。团头鲂在 6 月龄和 20 月龄的生长相关性状的遗传力均属中、高水平,所以从理论上讲,利用 BLUP 法进行育种值选择会提高选择效率及加快取得遗传进展。在团头鲂选育过程中,我们采用 BLUP 育种方法,针对生长和抗病相关性状,基于性状的遗传力对个体及家系的育种值都进行了评估,用于指导优良个体及优良家系选择。

基于以上五方面技术的开发和应用,本研究团队在团头鲂选育过程中建立了一套团头鲂分子标记辅助选择的 BLUP 育种技术体系,包括:家系繁育后混养—关键阶段性状鉴定—微卫星亲子鉴定明确家系来源—优良亲本性状关联分子标记(SSR 和 SNP)基因型分析—亲本个体和家系 BLUP 育种值评估—家系及个体选配—下一代家系繁育,以提高新品种选育效率。

## 2.2
# 新品种选育技术路线

### 2.2.1 · 亲本收集

2007—2008 年,收集团头鲂野生群体,包括梁子湖国家级团头鲂原种场团头鲂亲本 280 组、淤泥湖国家级团头鲂种质资源保护库团头鲂亲本 200 组、江西省鄱阳湖团头鲂亲本 200 组。

对来自上述 3 个湖泊的团头鲂群体的可量性状和可数性状进行单因素方差分析、单因素协方差分析、聚类分析、判别分析和主成分分析,结果显示,3 个湖泊的团头鲂差异还达不到亚种水平。采用 SRAP 标记和 SSR 标记对 3 个湖泊团头鲂群体的遗传结构进行分析,结果显示,梁子湖和淤泥湖群体间遗传距离最大,亲缘关系较远;鄱阳湖和梁子湖群体间遗传距离最小,亲缘关系较近。

### 2.2.2 · 选育历程

$F_1$ 选育:2009 年,从梁子湖、淤泥湖、鄱阳湖团头鲂天然群体(原种)中分别筛选出 49(49 雌、49 雄)、20(20 雌、20 雄)和 49(49 雌、49 雄)组亲本,构建群体内家系 118 个;同时,选取梁子湖 15(15 雌、17 雄)、淤泥湖 12(12 雌、13 雄)和鄱阳湖 15(15 雌、20 雄)组亲本,构建群体间家系 54 个。群体内和群体间家系总计 172 个,共繁育出 1 300 多万尾鱼苗。从每个家系中随机取 1 000 尾鱼苗放入 1 $m^3$ 的塑料缸中培育,15 天后转入 4 $m^2$ 的池塘网箱培育,其中在 2009 年底通过比较每个家系的生长和成活率,筛选出体重平均为 30 g 以上、成活率为 60% 以上的 102 个家系继续培育。2010 年 12 月,对每个家系的个体进行生长性状测量,评估个体的育种值,筛选出平均育种值大于 150 的家系共计 76 个,每个家系选 300 尾,共 22 800 尾放入约 1.3 $hm^2$(20 亩)的池塘培育。

$F_2$ 选育:2011 年 5 月,从 76 个家系中选择体重大于 500 g 的个体共 580 尾,通过微卫星亲子鉴定技术鉴定其系谱,并根据系谱信息在避免近亲繁殖的条件下筛选个体间遗传距离为 0.75 以上的个体,进一步筛选出 110 尾雌性和 55 尾雄性作为下一代繁育亲本。采用全同胞与半同胞繁育方法,繁育出 110 个 $F_2$ 代家系,共 700 多万尾鱼苗。从每个家系中随机取 1 000 尾鱼苗放入 1 $m^3$ 的塑料缸中培育,15 天后转入 4 $m^2$ 的池塘网箱培育。2011 年 9 月底,通过比较每个家系的生长和成活率,保留平均体重大于 18 g、成活率高于 75% 的家系 78 个。然后,从每个家系中随机选取 300 尾、共计 23 400 尾鱼种运往海南育种基地,放在 1 个约 1.67 $hm^2$(25 亩)的池塘中培育。

$F_3$ 选育:2012 年 3 月培育的个体均达到 400 g 以上,4 月挑选体重达到 550 g 以上的个体 486 尾。利用 9 对微卫星标记对这些个体的系谱进行亲子鉴定,并评估个体间的遗传距离,结果显示,这些个体来源于 $F_2$ 代的 72 个家系。选取来源于不同家系、个体间遗传距离为 0.75 以上的 291 个个体(雌 155 尾、雄 136 尾)为配组亲本,繁育出 155 个 $F_3$ 家系,共计 1 000 多万尾鱼苗。从每个家系中随机取 1 000 尾鱼苗放入 1 $m^3$ 的塑料缸中培育,15 天后转入 4 $m^2$ 的池塘网箱培育。2012 年 8 月底,通过比较每个家系的生长和成活率,保留平均体重大于 70 g、成活率高于 75% 的家系 104 个。然后,从每个家系中随机选取 300 尾、共计 31 200 尾鱼种放在 1 个约 2.1 $hm^2$(32 亩)的池塘中培育。2012 年 12 月,从 $F_3$ 后代中筛选出生长速度较快(体重大于 500 g)的 1 280 尾作为候选繁育亲本。

$F_4$ 选育:2013 年 2 月,从 1 280 尾 $F_3$ 候选亲本中筛选出体重大于 600 g 的个体,共

500尾(261尾雌、239尾雄)作为繁育亲本。利用9对微卫星标记对这些个体的系谱进行亲子鉴定,并评估个体间的遗传距离,结果显示,这些个体来源于$F_3$代的83个家系。2013年4月,选取来源于不同家系、个体间遗传距离为0.75以上的240个个体(120尾雌、120尾雄),繁育出120个$F_4$家系,共800多万尾鱼苗。从每个家系中随机取10 000尾鱼苗、共120万尾鱼苗(其中600多万尾鱼苗空运至湖北百容水产良种有限公司)放入约0.6 hm²(10亩)鱼池经过25天培育,获得90多万尾夏花鱼种(全长3 cm左右),筛出10万尾夏花鱼种放入0.8 hm²(12亩)池塘培育至2013年8月,再次筛选规格大于50 g的个体1万尾放入1 hm²池塘继续培育,12月筛选规格大于400 g的个体6 000尾放入约0.6 hm²池塘培育,作为"华海1号"后备亲本。空运至湖北百容水产良种有限公司的600多万尾$F_4$鱼苗,一部分作为生长与成活率对比试验用,一部分作为中试对比试验用,另外40万尾鱼苗养至年底获得30多万冬片鱼种,从中选出体重75 g以上的个体3万尾继续培育作为$F_4$候选亲本。2014年在海南完成选育的$F_4$于3月空运200组亲本到湖北百容水产良种有限公司,6月繁殖出$F_5$代鱼苗,一部分作为生长与成活率对比试验用,一部分作为中试对比试验用,其余对外销售。

在选育过程中,应用亲子鉴定和性状关联分子标记技术及数量遗传学分析(包括个体育种值、性状遗传力、性状遗传相关和表型相关等),以提高选育的效应值。经过4代系统选育,获得遗传性状稳定、生长快、成活率高的优良品种——团头鲂"华海1号"。

2013年,开展团头鲂"华海1号"生长性能和成活率的对比试验,同时开展中试与推广应用。经过连续3年的对比试验与中试,团头鲂"华海1号"的生长性能与成活率比未经选育群体明显提高。

2014年,开展团头鲂$F_5$生长性能与成活率的对比试验,从水花阶段开始,连续比较了2年团头鲂"华海1号"群体与未选育群体的生长和存活率情况。

# 2.3
# 新品种特性

团头鲂"华海1号"的主要优点:① 生长速度快。1龄和2龄团头鲂"华海1号"生长速度分别比未经选育的团头鲂群体快24.3%~30.6%和22.9%~28.7%。② 成活率高。1龄和2龄团头鲂"华海1号"成活率分别比未经选育的团头鲂群体高22.2%~

32.6%和20.5%~30.0%。③ 有益脂肪酸含量高。2 龄团头鲂"华海 1 号"肌肉组织中花生五烯酸(EPA)含量为 2.6%、二十二碳六烯酸(DHA)含量为 9.3%。④ 遗传性状稳定。团头鲂"华海 1 号"是通过分子育种技术结合数量遗传学参数评估选育出的优良品种,选育效率高,遗传性状稳定。

### 2.3.1 · 遗传进展分析

在生长性状方面,基于每一代在 20 月龄时的生长指标,对每一代进行遗传进展分析;采用一般线性模型(general linear model, GLM)估计每一代与上一代的选择反应,计算遗传进展。结果如表 2 - 8 所示,$F_1$ 代较 $F_0$ 代获得的遗传进展为 12.30%,$F_2$ 代较 $F_1$ 代的遗传进展为 7.13%,$F_3$ 代较 $F_2$ 代的遗传进展为 4.60%,$F_4$ 代较 $F_3$ 代的遗传进展为 2.23%,$F_4$ 代较 $F_0$ 代的累计遗传进展为 26.26%。

表 2 - 8 · 团头鲂选育代较上一代的体重遗传进展分析

| 选 育 代 | 平均体重(g) | 遗传进展(%) |
|---|---|---|
| $F_0$ | 476.52 | |
| $F_1$ | 535.35 | 12.30 |
| $F_2$ | 573.50 | 7.13 |
| $F_3$ | 599.92 | 4.60 |
| $F_4$ | 613.32 | 2.23 |

### 2.3.2 · 染色体遗传稳定性

在团头鲂"华海 1 号"群体中选取 30 个家系,每个家系随机抽取 10 尾进行 DNA 含量的测定分析,结果表明,团头鲂"华海 1 号"的 DNA 含量为(2.92±0.08) pg;同时,对个体进行染色体数目的观察分析,结果表明,团头鲂"华海 1 号"的染色体总数为 48(图 2 - 3)。团头鲂"华海 1 号"的染色体遗传稳定。

### 2.3.3 · 群体遗传一致性

为了研究团头鲂"华海 1 号"的遗传稳定性,利用 26 对多态性的团头鲂 SSR 标记对团头鲂"华海 1 号"的 45 个个体的遗传一致性进行了分析,引物序列扩增图见图 2 - 4、图 2 - 5。研究结果表明,在 26 个扩增位点中,后代个体的基因型一致性达到 90%以上。

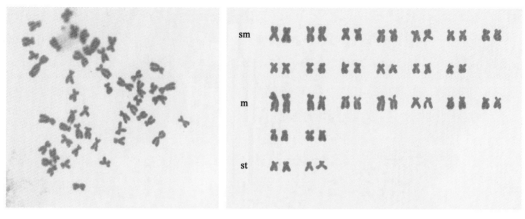

图 2−3 · 染色体中期分裂相及染色体组型

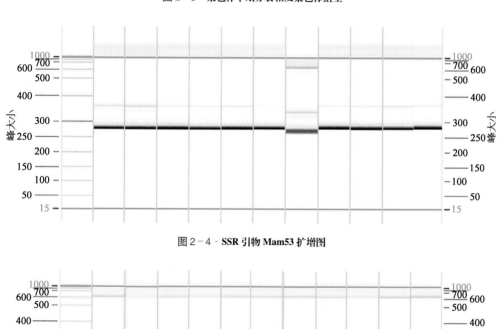

图 2−4 · SSR 引物 Mam53 扩增图

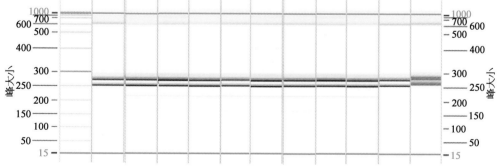

图 2−5 · SSR 引物 Mam851 扩增图

## 2.3.4 · 团头鲂"华海 1 号"与原种亲本的遗传结构比较分析

采用 8 对微卫星引物（Mam12、Mam46、Mam851、Mam166、Mam90、TTF01、TTF02、TTF04），从团头鲂"华海 1 号"群体中随机选取 50 尾，结合之前 8 对引物对原种亲本的基因型分析结果,采用 SPAGeDi1-5a 软件对选育前后的遗传多样性进行分析,结果见表 2-9。团头鲂"华海1号"群体平均等位基因数为 5.38、有效等位基因数为 2.92、平均期望杂合度为 0.439 6、平均观察杂合度为 0.289 0,而原种亲本群体平均等位基因数为 13.25、有效等位基因数为 6.39、平均期望杂合度为 0.800 1、平均观察杂合度为 0.706 0,说明团头鲂"华海1号"遗传纯度有较大提高。

表 2-9·团头鲂原种亲本与"华海1号"的遗传结构比较分析

| 指 标 | 亲 本 | 团头鲂"华海1号" |
|---|---|---|
| 平均等位基因数 | 13.25 | 5.38 |
| 有效等位基因数 | 6.39 | 2.92 |
| 平均期望杂合度 | 0.800 1 | 0.439 6 |
| 平均观测杂合度 | 0.706 0 | 0.289 0 |
| 近交指数 | 0.118 0 | 0.393 0 |
| 群体间 Fit | 0.329 3 | |
| 群体间 Fis | 0.242 9 | |
| 群体间 Fst | 0.114 1 | |

### 2.3.5 · 团头鲂"华海1号"群体形态一致性

团头鲂"华海1号"的全长、体长、头长、体宽等主要可数、可量性状一致性较强,主要性状之间比值的变异系数(CV)小于 10%(图 2-6)。

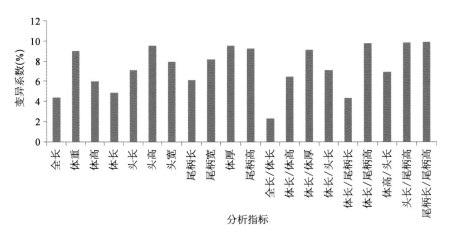

图 2-6·团头鲂"华海1号"群体主要形态性状之间比值的变异系数

2015 年测量了团头鲂"华海 1 号"234 个个体,最大个体重 677.5 g,最小个体重 552.7 g,个体重均值为(613.08±35.66) g。

整齐度(10%)按照以下公式进行计算:

$$\bar{x} \pm \bar{x} \, 10\%$$

根据上述计算得出:613.08+613.08×10% = 674.3,613.08−613.08×10% = 551.7。即在体重为 551.7~674.3 g 中有 233 个个体,因此整齐度为 99.5%。

# 2.4
# 新品种养殖性能分析

## 2.4.1 · 历年对比试验结果

自 2013 年开始,进行了连续 3 年的生长和存活率对比试验。在相同养殖条件下,1 龄和 2 龄团头鲂"华海 1 号"的生长速度分别比未经选育群体快 24.3% ~ 30.6% 和 22.9%~28.7%;1 龄和 2 龄团头鲂"华海 1 号"的成活率分别比未经选育群体高 22.2%~32.6% 和 20.5%~30.0%。

表 2 - 10 为 2013 年在华中农业大学校内基地的循环养殖系统中的试验情况。选取了 9 个体积为 200 L 的养殖缸,经过 70 天的养殖试验后,团头鲂"华海 1 号"平均体重为 6.43 g/尾,未经选育群体平均体重为 4.95 g/尾,结果表明,团头鲂"华海 1 号"比未经选育群体的生长速度快 29.9%、成活率高 26.0%。

表 2 - 10 · 2013 年 1 龄鱼养殖缸生长对比试验

| 时　间 | 指　标 | 团头鲂"华海 1 号" | 团头鲂未经选育群体 |
| --- | --- | --- | --- |
| 2013 - 07 - 06 | 放养时体重(g) | 1.00±0.32 | 0.90±0.36 |
| 2013 - 09 - 15 | 检测时体重(g) | 6.43±2.30 | 4.95±1.97 |
| 2013 - 07 - 06 | 放养时个体数(个) | 50(n=3) | 50(n=3) |
| 2013 - 09 - 15 | 检测时个体数(个) | 45±2 | 32±6 |
| 2013 - 09 - 15 | 成活率(%) | 90.0 | 64.0 |

表 2-11 为 2013 年在湖北百容水产良种有限公司团风基地的试验情况。选取 3 个面积为 667 m²(1 亩)的池塘,对 2 月龄团头鲂"华海 1 号"和未经选育群体注射荧光标记后开展同池生长对比试验,养殖 150 天后,团头鲂"华海 1 号"平均体重为 118.50 g/尾,未经选育群体平均体重为 95.30 g/尾。结果表明,团头鲂"华海 1 号"比未经选育群体的生长速度快 24.3%、成活率高 22.2%。

表 2-11 · 2013 年 1 龄鱼池塘生长对比试验

| 时　　间 | 指　　标 | 团头鲂"华海 1 号" | 团头鲂未经选育群体 |
|---|---|---|---|
| 2013-07-20 | 放养时体重(g) | 1.36±0.46 | 1.25±0.52 |
| 2013-12-20 | 检测时体重(g) | 118.50±33.98 | 95.30±28.48 |
| 2013-07-20 | 放养时个体数(个) | 400(n=3) | 400(n=3) |
| 2013-12-20 | 检测时个体数(个) | 352±26 | 263±39 |
| 2013-12-20 | 成活率(%) | 88.0 | 65.8 |

表 2-12 为 2014 年 3 月在湖北百容水产良种有限公司团风基地的试验情况。选取 3 个面积为 667 m²(1 亩)的池塘,通过注射荧光标记后开展 2 龄团头鲂"华海 1 号"和未经选育群体同池生长对比试验。经过 270 天养殖试验后,团头鲂"华海 1 号"平均体重 561.06 g/尾,未经选育群体平均体重为 456.52 g/尾。结果表明,团头鲂"华海 1 号"比未经选育群体的生长速度快 22.9%、成活率高 20.5%。

表 2-12 · 2014 年 2 龄鱼池塘生长对比试验

| 时　　间 | 指　　标 | 团头鲂"华海 1 号" | 团头鲂未经选育群体 |
|---|---|---|---|
| 2014-03-10 | 放养时体重(g) | 125.30±35.18 | 120.30±46.48 |
| 2014-12-10 | 检测时体重(g) | 561.06±73.70 | 456.52±102.32 |
| 2014-03-10 | 放养时个体数(个) | 400(n=3) | 400(n=3) |
| 2014-12-10 | 检测时个体数(个) | 372±26 | 290±46 |
| 2014-12-10 | 成活率(%) | 93.0 | 72.5 |

表 2-13 为 2014 年在湖北百容水产良种有限公司的团风基地的试验情况。选取 9 个面积为 16 m² 的水泥池开展 1 龄团头鲂"华海 1 号"和未经选育群体的同池生长对比

试验,经过 180 天的养殖后,团头鲂"华海 1 号"平均体重为 67.44 g/尾,未经选育群体平均体重为 51.64 g/尾。结果表明,团头鲂"华海 1 号"比未经选育群体生长速度快30.6%、成活率高 32.6%。

表 2 - 13 · 2014 年 1 龄鱼水泥池生长对比试验

| 时 间 | 指 标 | 团头鲂"华海 1 号" | 团头鲂未经选育群体 |
| --- | --- | --- | --- |
| 2014 - 05 - 28 | 放养时体重(g) | | |
| 2014 - 11 - 28 | 检测时体重(g) | 67.44±5.23 | 51.64±3.56 |
| 2014 - 05 - 28 | 放养时个体数(个) | 500(n=3) | 500(n=3) |
| 2014 - 11 - 28 | 检测时个体数(个) | 453±36 | 290±55 |
| 2014 - 11 - 28 | 成活率(%) | 90.6 | 58.0 |

表 2 - 14 为 2015 年 1 月在湖北百容水产良种有限公司的团风基地的试验情况。选取 3 个面积为 667 m²(1 亩)的池塘,通过注射荧光标记后开展 2 龄团头鲂"华海 1 号"和未经选育群体的同池生长对比试验。经过 360 天的养殖后,团头鲂"华海 1 号"平均体重为 613.32 g/尾,未经选育群体平均体重为 476.52 g/尾。结果表明,团头鲂"华海 1 号"比未经选育群体的生长速度快 28.7%、成活率高 30.0%。

表 2 - 14 · 2015 年 2 龄鱼池塘生长对比试验

| 时 间 | 指 标 | 团头鲂"华海 1 号" | 团头鲂未经选育群体 |
| --- | --- | --- | --- |
| 2015 - 01 - 10 | 放养时体重(g) | 120.50±32.21 | 117.50±52.32 |
| 2016 - 01 - 10 | 检测时体重(g) | 613.32±73.70 | 476.52±96.13 |
| 2015 - 01 - 10 | 放养时个体数(个) | 400(n=3) | 400(n=3) |
| 2016 - 01 - 10 | 检测时个体数(个) | 344±39 | 224±89 |
| 2016 - 01 - 10 | 成活率(%) | 86.0 | 56.0 |

## 2.4.2 · 历年生产性能对比试验结果

2013 年主要在天津市西青区水产技术推广站和湖南省湖南渔缘生物科技有限公司的水产养殖基地进行团头鲂"华海 1 号"的中试养殖,分别引进夏花苗 15 万尾和 30 万尾,分别在 1.3 hm²(20 亩)和 2.3 hm²(35 亩)池塘中主养,用当地养殖的团头鲂作对照,进行养殖试验。结果显示,团头鲂"华海 1 号"比当地养殖的团头鲂增重 54.8%~81.5%、存活率提高 33.0%~35.0%。

2014 年继续在天津市西青区水产技术推广站和湖南省湖南渔缘生物科技有限公司的水产养殖基地进行团头鲂"华海 1 号"的规模化养殖,分别中试春片鱼种 2 万尾和 5 万尾,分别在 1.3 hm²(20 亩)和 2.3 hm²(35 亩)池塘中主养,用当地养殖的团头鲂作对照,进行养殖试验。结果表明,团头鲂"华海 1 号"比当地养殖的团头鲂增重 53.2%~70.7%、存活率提高 23.0%~28.0%。此外,本年度还在湖北省鄂州市樊优团头鲂养殖专业合作社和江苏省宜兴市聚隆渔业专业合作社进行了中试,分别中试水花苗 1 000 万尾和 800 万尾,用当地养殖的团头鲂作对照,进行养殖试验。结果表明,团头鲂"华海 1 号"比当地养殖的团头鲂平均增重 38%以上、存活率提高 26%以上。

2015 年除继续在天津市西青区水产技术推广站和湖南省湖南渔缘生物科技有限公司的水产养殖基地进行生产性中试之外,还向鄂州团头鲂原种场、湖北百容水产良种有限公司的很多养殖户进行中试。本年度共中试团头鲂"华海 1 号"水花鱼苗 5 000 多万尾,中试养殖面积达到约 133 hm²(2 000 多亩)。结果表明,团头鲂"华海 1 号"比当地养殖的团头鲂平均增产 30%以上、存活率提高 28%以上。

从连续 3 年的中试养殖情况来看,团头鲂"华海 1 号"生长快、成活率高、增产效果明显,深受广大养殖户的欢迎。

## 团头鲂良种育繁推一体化产业发展模式构建

通过大宗淡水鱼产业技术体系相关岗位、综合试验站以及广东海大集团下属的百容水产良种有限公司,建立了"育种中心—扩繁基地—示范应用—养殖户"的团头鲂"华海 1 号"良种推广体系。由综合试验站和广东海大集团所在地海大子公司推荐主养区内条件较好的生产单位,通过与育种中心签订技术依托协议,成为团头鲂"华海 1 号"的扩繁基地。育种中心单位向扩繁基地提供 5~10 个团头鲂"华海 1 号"家系的子代作为亲本,扩繁基地按照指定的良种生产操作技术方案和规范进行扩繁,繁殖出的苗种用于生产。通过遍布全国各地的国家大宗淡水鱼产业技术体系综合试验站以及海大集团在全国各地的子公司基地的高效养殖试验,示范效果极其显著,产生了广泛的社会影响。获批建设湖北省团头鲂良种场、淡水水产健康养殖湖北省协同创新中心、武汉市武昌鱼繁育工程技术研究中心等,每年为全国团头鲂养殖户提供优质苗种,实现了团头鲂种业育繁推一体化,大大提高了团头鲂养殖的经济效益。

2.6

# 团头鲂新品种培育产生的经济与社会生态效益

本成果开发的团头鲂种质资源库、团头鲂微卫星亲子鉴定技术和性状关联分子标记,以及通过分子辅助育种技术体系选育的团头鲂新品种/新品系在相关水产研究所、原种场、推广站、农场、合作社、公司等单位得到很好的应用。自 2013 年以来,成果陆续在湖北省团头鲂(武昌鱼)原种场、湖南省水产科学研究所、湖北省水产科学研究所、天津市水产研究所、重庆市水产科学研究所、合肥市畜牧水产技术推广中心、湖北海大饲料有限公司、荆州海大饲料有限公司、天门海大饲料有限公司、洪湖海大饲料有限公司、开封海大饲料有限公司、常州海大生物饲料有限公司、宜兴市聚隆渔业专业合作社、溧阳市南渡江丰水产养殖家庭农场、镇江市丹徒区马金虾蟹养殖专业合作社等研究所、企业、水产技术推广站、合作社等单位得到推广应用,带动了养殖户养殖效益的提高。这些成果的应用在推动鱼类育种技术发展、团头鲂种业可持续健康发展、湖北省团头鲂产业文化发展等方面做出了重大贡献,取得了显著的经济和社会效益。

## 2.6.1 · 经济效益

本成果的经济效益主要来源于推广应用课题组建立的团头鲂种质资源库,开发的团头鲂微卫星亲子鉴定技术和性状关联分子标记,以及通过分子辅助育种技术体系选育的团头鲂新品种/新品系。湖北省团头鲂(武昌鱼)原种场主要应用本成果开发的团头鲂分子标记评估其原种场的团头鲂种质资源情况,应用亲子鉴定技术指导繁育工作。湖北武汉青鱼原种场主要应用本成果建立的团头鲂亲子鉴定技术,开发青鱼的亲子鉴定技术并应用于青鱼的遗传选育工作中。各相关水产研究所、水产技术推广站、农场以及公司等单位主要是应用本成果建立的团头鲂育繁推一体化模式,向养殖户推广选育的团头鲂新品种/新品系以及配套的高效健康养殖技术,从而提高养殖户的经济效益。

自 2013 年以来,成果相关技术和产品通过大宗淡水鱼产业技术体系相关岗位、综合试验站以及广东海大集团下属的饲料有限公司、百容水产良种有限公司等在湖北、湖南、安徽、江苏、江西、广东、辽宁、天津、重庆、四川、新疆等20多个省（自治区、直辖市）得到大面积推广和应用。

### 2.6.2 · 社会生态效益

团头鲂（武昌鱼）是我国特色经济养殖鱼类，浓厚的历史文化底蕴使得其深受老百姓的欢迎，也是湖北省招牌经济鱼类。为保障其种业的可持续发展，团队一方面通过构建先进的团头鲂育种技术体系，选育优良养殖品系/品种；一方面依托国家大宗淡水鱼类产业技术体系试验站和广东海大集团下属的百容水产良种有限公司来繁殖并推广优质苗种；同时，与广东海大集团协同建立团头鲂遗传育种中心，获批了湖北省团头鲂良种场、淡水水产健康养殖湖北省协同创新中心、武汉市武昌鱼繁育工程技术研究中心及多个优良苗种生产基地等，每年为全国团头鲂养殖户提供优质苗种，实现了团头鲂种业育繁推一体化建设。团头鲂新品系/品种的选育与推广，提高了生产水平，降低了农业生产成本，增加了农民收入，产生了巨大的社会效益。

与公司合作，创建了首个全国渔业专业学位研究生实践教育基地及湖北省研究生教育创新基地，为中国水产业培养了大量高层次人才；多种渠道进行示范推广，举办讲座和技术培训班，培训基层农技推广人员和养殖户，极大促进了团头鲂新品系/品种养殖技术的推广应用。

此外，举办纪念团头鲂60周年学术研讨会，弘扬了丰富多彩的"武昌鱼"文化。人民日报、新华网、湖北中新网、中国水产频道以及湖北电视台等新闻媒体对该成果中团头鲂新品种"华海1号"特点及选育过程等进行了报道。垄上频道多次报道了团头鲂"华海1号"新品种及其相应的系列产品。2018年，在鄂州开展的"武昌鱼杯"鄂州首届乡村旅游楚菜大赛暨中国武昌鱼"百味宴"吉尼斯挑战赛中，厨师选用团队选育的团头鲂新品种"华海1号"为主材做出155道菜肴。华中农业大学的120周年校庆以及第三届特色农产品展销会中，都用到了团队研发的团头鲂产品。

综上所述，该成果大大推动了湖北省团头鲂产业的发展，社会效益显著。获得的国家审定新品种团头鲂"华海1号"入选农业农村部重大科技新成果十大新产品。团头鲂种质资源鉴定与新种质创制成果获农业农村部"神农中华"农业科技奖一等奖、湖北省科技进步奖一等奖。

（撰稿：高泽霞、王卫民、刘寒、刘红、王焕岭）

3

# 团头鲂繁殖技术

# 人工繁育生物学

　　鱼类人工繁殖的成败主要取决于亲鱼的性腺发育状况,而性腺发育又受到内分泌激素的控制,也受营养和环境条件的直接影响。因此,亲鱼培育要遵守亲鱼性腺发育的基本规律,创造良好的营养生态条件,促使其性腺生长发育。

## 3.1.1 · 精子和卵子的发育

### ▤（1）精子的发育

　　鱼类精子的形成过程可分为繁殖生长期、成熟期和变态期3个时期。

　　① 繁殖生长期:原始生殖细胞经过无数次分裂,形成大量的精原细胞,直至分裂停止。核内染色体变成粗线状或细线状,形成初级精母细胞。

　　② 成熟期:初级精母细胞同源染色体配对进行两次成熟分裂。第一次分裂为减数分裂,每个初级精母细胞(双倍体)分裂成2个次级精母细胞(单倍体);第二次分裂为有丝分裂,每个次级精母细胞各形成2个精子细胞。精子细胞比次级精母细胞小得多。

　　③ 变态期:精子细胞经过一系列复杂的过程变成精子。精子是一种高度特化的细胞,由头、颈、尾三部分组成,体型小,能运动。头部是激发卵子和传递遗传物质的部分。有些鱼类精子的前端有顶体结构,又名穿孔器,被认为与精子钻入孔内有关。

### ▤（2）卵子的发育

　　家鱼卵原细胞发育成为成熟卵子,一般要经过卵原细胞增殖期、卵原细胞生长期和卵原细胞成熟期3个时期。

　　① 卵原细胞增殖期:此期是卵原细胞反复进行有丝分裂,细胞数目不断增加,经过若干次分裂后,卵原细胞停止分裂,开始长大,向初级卵母细胞过渡。此阶段的卵细胞为第Ⅰ时相卵原细胞,以第Ⅰ时相卵原细胞为主的卵巢即称为第Ⅰ期卵巢。

　　② 生长期:该期的生殖细胞即称为卵母细胞。此期可分为小生长期和大生长期两个阶段。小生长期指从成熟分裂前期的核变化和染色体的配对开始,以真正的核仁出现

及卵细胞质的增加为特征,又称无卵黄期。以此时相卵母细胞为主的卵巢属于第Ⅱ期卵巢。主要养殖鱼类性成熟以前的个体,卵巢均停留在第Ⅱ期。大生长期的最大特征是卵黄的积累,卵母细胞的细胞质内逐渐蓄积卵黄直至充满细胞质。根据卵黄积累状况和程度,又可分为卵黄积累和卵黄充满两个阶段。前者的主要特征是初级卵母细胞的体积增大,卵黄开始积累,此时的卵巢属于第Ⅲ期;后者的主要特征是卵黄在初级卵母细胞内不断积累,并充满整个细胞质部分,此时卵黄生长即完成,初级卵母细胞长到最终大小,此时的卵巢属于第Ⅳ期。

③ 成熟期:初级卵母细胞生长完成后,其体积不再增大,这时卵黄开始融合成块状,细胞核极化,核膜溶解。初级卵母细胞进行第一次成熟分裂,放出第一极体;紧接着进行第二次成熟分裂,并停留在分裂中期,等待受精。

成熟期进行得很快,仅数小时或十几小时便可完成,这时的卵巢属于第Ⅴ期。如果条件适宜,卵子能及时产出体外,完成受精并放出第二极体,称为受精卵;如果条件不适宜,就将成为过熟卵而失去受精能力。

家鱼成熟的卵子呈圆球形,微黄而带青色,半浮性,吸水前直径 1.4~1.8 mm。

### 3.1.2 · 性腺分期和性周期

#### ▨ （1）性腺分期

为了便于观察和鉴别鱼类性腺生长、发育和成熟的程度,通常将主要养殖鱼类的性腺发育过程分为 6 期,各期特征见表 3-1。

表 3-1 · 家鱼性腺发育的分期特征

| 分期 | 雄 性 | 雌 性 |
|------|-------|-------|
| Ⅰ | 性腺呈细线状,灰白色,紧贴在鳔下两侧的腹膜上;肉眼不能区分雌雄 | 性腺呈细线状,灰白色,紧贴在鳔下两侧的腹膜上;肉眼不能区分雌雄 |
| Ⅱ | 性腺呈细带状,白色,半透明;精巢表面血管不明显;肉眼已可区分雌雄 | 性腺呈扁带状,宽度比同体重雄性的精巢宽 5~10 倍。肉白色,半透明;卵巢表面血管不明显,撕开卵巢膜可见花瓣状纹理;肉眼看不见卵粒 |
| Ⅲ | 精巢白色,表面光滑,外形似柱状;挤压腹部不能挤出精液 | 卵巢的体积增大,呈青灰色或褐灰色;肉眼可见小卵粒,但不易分离、脱落 |
| Ⅳ | 精巢已不再是光滑的柱状,宽大而出现皱褶,乳白色;早期仍挤不出精液,但后期能挤出精液 | 卵巢体积显著增大,充满体腔;鲤、鲫呈橙黄色,其他鱼类为青灰色或灰绿色;表面血管粗大、可见,卵粒大而明显、较易分离 |

| 分期 | 雄　性 | 雌　性 |
|---|---|---|
| V | 精巢体积已膨大,呈乳白色,内部充满精液;轻压腹部有大量较稠的精液流出 | 卵粒由不透明转为透明,在卵巢腔内呈游离状,故卵巢也具轻度流动状态;提起亲鱼,有卵从生殖孔流出 |
| VI | 排精后,精巢萎缩,体积缩小,由乳白色变成粉红色,局部有充血现象;精巢内可残留一些精子 | 大部分卵已产出体外,卵巢体积显著缩小;卵巢膜松软,表面充血;残存的、未排出的部分卵处于退化吸收的萎缩状态 |

### ▣（2）性周期

各种鱼类都必须生长到一定年龄才能达到性成熟,此年龄称为性成熟年龄。达性成熟的鱼第一次产卵、排精后,性腺即随季节、温度和环境条件发生周期性的变化,这就是性周期。在池养条件下,"四大家鱼"的性周期基本上相同,且性成熟的个体每年一般只有一个性周期。

## 3.1.3 · 性腺成熟系数与繁殖力

### ▣（1）性腺成熟系数

性腺成熟系数是衡量性腺发育好坏程度的指标,即性腺重占体重的百分数。性腺成熟系数越大,说明亲鱼的怀卵量越多。性腺成熟系数按下列公式计算:

$$成熟系数 = \frac{性腺重}{鱼体重} \times 100\%$$

$$成熟系数 = \frac{性腺重}{去内脏鱼体重} \times 100\%$$

上述两公式可任选一种,但应注明是采用哪种方法计算的。

### ▣（2）怀卵量

分绝对怀卵量和相对怀卵量。亲鱼卵巢中的怀卵数称绝对怀卵量;绝对怀卵量与体重(g)之比为相对怀卵量,即:

$$相对怀卵量 = \frac{绝对怀卵量}{体重}$$

### 3.1.4 · 排卵、产卵和过熟的概念

#### ▤（1）排卵与产卵

排卵即指卵细胞在进行成熟变化的同时,成熟的卵子被排出滤泡掉入卵巢腔的过程。此时的卵子在卵巢腔中呈滑动状态。在适合的环境条件下,游离在卵巢腔中的成熟卵子从生殖孔产出体外,叫产卵。

排卵和产卵是一先一后的两个不同的生理过程。在正常情况下,排卵和产卵是紧密衔接的,排卵后卵子很快就可产出。

#### ▤（2）过熟

过熟的概念通常包括两个方面,即卵巢发育过熟和卵过熟。前者指卵的生长过熟,后者指卵的生理过熟。

当卵巢发育到Ⅳ期中或末期,卵母细胞已生长成熟,卵核已偏位或极化,等待条件进行成熟分裂,这时的亲鱼已达到可以催产的程度。在这"等待期"内催产都能获得较好的效果。但等待的时间是有限的,过了"等待期",卵巢对催产剂不敏感,不能引起亲鱼正常排卵。这种由于催产不及时而形成的性腺发育过期现象,称卵巢发育过熟。卵巢过熟或尚未成熟的亲鱼,多是催而不产,即使有个别亲鱼产卵,其卵的数量极少、质量低劣,甚至完全不能受精。

卵过熟是指排出滤泡的卵由于未及时产出体外而失去受精能力。一般排卵后,在卵巢腔中 1~2 h 为卵的适当成熟时间,这时的卵子称为"成熟卵"。未到时间的称"未成熟卵";超过时间的即为"过熟卵"。

# 3.2

# 亲 鱼 培 育

亲鱼培育是指在人工饲养条件下,促使亲鱼性腺发育至成熟的过程。亲鱼性腺发育的好坏直接影响催产效果,是人工繁殖成败的关键,因此要切实抓好。

### 3.2.1 · 亲鱼的来源与选择

团头鲂亲鱼应尽量选用人工培育的新品种。要得到产卵量大、受精率高、出苗率多、

质量好的鱼苗,保持养殖鱼类生长快、肉质好、抗逆性强、经济性状稳定的特性,必须认真挑选合格的亲鱼。挑选时,应注意以下几点。

第一,所选用的亲鱼,外部形态一定要符合鱼类分类学上的外形特征,这是保证该亲鱼确属良种的最简单方法。

第二,由于温度、光照、食物等生态条件对个体的影响,以及种间差异,鱼类性成熟的年龄和体重有所不同,有时甚至差异很大。

第三,为了杜绝个体小、早熟的近亲繁殖后代被选作亲鱼,一定要根据国家和行业已颁布的标准选择(表3-2)。

表3-2 · 团头鲂的成熟年龄和体重

| 开始用于繁殖的年龄<br>(足龄) | | 开始用于繁殖的<br>最小体重(kg) | | 用于人工繁殖的<br>最高年龄(足龄) |
| --- | --- | --- | --- | --- |
| 雌 | 雄 | 雌 | 雄 | |
| 3 | 3 | 1.5 | 1.5 | 4~6 |

注:我国幅员辽阔,南北各地的鱼类成熟年龄和体重并不相同。南方成熟早,个体小;北方成熟晚,个体较大。表中数据是长江流域的标准,南方或北方可酌情增减。

第四,雌雄鉴别。总的来说,养殖鱼两性的外形差异不大,细小的差别,有的终生保持,有的只在繁殖季节才出现,所以雌雄不易分辨。目前主要根据追星(也叫珠星,是由表皮特化形成的小突起)、胸鳍和生殖孔的外形特征来鉴别雌雄(表3-3)。

表3-3 · 团头鲂雌雄特征比较

| 生殖季节 | | 非生殖季节 | |
| --- | --- | --- | --- |
| 雄性 | 雌性 | 雄性 | 雌性 |
| 胸鳍第一鳍条较厚,呈"S"形弯曲;胸鳍的前几根鳍条、头背部、鳃盖、尾柄背面等处均有密集的"追星" | 胸鳍第一鳍条薄而直,仅眼眶及体背部有少数追星,泄殖孔稍凸、有时红润 | 胸鳍第一鳍条厚而弯曲 | 胸鳍第一鳍条薄而直 |

第五,亲鱼必须健壮无病,无畸形缺陷,鱼体光滑,体色正常,鳞片、鳍条完整无损,因捕捞、运输等原因造成的擦伤面积越小越好。

第六,根据生产鱼苗的任务确定亲鱼的数量,常按产卵5万~10万粒/kg亲鱼估计所需雌亲鱼数量,再以1:(1~1.5)的雌雄比得出雄亲鱼数量。亲鱼不要留养过多,以节约开支。

### 3.2.2 · 亲鱼培育池的条件与清整

亲鱼培育池应靠近产卵池,环境安静,便于管理,有充足的水源,排灌方便,水质良好、无污染,池底平坦,水深为 1.5～2.5 m,面积为 1 333～3 333 m²。

鱼池清整是改善池鱼生活环境和改良池水水质的一项重要措施。每年在人工繁殖生产结束前,抓紧时间干池 1 次,清除过多的淤泥并进行整修,然后再用生石灰彻底清塘,以便再次使用。开春后应彻底清除岸边和池中杂草,以免存在鱼卵附着物而发生漏产。注水会带入较多野杂鱼的池塘,可混养少量肉食性鱼类进行除野。

清塘后可酌施基肥,施肥量由鱼池情况、肥料种类和质量决定。

### 3.2.3 · 亲鱼的培育方法

■ (1) 放养方式和放养密度

亲鱼培育多采用以 1～2 种鱼为主养鱼的混养方式,少数种类亲鱼使用单养方式。混养时,不宜套养同种鱼种,或配养相似食性的鱼、后备亲鱼,以免争食而影响主养亲鱼的性腺发育。搭配混养鱼的数量为主养鱼的 20%～30%,它们的食性和习性与主养鱼不同,能利用种间互利促进亲鱼性腺的正常发育。混养肉食性鱼时,应注意放养规格,避免危害主养鱼。在早春至产前的培育时间要雌雄分养,其他时间雌雄可混合放养,放养密度因塘、因种而异。亲鱼具体放养情况见表 3-4。

表 3-4 · 亲鱼放养密度和放养方式

| 水深(m) | 放养量 | | 放养方式 |
| --- | --- | --- | --- |
| | 重量(kg/667 m²) | 数量(尾/667 m²) | |
| 1.5～2.5 | 100～150 | 70～100 | 混放的鲢、鳙可占放养总量的20%～30%;雌雄比为1:(1～2),春季一定要雌雄分养 |

注:表中的放养量已到上限,不得超过。如适当降低,培育效果更佳。

■ (2) 亲鱼培育的要点

① 产后及秋季培育(产后到 11 月中下旬):生殖后无论是雌鱼还是雄鱼,其体力都消耗很大。因此,生殖结束后,亲鱼经几天在清水水质中暂养后,应立即给予充足和较好的营养,使其迅速恢复体力。如能抓好这个阶段的饲养管理,对性腺后阶段的发

育甚为有利。越冬前使亲鱼有较多的脂肪贮存,这对性腺发育很有好处,故入冬前仍要抓紧培育。有些苗种场往往忽视产后和秋季培育,平时放松饲养管理,只在临产前1~2个月抓一下,形成"产后松,产前紧"的现象,结果亲鱼成熟率低、催产效果不理想。

② 冬季培育和越冬管理(11月中下旬至翌年2月):当水温5℃以上时,鱼还会摄食,应适量投喂饵料和施以肥料,以维持亲鱼体质健壮而不落膘。

③ 春季和产前培育:亲鱼越冬后,体内积累的脂肪大部分转化到性腺,而这时水温已日渐上升,鱼类摄食逐渐旺盛,同时又是性腺迅速发育时期。在此时期,亲鱼所需的食物在数量和质量上都超过其他季节,故对亲鱼培育至关重要。

④ 亲鱼整理和放养:亲鱼产卵后,应抓紧亲鱼整理和放养工作,这有利于亲鱼的产后恢复和性腺发育。亲鱼池不宜套养鱼种。

### ▤ (3) 亲鱼培育日常管理

专池培育,管理方便。单养、混养皆可,以混养多见。不论单养还是混养,开春后务必雌雄分养。饲料以青料为主,精料为辅。团头鲂食量小,每天投饲量:青料为鱼体重的10%~25%,精料为鱼体重的2%~3%。在夏、秋季,为弥补青料质量欠佳的缺陷,也要青、精料相结合投喂;春季,以青料为主,只有在青料不足时才辅投精料。水质管理要求相对较低,只要不发生浮头即可。开春后,当水温达14℃以上时,每3~5天冲水1次,产前冲水次数可酌增;水量以水位升高10~15 cm为宜。

亲鱼培育是一项常年、细致的工作,必须专人管理。管理人员要经常巡塘,掌握每个池塘的情况和变化规律。根据亲鱼性腺发育的规律,合理地进行饲养管理。亲鱼的日常管理工作主要有巡塘、喂食、施肥、调节水质及鱼病防治等。

① 巡塘:一般每天清晨和傍晚各1次。由于4—9月高温季节易泛池,所以夜间也应巡塘,特别是闷热天气和雷雨天更应如此。

② 喂食:投食做到"四定",即定位、定时、定质、定量。要均匀喂食,并根据季节和亲鱼的摄食量灵活掌握投喂量。饲料要求清洁、新鲜。每天投喂1次青饲料,投喂量以当天略有剩余为准。精饲料可每天喂1次或上、下午各1次,投喂量以在2~3 h吃完为度。青饲料一般投放在草料架内,精饲料投放在饲料台或鱼池的斜坡上。

③ 水质调节:当水色太浓、水质老化、水位下降或鱼严重浮头时,要及时加注新水,或更换部分塘水。在亲鱼培育的过程中,特别是培育的后期,应常给亲鱼池注水或微流水刺激。

④ 鱼病防治:要特别加强亲鱼的防病工作,一旦亲鱼发病,当年的人工繁殖就会受到影响。因此,对鱼病要以防为主、防与治结合、常年进行,特别在鱼病流行季节(5—9月)更应予以重视。

# 3.3
# 人 工 催 产

亲鱼经过培育后,性腺已发育成熟,但在池塘内仍不能自行产卵,必须经过人工注射催产激素后方能产卵繁殖。因此,催产是团头鲂人工繁殖中的一个重要环节。

## 3.3.1 · 人工催产的生物学原理

鱼类的发育呈现周期性变化,这种变化主要受垂体性激素的控制,而垂体的分泌活动又受外界生态条件变化的影响。

家鱼的繁殖是受外界生态条件制约的。当一定的生态条件刺激鱼的感觉器官(如侧线鳞、皮肤等)时,这些感觉器官的神经就产生冲动,并将这些冲动传入中枢神经,刺激下丘脑分泌促性腺激素释放激素。这些激素经垂体门静脉流入垂体,垂体受到刺激后即分泌促性腺激素,并通过血液循环作用于性腺,促使性腺迅速地发育成熟,最后产卵、排精。同时,性腺也分泌性激素,性激素反过来又作用于神经中枢,使亲鱼进入性活动——发情、产卵。

根据家鱼自然繁殖的一般生物学原理,考虑到池塘中的生态条件,通过人工的方法将外源激素(鱼脑垂体、绒毛膜促性腺激素和促黄体素释放激素类似物等)注入亲鱼体内,代替(或补充)鱼体自身下丘脑和垂体分泌的激素,促使亲鱼的性腺进一步成熟,从而诱导亲鱼发情、产卵或排精。

对鱼体注射催产剂只是替代了家鱼繁殖时所需要的部分生态条件,而影响亲鱼新陈代谢所必需的生态因子(如水温、溶氧等)仍需保留,才能使鱼性腺成熟和产卵。

## 3.3.2 · 催产剂的种类和效果

目前用于鱼类繁殖的催产剂主要有绒毛膜促性腺激素(HCG)、鱼脑垂体(PG)、促黄体素释放激素类似物(LRH－A)等。

### ■ (1) 绒毛膜促性腺激素(hormone chorionic gonadotropin,简称HCG)

HCG是从怀孕2~4个月的孕妇尿中提取出来的一种糖蛋白激素,分子量为36 000左右。HCG直接作用于性腺,具有诱导排卵作用,同时也具有促进性腺发育,促使雌、雄性激素产生的作用。

HCG 是一种白色粉状物,市场上销售的鱼(兽)用 HCG 一般都封装于安瓿瓶中,以国际单位(IU)计量。HCG 易吸潮而变质,因此要在低温干燥避光处保存,临近催产时取出备用。贮存量不宜过多,以当年用完为宜,隔年产品影响催产效果。

### ■ (2) 鱼脑垂体(pituitary gland,简称 PG)

① 鱼脑垂体位于间脑的腹面,与下丘脑相连,近似圆形或椭圆形,乳白色。垂体分为神经部和腺体部,神经部与间脑相连,并深入到腺体部;腺体部又分前叶、间叶和后叶三部分(图 3-1)。鱼脑垂体内含多种激素,对鱼类催产最有效的成分是促性腺激素(GtH)。GtH 含有两种激素,即促滤泡激素(FSH)和促黄体素(LH),它们直接作用于性腺,可以促使鱼类性腺发育;促进性腺成熟、排卵、产卵或排精,并控制性腺分泌性激素。一般采用在分类上较接近(同属或同科)的鱼类脑垂体作为催产剂,效果较显著。

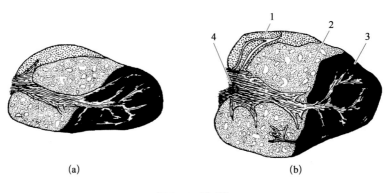

(a)　　　　　　　　　　　　(b)

图 3-1 · 脑垂体

(a)鲤脑垂体;(b)草鱼脑垂体
1. 前叶;2. 间叶;3. 后叶;4. 神经部

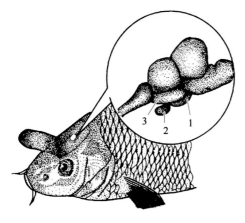

图 3-2 · 脑垂体摘除方法

1. 间脑;2. 下丘脑;3. 脑垂体

② 摘取鲤、鲫脑垂体的时间,通常选择在产卵前的冬季或春季为最好。脑垂体位于间脑下面的碟骨鞍里,用刀沿眼上缘至鳃盖后缘的头盖骨水平切开(图 3-2),除去脂肪,露出鱼脑,用镊子将鱼脑的一端轻轻掀起,在头骨的凹窝内有一个白色、近圆形的垂体,小心地用镊子将垂体外面的被膜挑破,然后将镊子从垂体两边插入慢慢挑出垂体,应尽量保持垂体完整不破损。

也可将鱼的鳃盖掀起,用自制的"挖耳勺"

（即将一段 8 号铁丝的一段锤扁，略弯曲成铲形）压下鳃弭，并插入鱼头的碟骨缝中将碟骨挑起便可露出垂体，然后将垂体挖去。此法取垂体速度快，不会损伤鱼体外形，值得推广。

取出的脑垂体应去除黏附在上的附着物，并浸泡在 20~30 倍体积的丙酮或无水乙醇中脱水脱脂，过夜后，更换同样体积的丙酮或无水乙醇，再经 24 h 后取出，在阴凉通风处彻底吹干，密封、干燥、4℃ 下保存。

■ **（3）促黄体素释放激素类似物（luteotropin releasing hormone-analogue，简称 LRH－A）**

LRH－A 是一种人工合成的九肽激素，分子量约 1 167。由于它的分子量小，反复使用不会产生耐药性，并对温度的变化敏感性较低。应用 LRH－A 作催产剂不易造成难产等现象发生，不仅价格比 HCG 和 PG 便宜、操作简便，而且催产效果大大提高，亲鱼死亡率也大大下降。

近年来，我国在 LRH－A 的基础上又研制出 LRH－A$_2$ 和 LRH－A$_3$。实践证明，LRH－A$_2$ 对促进 FSH 和 LH 释放的活性分别较 LRH－A 高 12 倍和 16 倍；LRH－A$_3$ 对促进 FSH 和 LH 释放的活性分别较 LRH－A 高 21 倍和 13 倍。LRH－A$_2$ 的催产效果显著，而且其使用剂量仅为 LRH－A 的 1/10；LRH－A$_3$ 对促进亲鱼性腺成熟的作用比 LRH－A 好得多。

■ **（4）地欧酮（DOM）**

地欧酮是一种多巴胺抑制剂。研究表明，鱼类下丘脑除了存在促性腺激素释放激素（GnRH）外，还存在相对应的抑制它分泌的激素，即"促性腺激素释放激素的抑制激素"（GRIH）。它们对垂体 GtH 的释放和调节起到重要的作用。目前的实验表明，多巴胺在硬骨鱼类中起着与 GRIH 同样的作用，它既能直接抑制垂体细胞自动分泌，又能抑制下丘脑分泌 GnRH。采用地欧酮就可以抑制或消除促性腺激素释放激素的抑制激素（GRIH）对下丘脑促性腺激素释放激素（GnRH）的影响，从而增加脑垂体的分泌，促使性腺发育成熟。生产上地欧酮不单独使用，主要与 LRH－A 混合使用，以进一步增加其活性。

### 3.3.3 · 催产季节

在最适宜的季节进行催产是家鱼人工繁殖取得成功的关键之一。长江中、下游地区适宜催产的季节是 5 月上、中旬至 6 月中旬，华南地区约提前 1 个月，华北地区是 5 月底至 6 月底，东北地区是 6 月底至 7 月上旬。催产的适宜水温为 18~30℃，而以 22~28℃ 最适宜(催产率、出苗率高)。生产上可采取以下判断依据来确定最适催产季节：① 如果当年气温、水温回升快，催产日期可提早些。反之，催产日期相应推迟。② 亲鱼培育工作做得好，亲鱼性腺发育成熟就会早些，催产时期也可早些。通常在计划催产前 1~1.5 个月对典型的亲鱼培育池进行拉网，检查亲鱼性腺发育情况，并据此推断其他培育池亲鱼性腺发育情况，进而确定催产季节和亲鱼催产的先后顺序。

### 3.3.4 · 催产前的准备

#### （1）产卵池

要求靠近水源、排灌方便，又近培育池和孵化场地。在进行鱼类繁殖前，应对产卵池进行检修，即铲除池水积泥，捡出杂物；认真检查进、排水口及管道和闸阀，以保畅通、无渗漏；装好拦鱼网栅、排污网栅，严防松动而逃鱼。产卵池面积常以少于 600 m² 为宜，水深 1 m 左右，进、排水方便(忌用肥水作水源)，池底淤泥甚少或无，环境安静，避风向阳。

#### （2）鱼巢

鱼巢是专供收集黏性鱼卵的人工附着物。用于制作鱼巢的材料很多，但以纤细多枝、在水中易散开、不易腐烂、无毒害浸出物的材料为好。常用杨柳树根、冬青树须根、棕榈树树皮、水草及稻草和黑麦草等陆草。根须和棕皮含单宁等有害物质，用前需蒸煮除掉，晒干后再用；水、陆草要洗净，严防夹带有害生物进入产卵池，如用稻草最好先锤软。处理后的材料经整理，用细绳扎成束，每束大小与 3~4 张棕皮所扎的束相仿。一般每尾 1~2 kg 的亲鱼每次需配鱼巢 4~5 束。亲鱼常有连续产卵 2~3 天的习性，鱼巢也要悬挂 2~3 次，所以鱼巢用量颇多，必须事前做好充分准备。

#### （3）设施与工具

如亲鱼暂养网箱，卵和苗计数用的白碟、量杯等常用工具，催产用的研钵、注射器以及人工授精所需的受精盆、吸管等。

#### （4）性成熟年龄与雌雄鉴别

团头鲂性成熟年龄为 2~3 龄，一般体重在 0.3 kg 以上，但初次性成熟的亲鱼卵粒小、怀卵量少、质量差。因此，生产上应选择 3~4 龄、体重 1 kg 以上的亲鱼。用作产卵的团头鲂，应选择背高、尾柄短、体形近似菱形的鱼。

在生殖季节，团头鲂雄鱼头部、胸鳍、尾柄上和体背部均有大量的追星出现；成熟的个体,轻压腹部有乳白色精液流出。雄鱼胸鳍第一根鳍条肥厚而略有弯曲,呈"S"形。这个特征终生不会消失,可用于非生殖季节区别雌雄。雌鱼的胸鳍光滑而无追星,第一根鳍条细而直;除在尾柄部分也出现追星外,其余部分很少见到;腹部明显膨大。

### ▤（5）催产剂的制备

鱼脑垂体(PG)、LRH－A 和 HCG 必须用注射用水(一般用 0.6%氯化钠溶液,近似鱼的生理盐水)溶解或制成悬浊液。注射液量控制在每尾亲鱼 2～3 ml 为度;如亲鱼个体小,注射液量还可适当减少。应当注意催产剂不宜过浓或过稀。过浓,注射液稍有浪费会造成剂量不足;过稀,大量的水分进入鱼体对鱼不利。

配制 HCG 和 LRH－A 注射液时,将其直接溶解于生理盐水中即可。配制脑垂体注射液时,将脑垂体置于干燥的研钵中充分研碎,然后加入注射用水制成悬浊液备用。若进一步离心,弃去沉渣取上清液使用更好,可避免堵塞针头,并可减少异性蛋白所起的副作用。注射器及配置用具使用前要煮沸消毒。

## 3.3.5 · 催产技术

### ▤（1）雌雄亲鱼配组

团头鲂在湖泊、水库等水域中能自然繁殖。在池塘条件下,团头鲂一般不会自然产卵。但是,当亲鱼性腺已充分发育成熟,有适当的环境条件(如流水与水草)也能自然产卵。为了避免团头鲂亲鱼零星产卵,应根据亲鱼性腺发育状况,抓住适宜的生产季节,采用人工催产的方法进行繁殖,让其集中产卵,以获得大量鱼苗。

催产时,每尾雌鱼需搭配一定数量的雄鱼。如果采用催产后由雌雄鱼自由交配的产卵方式,雄鱼要稍多于雌鱼,一般雌雄比 1∶1.2 比较好;若雄鱼较少,雌雄比也不应低于1∶1。如果采用人工授精方式,雄鱼可少于雌鱼。同时,采用自由交配方式时,应注意同一批催产的雌雄鱼个体重要大致相同,以保证繁殖动作的协调。

### ▤（2）确定催产剂和注射方式

凡成熟度好的亲鱼,只要一次注射,就能顺利产卵;成熟度欠佳的,可用两次注射法,即先注射少量的催产剂催熟,然后再行催产。

亲鱼对不同药物的敏感程度存在着种的差异,如团头鲂对 HCG 较敏感,故选用何种催产剂应视鱼而异。催产剂的用量,除与药物种类、亲鱼的种类和性别有关外,还与催产时间、成熟度、个体大小等有关。繁殖早期,因水温稍低,卵巢膜对激素不够敏感,用量需比繁殖中期增加 20%~25%。成熟度差的鱼,要增大注射量或增加注射次数。成熟度好的鱼,可减少催产剂用量,雄性亲鱼甚至可不用催产剂。性别不同,注射剂量也不同,雄鱼常为雌鱼用量的一半。催产剂的使用方法与常用剂量见表 3-5。

表 3-5 · 催产剂的使用方法与常用剂量

| 雌　鱼 | | | | 备　注 |
|---|---|---|---|---|
| 一 次 注 射 法 | 两 次 注 射 法 | | | |
| | 第一次注射 | 第二次注射 | 间隔时间(h) | |
| ① PG 7~10 mg/kg; ② HCG 1 000~1 500 U/kg; ③ HCG 600~1 000 U/kg + PG 2 mg | 为一次注射法所用剂量的 1/10 | 为一次注射法所用剂量的 9/10 | 5~6 | ① 雄鱼用量为雌鱼的一半; ② 一次注射法,雌雄鱼同时注射;两次注射法,在第二次时,雌雄鱼才同时注射; ③ 左列药物只任选一项 |

注:剂量、药剂组合及间隔时间等,均按标准化要求制表。

### (3)效应时间

从末次注射到开始发情所需的时间,叫效应时间。效应时间与药物种类、鱼的种类、水温、注射次数、成熟度等因素有关。一般温度高,时间短;反之,则长。使用 PG 效应时间最短,使用 LRH-A 效应时间最长,而使用 HCG 效应时间介于两者之间。

### (4)注射方法和时间

家鱼注射分体腔注射和肌肉注射两种,目前生产上多采用前法。注射时,使鱼夹中的鱼侧卧在水中,把鱼上半部托出水面,在胸鳍基部无鳞片的凹入部位将针头朝向头部前上方与体轴成 45°~60°角刺入 1.5~2.0 cm,然后把注射液徐徐注入鱼体。肌肉注射部位是在侧线与背鳍间的背部肌肉。注射时,把针头向头部方向稍挑起鳞片刺入 2 cm 左右,然后把注射液徐徐注入。注射完毕迅速拔除针头,把亲鱼放入产卵池中。当针头刺入后,若亲鱼突然挣扎扭动,应迅速拔出针头,不要强行注射,以免针头弯曲或划开亲鱼肌肤而造成出血、发炎。可待鱼安定后再行注射。

催产时一般控制在早晨或上午产卵,有利于工作进行。为此,须根据水温和催情剂的种类等计算好效应时间。如要求清晨 6:00 产卵,药物的效应时间为 10~12 h,那么可安排在前一天的晚上 18:00—20:00 注射。当采用两次注射法时,还应再增加两次注射的间隔时间。

### 3.3.6 · 产卵

##### ▤ （1）自然产卵

团头鲂的卵为黏性卵。亲鱼经注射后，放入产卵池或孵化环道内，布置好鱼巢，并以微流水刺激，让其自行产卵。团头鲂卵的黏性较差，容易散落池底。为了能充分收集鱼卵，可在池底铺设一层芦席或沉水鱼巢。也可布置少量鱼巢，让绝大部分卵黏附在环道壁上。产卵结束后，捕出亲鱼后，将鱼卵洗刷下来，放入孵化桶内孵化。

##### ▤ （2）人工授精

用人工的方法使精、卵相遇而完成受精过程，称为人工授精。团头鲂采用人工授精方法，并进行流水孵化，能提高孵化率。团头鲂平均产卵数为 8 万 ~ 10 万粒/kg 体重。

在进行人工授精过程中，应避免精、卵受阳光直射。操作人员要配合协调，做到动作轻、快。否则，易造成亲鱼受伤而引起产后亲鱼死亡。

##### ▤ （3）鱼卵质量的鉴别

鱼卵质量的优劣用肉眼是不难判别的，鉴别方法见表 3－6。卵质优劣对受精率、孵化率影响甚大，未熟或过熟的卵受精率低，即使已受精，孵化率也常较低，且畸形胚胎多。卵膜韧性和弹性差时，孵化中易出现提早出膜，需采取增固措施加以预防。因此，通过对卵质量的鉴别，不但使鱼卵孵化工作事前做到心中有底，而且还有利于确立卵质量优劣关键在于培育的思想，认真总结亲鱼培育的经验，以求改进和提高。

表 3－6 · 家鱼卵子质量的鉴别

| 性　状 | 成　熟　卵　子 | 不熟或过熟卵子 |
| --- | --- | --- |
| 颜色 | 鲜明 | 暗淡 |
| 吸水情况 | 吸水膨胀速度快 | 吸水膨胀速度慢，卵子吸水不足 |
| 弹性状况 | 卵球饱满，弹性强 | 卵球扁塌，弹性差 |
| 鱼卵在盘中静止时胚胎所在的位置 | 胚体动物极侧卧 | 胚体动物极朝上，植物极向下 |
| 胚胎的发育 | 卵裂整齐，分裂清晰，发育正常 | 卵裂不规则，发育不正常 |

注：引自《中国池塘养鱼学》。

## 3.4

# 孵　化

孵化是指受精卵经胚胎发育至孵出鱼苗为止的全过程。人工孵化就是根据受精卵胚胎发育的生物学特点，人工创造适宜的孵化条件，使胚胎能正常发育而孵出鱼苗。

### 3.4.1 · 鱼卵的孵化方法

鱼卵孵化的常用方法有池塘孵化、淋水孵化、流水孵化和脱黏孵化 4 种。

#### ▤（1）池塘孵化

池塘孵化是鱼卵孵化的基本方法，也是使用最广的方法。从产卵池取出鱼巢，经清水漂洗掉浮泥，用 3 mg/L 亚甲基蓝溶液浸泡 10～15 min 后移入孵化池孵化。现大多由夏花培育池兼作孵化池，故孵化池面积为 333～1 333 $m^2$、水深 1 m 左右。孵化池的淤泥应少，用前用生石灰彻底清塘，水经过滤再放入池中，避免敌害残留或侵入。在避风向阳侧，距池边 1～2 m 处，用竹竿等物缚制孵化架，供放置鱼巢用。一般鱼巢放在水面下 10～15 cm 处，具体要随天气、水温变化而升降。池底要铺芦席，铺设面积由所孵鱼卵的种类和池底淤泥量决定。鲂和鳊的卵黏性小，易脱落，且孵出的苗不附在巢上，会掉入泥中，所以铺设的面积至少要比孵化架大。鲤、鲫的卵黏性大，孵出的苗常附于巢上，所铺面积比孵化架略大或相当即可。如池底淤泥多，或水源夹带的泥沙多，浮泥会因水的流动、人员操作而沉积在鱼巢表面，妨碍胚胎和幼苗的呼吸，故铺设面积应更大。一般每 667 $m^2$ 水面放卵 20 万～30 万粒。卵应一次放足，以免出苗时间参差不齐。在孵化过程中，若遇恶劣天气，孵化架上可覆盖草帘等物遮风避雨，以尽量保持小环境的相对稳定。鱼苗孵出 2～3 天后游动能力增强，此时可取出鱼巢。取鱼巢时要轻轻抖动，防止带走鱼苗。

#### ▤（2）淋水孵化

采取间断淋水的方法保持鱼巢湿润，使胚胎得以正常发育。当胚胎发育至出现眼点时，将鱼巢移入孵化池中出苗。孵化的前段时间可在室内进行，由此减少环境变化的影响。保持水温恒定，并用 3 mg/L 的亚甲基蓝药液淋卵，能够更为有效地抑制水霉的生长，从而提高孵化率。

### （3）流水孵化

流水孵化是把鱼巢悬吊在流水孵化设备中孵化,或在消除卵的黏性后移入孵化设备孵化。孵化中使用的是脱了黏性的卵,卵的本质并未改变,密度大、耐水流冲击力大,可用较大流速的水孵化。但是,出苗后适应流水的能力反而减弱,因此,在即将出膜时,就应将水流的流速调小。

### （4）脱黏孵化

脱黏方法有泥浆脱黏法和滑石粉脱黏法。

① 泥浆脱黏法:先将细泥土与水混合成泥浆水,用规格40目的筛网过滤,浓度像米汤一样,放在缸内备用。一人用手不停地翻动泥浆水,另一人立即将少量的受精卵撒在泥浆水中去黏。待全部鱼卵撒完后,继续翻动泥浆1~2 min,然后将泥浆连同受精卵一起用网筛过滤,洗去多余的泥浆,筛取鱼卵,过数后放入孵化器中孵化。

② 滑石粉脱黏法:用滑石粉代替泥浆去黏的效果甚好。滑石粉颗粒细微,不会在卵膜上形成浓厚的黏附层而增加鱼卵的比重,而且卵膜仍相当透明,便于观察胚胎的发育状况。在鱼卵孵化过程中,黏附的滑石粉逐渐脱落,鱼卵更加透明。加入一定量的氯化钠,能提高脱黏效果。

滑石粉去黏方法简单。取100 g滑石粉和20~25 g氯化钠混合,溶于10 L水中搅拌成滑石粉悬浮液。每10 L滑石粉悬浮液可脱黏卵1~1.5 kg。将滑石粉悬浮液慢慢倒入盛受精卵的盆中,一边倒一边搅拌,使受精卵不出现结块现象。悬浮液变清后,撇出上层清液,再逐渐加入悬浮液,同时进行搅拌。这样操作3~4次后,经25 min,受精卵全部呈分散的颗粒状,达到脱黏效果。随后放入孵化器中孵化。

## 3.4.2 · 孵化管理

团头鲂的孵化技术与管理方法除了与家鱼相同之处外,还有其固有的特点,具体如下。

团头鲂的脱黏卵在静水中沉于池底。孵化环道水流不均匀时,易产生死角,不易将沉性卵均匀冲起,因此宜用流水均匀的孵化桶。

团头鲂受精卵的卵周隙不大,吸水后卵径一般为1.3 mm。刚孵出的仔鱼细小,长3.5~4 mm。因此,孵化桶纱窗的网目要选用70目规格,以防止刚孵出的鱼苗漏失。

团头鲂鱼卵的卵黄积累较少,与草鱼、青鱼、鲢、鳙胚胎发育的不同之处是从鳔充气到卵黄完全吸收这段时间很短,即混合营养阶段的时间很短。据测定,从鳔充气到卵黄完全吸收的时间,团头鲂仅9 h,比草鱼(28 h)、鲢(22 h)短很多。草鱼、鲢的出苗标准:鳔充气,经7~8 h开口摄食后下塘(俗称老苗下塘)。团头鲂鱼苗如照搬上述出苗标准,就会因卵黄耗净、得不到体外营养补充而造成大批死亡。正确的方法是鳔充气后,随即出苗、下塘(俗称嫩苗下塘)。长途运输(12 h以上),必须在眼黑色素期至鳔雏形期阶段进行。

团头鲂鱼苗身体细小、嫩弱、无色素,操作时要格外小心。在撇苗计数时,不能离水操作,必须带水撇舀。

### 3.4.3 · 催产率、受精率和出苗率的计算

鱼类人工繁殖的目的是提高催产率(或产卵率)、受精卵和出苗率。所有人工繁殖的技术措施均要围绕该"三率"展开。

在亲鱼产卵后捕出时,统计产卵亲鱼数(以全产为单位,将半产雌鱼折算为全产)。根据催产率可了解亲鱼培育水平和催产技术水平。计算公式为:

$$催产率 = \frac{产卵雌鱼数}{催产雌鱼数} \times 100\%$$

当鱼卵发育到原肠中期,用小盆随机取鱼卵百余粒放在白瓷盆中,用肉眼检查,统计受精(好卵)卵数和混浊、发白的坏卵(或空心卵)数,然后按下述公式计算出受精率。

$$受精率 = \frac{受精卵数(好卵)}{总卵数(好卵+坏卵)} \times 100\%$$

根据受精率可衡量鱼催产技术高低,并可初步估算鱼苗生产量。

当鱼苗鳔充气、能主动开口摄食(即开始由体内营养转为混合营养)时,鱼苗就可以转入池塘饲养。在移出孵化器时,统计出苗数,并按下述公式计算出苗率。

$$出苗率 = \frac{出苗数}{受精卵数} \times 100\%$$

出苗率(或称下塘率)不仅能反映生产单位的孵化工作优劣,而且也表明了整个家鱼人工繁殖的技术水平。

(撰稿:陈倩)

# 4

# 团头鲂鱼苗、鱼种培育与成鱼养殖

鱼苗、鱼种的培育,就是从孵化后 3~4 天的鱼苗养成供池塘、湖泊、水库、河沟等水体放养的食用鱼种的过程。一般分两个阶段:鱼苗经 18~22 天培养,养成 3 cm 左右的稚鱼,此时正值夏季,故通称夏花(又称火片、寸片);夏花再经 3~5 个月的饲养,养成 8~20 cm 长的鱼种,此时正值冬季,故通称冬花(又称冬片)。北方鱼种秋季出塘称秋花(秋片),经越冬后称春花(春片)。在江苏、浙江一带将 1 龄鱼种(冬花或秋花)通称为仔口鱼种。苗种培育的中心任务是提高成活率、生长率和降低成本,为成鱼养殖提供健康、合格的鱼种。

# 鱼 苗 培 育

所谓鱼苗培育,就是将鱼苗养成夏花鱼种。为提高夏花鱼种的成活率,根据鱼苗的生物学特征,务必采取以下措施:一是创造无敌害生物及水质良好的生活环境;二是保持数量多、质量好的适口饵料;三是培育出体质健壮、适合高温运输的夏花鱼种。为此,需要用专门的鱼池进行精心、细致的培育。这种由鱼苗培育至夏花的鱼池在生产上称为"发塘池"。

## 4.1.1 · 池塘准备

### ▣ (1)池塘选择

选用长方形、东西朝向的池塘,池堤牢固,池底平坦,淤泥厚度不超过 20 cm。池塘面积 667~2 000 m² 为宜,过大,管理和操作不便,水质肥度不易调节,并易受风力影响而形成波浪拍击池岸,造成池坡泥沙下泻,搅混水体,影响鱼苗生长;太小,水温、水质变化大,水体缓冲作用减小。水深为 1.0~1.5 m(前期 50~70 cm、后期 100~130 cm)。池塘进、排水方便,水量充沛,水质符合国家渔业水质标准(GB 11607—1989),pH 7~8.5,溶解氧不低于 3 mg/L。水体无异色、异臭、异味;水面无明显油膜或浮沫;进、排水渠道分开,进水口远离出水口,且进水渠道宜采用明渠;闸门密封度好,并安装过滤设施。

### ▣ (2)药物清塘

池塘在排干曝晒、堵漏整修后,于 4 月底至 5 月初进行药物清塘。通常采用生石灰或漂白粉等药物。若用生石灰,则先将池塘进水 10 cm 左右,用浓度为 100~150 g/m³ 的生石灰水全池泼洒(包括塘坡),此为干法清塘。也可采用带水清塘,将池水保持在 0.5 m 左右,用 200~250 g/m³ 的生石灰水全池均匀泼洒。生石灰清塘后 10 天可放养。漂白粉适宜急用的池塘,但药效短。漂白粉通常采用干法清塘,用量为 20 g/m³,清塘 4 天后即可放养。

### （3）注水施肥

鱼苗下塘前 3~4 天注水 50~60 cm,注水口用 60~80 目筛网过滤,以防敌害生物进入。为培育天然饵料,在放养前 2~3 天可施发酵的有机肥 200~300 kg/667 m² 或化肥 3~5 kg/667 m²。由于团头鲂鱼苗娇小,注水、施肥时间较其他夏花鱼苗培育晚,以确保团头鲂鱼苗放养后第一周水体中轮虫就能达到峰值,同时避免大型枝角类和桡足类出现而发生虫盖鱼现象。如果是新建池塘,则需放养前 7 天注水、施肥,施有机肥 300~500 kg/667 m²。

## 4.1.2 · 鱼苗放养

### （1）放养时间

当池水轮虫密度达到 8~10 个/ml 时即可放养。放养前需经鱼苗试水,待清塘药物的药性完全消失才能放养,时间一般在 5 月上、中旬。

### （2）放养密度

依据养殖条件而定,一般放养密度为 10 万~15 万尾/667 m²。

### （3）鱼苗质量

所放鱼苗必须是良种,并符合团头鲂鱼苗、鱼种国家质量标准(GB 10030—1988)。

### （4）鱼苗放养要点

选择体色正常、体表无伤、体质健壮、活动力强、规格整齐的鱼苗进行放养。放苗最好选在晴天的上午,在池塘的上风处进行。如果是长途运输的鱼苗,下塘时要注意调节温差,水温差不能超过 2℃。具体操作:将装有鱼苗的氧气袋放入池中,并不停翻动氧气袋;同时注意不能在阳光下直晒氧气袋,防止闷袋。当袋内、外水温基本一致后才可放苗。

### 4.1.3 · 饲养管理

#### ▤ （1）投饵管理

放养前、中期采用豆浆饲养法，每天分 4 次（上午、下午各 2 次）全池均匀泼洒，每天的投喂量（黄豆）为 3~5 kg/667 m²。养殖后期增加用豆粕浸泡磨成的厚浆，投喂于塘边浅滩处（20 cm 左右深处），具体投饵量可根据鱼苗摄食及生长情况进行适当的调整。

#### ▤ （2）水质管理

总体水质管理要求为"肥、活、嫩、爽"。放养 1 周内不加水，以后每周加注新鲜水 1 次，每次注水 10~15 cm。为确保池水中有充足的天然饵料供给鱼苗，每隔 3~5 天依据水质施入发酵的有机肥 100~200 kg/667 m²，从而保持鱼苗稳定的生存环境，帮助鱼苗度过适应期。

#### ▤ （3）日常管理

每天坚持巡塘 3 次，观察水色及变化、鱼苗的活动摄食情况和有无浮头，并捞除蛙卵和杂草、污物等。检测水温、溶氧、pH、氨氮、亚硝酸盐氮等水质情况，做好每天的池塘日志。定期检测鱼的生长状况，做好数据记录。

#### ▤ （4）鱼病管理

夏花鱼苗培育期间最常见的疾病有气泡病、跑马病和车轮虫病。鱼病管理坚持"以防为主"的原则，每月使用生石灰或光合细菌全池均匀泼洒，调节水质。定期清洗食场与池塘四周，并用漂白粉进行消毒。根据水质检测结果与水色昼夜变化情况及时加水或换水，调节好水质。遇到车轮虫等寄生虫引起的疾病时，用 0.5 g/m³ 的硫酸铜全池均匀泼洒。表 4-1 总结了团头鲂夏花鱼苗常见的疾病及防治方法，供参考。

表 4-1 · 夏花鱼苗培育期间常见疾病及防治

| 病 名 | 病 因 | 症 状 | 防 治 方 法 |
|---|---|---|---|
| 气泡病 | 水中气体过饱和 | 鱼苗体表和体内出现气泡 | 换水，也可用食盐 3 g/m³ 全池均匀泼洒 |
| 跑马病 | 池中缺乏适口饵料 | 鱼苗绕池成群狂游，驱赶不散 | 先隔断其群游路线，然后加投豆浆、菜饼浆等 |
| 车轮虫病 | 由车轮虫寄生引起 | 鱼苗游动缓慢，呼吸困难，有时呈"跑马"状 | 用硫酸铜溶液 0.5 g/m³ 全池均匀泼洒 |

### 4.1.4 · 拉网出苗

#### ▣（1）拉网锻炼

当幼鱼长到 2.0 cm 以上、已开始上浅滩摄食豆粕磨成的厚浆时,就可拉网锻炼出苗。具体操作:首日惊鱼,第 2、第 4、第 6 天冲水,第 3、第 5 天拉网炼苗,第 7 天出苗,历时1 周。

#### ▣（2）暂养出苗

如需长途运输,出苗前将鱼苗移至有淋水和增氧设备的暂养箱暂养,暂养密度为 20万尾/m³ 左右。经 12 h 暂养后,可淘汰体质差、活动能力弱的鱼苗,同时可促使鱼苗体内代谢废物排出,减少运输过程中产生的应激反应,有利于提高成活率。一般采用氧气包进行运输。如团头鲂生长至 3 cm 以上,由于鱼苗规格增大,会增加运输难度和降低运输成活率。所以,鱼苗下塘 20 天,生长至 2 cm 以上且已开始上滩摄食后,就可拉网锻炼出苗。

## 团头鲂 1 龄鱼种培育

### 4.2.1 · 池塘准备

池塘条件与培育夏花鱼苗的要求相同,池塘大小以 2 000~3 335 m² 为宜,水深为1.5~2.0 m。光照充足,保水性好,进、排水方便,水源充足,淤泥少。引进水源的水质符合国家渔业水质标准。鱼种放养前池塘需杀菌消毒,一般采用 100~150 g/m³ 生石灰全池泼洒,或用 20 g/m³ 的漂白粉清塘。放养前 1 周注水 80 cm,注水口用 60~80 目筛网过滤,以防敌害生物进入。池塘施发酵的有机肥 200 kg/667 m² 来培育天然饵料,并依据池塘大小配备增氧机。

### 4.2.2 · 鱼种放养

#### ▣（1）鱼种质量

所放鱼种质量应符合团头鲂鱼苗、鱼种质量标准(GB 10030—1988)。放养时,选择体色正常、体表无伤、体质健壮、活动力强、规格整齐并进行过致病菌检疫的夏花鱼种。

### (2) 放养时间

夏花苗种放养时间一般在 6 月上、中旬,可采用主养和混养两种不同的养殖方式。主养时每 667 m² 可放养规格为 2~3 cm 的夏花 8 000~10 000 尾,15 天后再套养规格均为 3 cm 左右的鲢夏花 400 尾左右、鳙夏花 200 尾左右和鲫夏花 1 000 尾左右。混养每 667 m² 放养夏花 3 000~5 000 尾,其他鱼类放养规格均为 3 cm 左右,鲢夏花 2 000 尾左右、鳙夏花 1 000 尾左右和鲫夏花 1 000 尾左右。

### (3) 苗种放养注意事项

夏花苗种放养前必须用鱼苗试水,以测定清塘药物药性是否已完全消失。选择晴好天气进行放养。若是长途运输的夏花,下塘时要注意调节水温差,水温差不能超过 2℃。

## 4.2.3 · 饲养管理

### (1) 投饵管理

放养前期可用豆粕加 50% 菜饼磨成厚浆投喂于塘边浅滩处(20 cm 左右深处),每天投喂量为 3~5 kg/667 m²。鱼苗开始上滩摄食后,可投喂团头鲂专用颗粒配合饲料。利用投饲机进行投喂,投饲机应安装在用木板或其他建筑材料搭建的固定"水桥"上,防止投饲机开启时振动,"水桥"应延伸至距塘埂 3 m 外的池塘内;如遇顺风,饲料喷射至对面塘埂时,可在投饲机出料口上方加设挡板,以降低投饵角度、缩短投饵距离。在投饵的前期,少量投喂,将投饲机投喂间距调至每次 14~20 s,驯食工作完成后,逐步调整投饵量,将投喂间距调至每次 5~8 s。同时,强化检查摄食情况,定期检测鱼体生长情况,并根据摄食、鱼体规格、天气、水温变化情况灵活掌握投饵量。每天投喂 2 次(上午、下午各 1 次),日投喂量为鱼体重的 3%~5%,同时投喂足量的瓢莎和小浮萍(品萍)。

### (2) 水质管理

定期检测水质,平时每周 1 次,高温季节每周 2 次。将检测结果与渔业水质标准(GB 11607—1989)进行对照,如出现问题及时采取措施。池塘水体溶氧保持在 4 mg/L 以上,透明度保持在 25~40 cm,pH 7~8.5,非离子氨≤0.02 mg/L,亚硝酸盐≤0.15 mg/L。每周加(换)水 1 次,每次注水 30~50 cm,高温季节换水量可达 50~80 cm。养殖期间每 20 天全池泼洒 EM 菌 1 次,以改善水质。也可每月 1 次用 20~25 g/m³ 的生石灰调节水质,溶解后滤去残渣,全池泼洒。

### ■ (3) 日常管理

每天早、中、晚各巡塘 1 次,清晨巡塘主要观察鱼类的活动、有无浮头和渔机设备是否正常运转,清除敌害和杂草污物;午间巡塘,观察鱼类摄食情况,便于下午调整投饵量;傍晚巡塘,主要检查有无残剩饵料和水色变化,有无浮头预兆,便于晚上做好应急措施。正确开启增氧机,做到晴天午后开、阴天清晨开、连绵阴雨半夜开、傍晚不开、浮头早开。

### ■ (4) 鱼病管理

应坚持"预防为主、防治结合"的原则,每月 1 次全池泼洒 0.6 g/m³ 强氯精消毒水体,定期使用漂白粉消毒食场、草台。团头鲂 1 龄鱼种常见疾病主要有车轮虫病、锚头鳋病和细菌性肠炎,其防治方法见表 4-2。

表 4-2·1 龄鱼种培育期间常见病害防治情况

| 病 名 | 发病时期 | 症 状 | 防 治 方 法 |
|---|---|---|---|
| 车轮虫病 | 5—8 月 | 鳃组织损坏 | 0.5~0.7 g/m³ 硫酸铜和硫酸亚铁合剂(5∶2)全池泼洒 |
| 锚头鳋病 | 6—11 月 | 肉眼可见虫体;病鱼不安,寄生处组织发炎 | 0.2~0.5 g/m³ 灭虫精(主要成分是溴氰菊酯)全池泼洒 |
| 细菌性肠炎 | 水温 20~30℃ 时易发生 | 肛门红肿、呈紫红色,轻压腹部有黄色黏液流出,腹腔内可见肠壁充血、发炎等症状 | 0.2~0.3 g/m³ 的二氧化氯全池泼洒,连续 2~3 次,并按 1 kg 饲料中添加 1~2 g 大蒜素,连续喂 5~7 天 |

## 4.2.4 · 拉网出鱼

1 龄鱼种一般在冬季拉网起捕,拉网前两天可大量冲水以增加鱼体抗逆能力,利于提高运输成活率。采用氧气包或活水车运输。

### 4.3

# 团头鲂成鱼养殖

### 4.3.1 · 池塘准备

成鱼养殖池面积应在 3 335~6 670 m²,水深 2.0~2.5 m。池塘以东西长、南北宽的长方形为好。进、排水方便并各池独立,水源充足,水质无污染且符合国家渔业水质标准。池塘底质良好,无渗水、漏水现象。塘底平坦,淤泥厚度不超过 20 cm。池塘在排干曝晒、堵漏整修后,采用生石灰和漂白粉杀灭野杂鱼、敌害生物及寄生虫等病原菌。用浓度为 100~150 g/m³ 生石灰干法清塘或用浓度为 200~250 g/m³ 生石灰带水清塘;漂白粉清塘则采用浓度为 2 g/m³ 的干法清塘。放养前 1 周注水 1 m,注水口须用 60~80 目筛网过滤。每 667 m² 施入经发酵的有机肥 200~500 kg 培养天然饵料。准备好增氧设备。

### 4.3.2 · 鱼种放养

▤ **(1)放养时间**

鱼种放养时间一般在冬季或早春,选择晴好的天气进行。

▤ **(2)放养密度**

放养密度视池塘条件和养殖技术而定。主养一般每 667 m² 放养规格为 100 g 左右的 1 龄鱼种 1 500~2 000 尾,塘中可搭养规格为 250 g 左右的 1 龄鲢鱼种 100 尾、规格为 250 g 左右的 1 龄鳙鱼种 50 尾左右、规格为 100 g 左右的 1 龄鲫鱼种 400 尾左右。搭养鱼的比例不要超过放养总数的 30%。套养一般为每 667 m² 放养 50~100 尾。

▤ **(3)鱼体消毒**

鱼种放养时用 1%~3% 食盐溶液浸浴 5~20 min,或用 10~20 mg/L 的高锰酸钾浸浴 15~30 min。浸浴药物不得倒入养殖水体中。

### 4.3.3 · 饲养管理

#### （1）投饵管理

所采用的饲料为鳊鱼专用颗粒配合饲料,依据鱼体大小选择适宜粒径的饲料进行投喂。一般150~250 g团头鲂投喂的饲料粒径为2.5 mm,250~500 g团头鲂适宜的饲料粒径为3 mm,500 g以上团头鲂适宜的饲料粒径为4 mm。

通常采用投饲机进行投喂,投饲机的安装同1龄苗种培育。在养殖前期需驯化摄食颗粒饲料,采用少量投饵的方式,将投饲机投饵间距调至11~17 s/次。待驯食工作完成后,逐渐加大投饵量,将投饲机投饵间距调至3~7 s/次,检查摄食情况并及时作出调整。定期检测鱼体生长情况,并适当调整投喂量。每天投喂2次(上午、下午各1次),日投喂量为鱼体重的3%~4%,同时投喂足量浮萍(紫背浮萍)和其他青料。日投饵率可参考表4-3。

**表4-3·团头鲂商品鱼不同养殖温度的投饵率(%)**

| 鱼体规格 | 水温(℃) | | | | | | | | |
|---|---|---|---|---|---|---|---|---|---|
| (g/尾) | 16 | 18 | 20 | 22 | 24 | 26 | 28 | 30 | 32 |
| 100~200 | 1.8 | 2.0 | 2.2 | 2.4 | 2.7 | 3.0 | 3.2 | 3.5 | 3.5 |
| 200~300 | 1.5 | 1.7 | 2.0 | 2.2 | 2.4 | 2.7 | 3.0 | 3.2 | 3.3 |
| 300~600 | 1.2 | 1.4 | 1.7 | 1.9 | 2.2 | 2.5 | 2.8 | 3.0 | 3.0 |
| 600以上 | 0.8 | 1.1 | 1.3 | 1.5 | 1.7 | 1.9 | 2.0 | 2.1 | 2.2 |

#### （2）水质管理

每周检测1次水质,高温季节每周检测2次。主要检测水温、溶氧、pH、透明度、氨氮、亚硝酸盐等指标,并将检测结果与渔业水质标准进行对照,如有数值与其不符则采取措施立即解决。池塘正常水质指标:溶氧保持在4 mg/L以上,透明度保持在25~40 cm,pH在7~8.5,非离子氨≤0.02 mg/L,亚硝酸盐≤0.15 mg/L。每周加(换)水1次,每次注水30~50 cm,高温季节换水量可达50~80 cm。养殖期间每20天全池泼洒EM菌1次,以改善水质;也可每月用浓度为20~25 g/m³的生石灰溶解后全池泼洒1次,以调节水质。

#### （3）日常管理

加强巡塘,观察水色和鱼群活动情况,监测水质的溶氧、氨氮等指标,严防缺氧浮头。

合理使用增氧机。

### ■ （4）鱼病管理

鱼病管理应坚持"预防为主、防治结合"的原则，每月全池泼洒 0.7 g/m³ 敌百虫杀虫 1 次，内服 2% 大蒜素一疗程杀菌（5~7 天），每隔 15 天用浓度为 0.7 g/m³ 漂白粉消毒食场、草台等。渔药的使用和休药期严格遵守《无公害食品 鱼用药物使用准则（NY 5071—2002）》，做到不乱用药、少用药。团头鲂成鱼养殖常见的疾病主要有寄生虫病、细菌性疾病和真菌病。寄生虫病有车轮虫病、小瓜虫病、斜管虫病、锚头鳋病；细菌性疾病主要是肠炎；真菌病主要是水霉病。其疾病暴发的季节、症状及防治方法见表 4-4。

表 4-4 · 团头鲂成鱼养殖期间常见病害防治

| 病　名 | 发病时期 | 症　状 | 防　治　方　法 |
|---|---|---|---|
| 车轮虫病 | 5—8 月 | 鳃组织损坏 | 0.5~0.7 g/m³ 硫酸铜和硫酸亚铁合剂（5∶2）全池泼洒 |
| 小瓜虫病 | 12—翌年 6 月 | 体表、鳍条或鳃部布满白色囊胞 | 3.5% 食盐、1.5% 硫酸镁，浸浴 15 min；或 0.38 g/m³ 干辣椒粉与 0.15 g/m³ 生姜片混合加水煮沸后全池泼洒 |
| 斜管虫病 | 12 月、3—5 月 | 皮肤和鳃呈苍白色，体表有浅蓝或灰色薄膜覆盖 | 0.5~0.7 g/m³ 硫酸铜和硫酸亚铁合剂（5∶2）全池泼洒，或 2.5% 食盐溶液浸浴 20 min |
| 锚头鳋病 | 常年可见，6—11 月易发生 | 肉眼可见虫体；病鱼不安，寄生处组织发炎 | 0.2~0.5 g/m³ 灭虫精（主要成分是溴氰菊酯）全池泼洒 |
| 水霉病 | 2—5 月易发生 | 体表菌丝大量繁殖如絮状，寄生部位充血 | 2%~3% 食盐溶液浸浴 10 min，或 400 g/m³ 食盐、小苏打（1∶1）全池泼洒 |
| 细菌性肠炎 | 水温 20~30℃ 时易发生 | 肛门红肿、呈紫红色，轻压腹部有黄色黏液流出，腹腔内可见肠壁充血、发炎等 | 0.2~0.3 g/m³ 二氧化氯全池泼洒，连续 2~3 次；或按每 1 kg 饲料添加 1~2 g 大蒜素，连续喂 5~7 天 |
| 细菌性败血症 | 5—9 月 | 体表充血、肠炎、烂鳃等 | 鱼用血立停（主要成分是氰戊菊酯）0.01~0.013 g/m³，施药 3 天；若病情严重，3 天后再施药 1 次 |

## 4.3.4 · 拉网出鱼

团头鲂成鱼养殖，一般 8—9 月可长到 500 g 左右，此时便可捕捞上市。如果此前鱼池用过药，须确保已过休药期。收获时正处高温季节，操作需谨慎，可采用大水位拉网。在拉网前必须停食 2~3 天，以利于提高运输成活率。一般采用活水车运输。

# 4.4

# 无公害团头鲂产品质量要求

### 4.4.1 · 无公害团头鲂感官要求

无公害团头鲂在形态上的要求为体态匀称,无病灶、无畸形。鱼体具固有的体色和光泽,无异臭气味;鳞片完整,无其他赘生物。鳃的颜色鲜红,鳃丝清晰,黏液透明、无异味及腐败臭。肛门紧缩,不外凸、不红肿(繁殖期除外)。无公害团头鲂感观要求见表4-5。

表4-5 · 无公害团头鲂感官要求

| 项目 | 要 求 |
|---|---|
| 形态 | 体态匀称,无病灶、无畸形。鱼体具固有的体色和光泽;鳞片完整,无其他赘生物 |
| 鳃 | 颜色鲜红,鳃丝清晰,黏液透明、无异味及腐败臭 |
| 气味 | 鱼体无异臭味 |
| 肛门 | 紧缩,不外凸、不红肿(繁殖期除外) |

### 4.4.2 · 无公害团头鲂质量安全指标

无公害团头鲂体内重金属元素汞、砷和铅的含量应不超过0.5 mg/kg,铬的含量不超过2.0 mg/kg,镉的含量不超过0.1 mg/kg。氯霉素、呋喃唑酮、喹乙醇、己烯雌酚等药物在鱼体内不得检出。磺胺类药物残留量不能超过0.1 mg/kg。沙门氏菌和致泻大肠埃希氏菌也不得检出(表4-6)。

表4-6 · 无公害团头鲂安全指标

| 项 目 | 指 标 |
|---|---|
| 汞(以 Hg 计)(mg/kg) | ≤0.5 |
| 砷(以 As 计)(mg/kg) | ≤0.5 |

续　表

| 项　　目 | 指　　标 |
|---|---|
| 铅(以 Pb 计)(mg/kg) | ≤0.5 |
| 铬(以 Cr$^{6+}$ 计)(mg/kg) | ≤2.0 |
| 镉(以 Cd 计)(mg/kg) | ≤0.1 |
| 土霉素(mg/kg) | ≤0.1 |
| 磺胺类(以总量计)(mg/kg) | ≤0.1 |
| 氯霉素 | 不得检出 |
| 呋喃唑酮 | 不得检出 |
| 喹乙醇 | 不得检出 |
| 己烯雌酚 | 不得检出 |
| 沙门氏菌 | 不得检出 |
| 致泻大肠埃希氏菌 | 不得检出 |

（撰稿：陈倩）

# 团头鲂营养与饲料

**5.1**

# 营养需求与代谢

团头鲂作为大宗淡水养殖鱼类，具有成活率高、生长较快、容易饲养和捕捞、含肉量高、味道鲜美和营养价值高等优点，深受消费者和养殖者喜爱，已经作为优良的淡水养殖品种在全国推广。

近年来，因为养殖水环境恶化、养殖密度过高和病原微生物滋生等因素导致团头鲂疾病暴发、养殖效益降低，严重阻碍了其养殖产业的持续健康发展。饲料营养状况是决定鱼类抗病能力的重要因素之一，饲料中蛋白质、氨基酸、必需脂肪酸、维生素和微量元素供应不足会导致鱼类营养不良、抵抗力降低、易患病。因此，开发营养配比合理的饲料对促进团头鲂生长、提高其抗病力，以达到减少抗生素的使用至关重要。近20年，有关团头鲂营养需求的科研成果为饲料研发和产业的快速增长奠定了基础。然而，以往大多数研究以生长作为评价指标，近年来才开始关注营养与健康、免疫的关系。因此，兼具促进鱼类生长和增强免疫双重功能的水产饲料是未来的发展方向。本部分综述了近20年团头鲂对蛋白质、脂肪、糖类等主要营养物质及维生素和矿物元素等营养成分的需求，以及饲料营养物质对其生理健康影响的研究报道，旨在为团头鲂高效人工配合饲料的配制提供参考和借鉴，促进团头鲂养殖业健康、持续发展。

## 5.1.1 · 蛋白质和氨基酸需求与代谢利用

### （1）蛋白质的需求

水产养殖业的发展离不开优质水产饲料的支撑，而蛋白质（氨基酸）作为水产饲料中价格最高的成分，一直是水产营养与饲料研究的热点之一（任鸣春等，2015）。氨基酸营养是饲料营养的重要组成部分，明确养殖鱼类的氨基酸需要量是科学、高效饲料配方的关键，并且随着近年来水产动物氨基酸营养研究的深入，人们发现氨基酸营养在提高鱼类品质、调控鱼体代谢、增强鱼体的免疫力等方面显示出巨大的潜力。

蛋白质是保障动物生命活动最重要的营养素之一，又是鱼体组成的主要有机物质,占总干重的65%~75%。因此,蛋白质营养生理一直是水产动物营养研究的热点。目前,不同研究者得到的团头鲂蛋白质需要量有一定差异(21%~41%),其差异主要受水温、鱼体大小和饲料蛋白品质等因素的影响。当水温为20℃时,团头鲂鱼种对蛋白质的适宜需求量为27%~30%;而当水温为25~30℃时,其适宜蛋白质需求量则上升为25.6%~41.4%(Shi等,1988)。Li等(2010)通过实用饲料研究发现,1.76g团头鲂摄食含31%蛋白质的饲料时,生长和蛋白质利用率最佳;Habte-Tsion等(2013)通过纯化饲料得出,16g团头鲂最适蛋白质需求量为32%;邹志清等(1987)利用纯化饲料研究得出,2龄团头鲂(21.4~30g)对饲料蛋白质需要量为21.05%~30.83%;蒋阳阳等(2012)则利用实用饲料研究报道,1龄50g团头鲂饲料蛋白质的适宜添加量为30%。

鱼类饲料蛋白质和能量须维持一定比例,当饲料能量相对不足时,饲料蛋白质将更多地被转化成能量维持鱼的生存,造成蛋白质浪费;饲料能量过高又会降低鱼的摄食量,减少蛋白质和其他营养素的摄入。蒋阳阳等(2012)报道,50g团头鲂饲料适宜的蛋能比为18.21g/MJ。Li等(2010)报道,当饲料能量为18.57MJ/kg(31%蛋白质和7%脂肪)时,团头鲂幼鱼生长和饲料蛋白质利用率最高。

### （2）氨基酸的需求

鱼类对蛋白质的需求实际上是对氨基酸的需求,尤其是对必需氨基酸的需求。与其他鱼类一样,团头鲂的必需氨基酸包括蛋氨酸、赖氨酸、精氨酸、苏氨酸、异亮氨酸、缬氨酸、组氨酸、亮氨酸、苯丙氨酸和色氨酸10种(Jobling等,2011)。有研究表明,在日粮中添加必需氨基酸可以改善特定生长率(SGR)、饲料转化率和蛋白质效率比以及增加体重(Ahmed等,2019)。Liao等(2014)通过半纯化饲料研究得出,团头鲂幼鱼(3.3g)对蛋氨酸的需要量为8.5g/kg饲料(25g/kg蛋白质),对总含硫氨基酸的需要量为10.7g/kg饲料(31.5g/kg蛋白质)。团头鲂幼鱼对赖氨酸的需要量为23.6g/kg饲料(69.6g/kg蛋白质)(廖英杰等,2013)。Ren等(2013)通过半纯化饲料研究得出,精氨酸含量为18.1g/kg饲料(53.2g/kg蛋白质)时,团头鲂幼鱼(2.6g)生长最佳。在较大规格团头鲂中,陆茂英和石文雷(1992)利用纯化饲料研究得出,100g团头鲂对精氨酸的需要量为20.4~20.8g/kg饲料,对异亮氨酸的需要量为20.2~21.7g/kg饲料,对组氨酸的需要量为6.0~6.2g/kg饲料,对赖氨酸的需要量为18.6~19.8g/kg饲料,对异亮氨酸的需要量为14.6~14.7g/kg饲料。Zhao等(2017)对不同大小的两种团头鲂进行精氨酸需求量检测,研究表明,基于特定生长曲线的折线回归模型分析关系,最佳日粮精氨酸需求量可分为Ⅰ型(体重52.50g±0.18g)干物质 20.3 g/kg 和Ⅱ型(体重 101.85 g±1.85 g)干物质 17.9 g/kg。根据对体重增加率和特定生长率与日粮组氨酸水平的二次多项式回归分析,估计相对于 36.1 g/kg 日粮蛋白质,幼鱼的日粮组氨酸需求量为 11.2 g/kg 日粮(Wilson-Arop 等,2018)。近两年的研究表明,团头鲂对亮氨酸的需求量,基于增重率和特定生长率分别为 1.40% 和 1.56%(Liang 等,2018a)。Ji 等(2021)研究表明,与 0.40% 的蛋氨酸添加相比,0.80% 的蛋氨酸添加显著改善了团头鲂的生长;而 0.40% 的蛋氨酸显著增加肝脏脂质含量,同时降低肌肉脂质和糖原含量。

目前,我国团头鲂养殖无论是从养殖条件还是养殖模式上与之前相比都有了明显的改变,因此,先前数据可能已不具备指导现阶段生产的作用。同时,随着时间的推移和研究的深入,团头鲂饲料最适氨基酸含量的评价标准和分析模型也逐渐多元化,从最初的仅以增重率和饵料系数等生长性能作为评价标准、剂量-效应作为分析模型,到如今的以特定生长率、蛋白质效率、氮沉积率等指标共同作为判断依据,同时运用析因模型、二阶多项式回归模型等作为分析模型,研究对象的生长阶段也从成鱼阶段转向氨基酸需求更为旺盛的幼鱼阶段,以求用更精确的数据来更好地服务养殖业。基于新的研究方法和模型,相关研究人员开展了团头鲂成鱼对蛋氨酸、赖氨酸、精氨酸需要量的测定工作,以及幼鱼阶段对 10 种必需氨基酸需要量的研究(表 5-1 和表 5-2)。

表 5-1·团头鲂成鱼(>50 g)部分必需氨基酸需要量(干物质基础)

| 氨基酸 | 初重(g) | 饲料中的需要量(g) | 文 献 |
|---|---|---|---|
| 异亮氨酸(Ile) | 125.15±1.44 | 1.46~1.47 | 陆茂英等(1992) |
| 亮氨酸(Leu) | 99.65±0.79 | 2.02~2.17 | 陆茂英等(1992) |
| 组氨酸(His) | 139.35±0.86 | 0.60~0.62 | 陆茂英等(1992) |
| 精氨酸(Arg) | 99.55±0.66 | 2.04~2.08 | 陆茂英等(1992) |
| 赖氨酸(Lys) | 136.73±0.64 | 1.86~1.98 | 陆茂英等(1992) |
| 蛋氨酸(Met) | 101.80±1.30 | 0.74~0.76 | Liang 等(2016) |
| 赖氨酸(Lys) | 52.49±0.18 | 2.07 | 宋长友等(2016) |
| | 101.85±1.85 | 2.19 | 宋长友等(2016) |
| 精氨酸(Arg) | 52.50±0.18 | 2.03 | Zhao 等(2017) |
| | 101.85±1.85 | 1.79 | Zhao 等(2017) |

**表 5 - 2 · 团头鲂养成鱼(<50 g)部分必需氨基酸需要量(干物质基础)**

| 氨基酸 | 初 重(g) | 判断指标 | 饲料中的需要量(g) | 文 献 |
|---|---|---|---|---|
| 蛋氨酸(Met) | 3.34±0.03 | SGR | 0.85 | Liao 等(2014) |
| | 3.34±0.03 | PPV | 0.84 | Liao 等(2014) |
| 赖氨酸(Lys) | 3.34±0.03 | SGR | 2.36 | 廖英杰等(2013) |
| | 3.34±0.03 | PER | 2.22 | 廖英杰等(2013) |
| 苏氨酸(Thr) | 3.01±0.01 | SGR | 1.57 | Habte-Tsion 等(2015a) |
| | 2.6±0.1 | SGR | 2.46 | Ren 等(2013) |
| 精氨酸(Arg) | 2.6±0.1 | FER | 2.28 | Ren 等(2013) |
| | 2.6±0.1 | PER | 2.26 | Ren 等(2013) |
| 异亮氨酸(Ile) | 10.2±1.34 | SGR | 1.38 | Ren 等(2017) |
| | 10.2±1.34 | FER | 1.40 | Ren 等(2017) |
| 亮氨酸(Leu) | 10.2±1.34 | SGR | 1.44 | Ren 等(2015a) |
| | 10.2±1.34 | FER | 1.61 | Ren 等(2015a) |
| 缬氨酸(Val) | 10.2±1.21 | FER | 1.26 | Ren 等(2015b) |
| | 10.2±1.21 | SGR | 1.32 | Ren 等(2015b) |
| 苯丙氨酸(Phe) | 10.2 | SGR | 0.93 | Ren 等(2015c) |
| 色氨酸(Trp) | 23.33±0.03 | PWG、FER | 0.20 | Ji 等(2018) |
| 组氨酸(His) | 23.34±0.07 | WGR、SGR | 1.12 | Wilson-Arop 等(2018) |

注: SGR. 特定生长率(specific growth rate);PER. 蛋白质效率(protein efficiency ratio);PPV. 蛋白质沉积率(protein productive value);FER. 饲料系数(feed efficiency ratio);WGR. 增重率(weight gain rate)。

　　除了必需氨基酸外,在团头鲂生长发育过程中,也需要其他氨基酸的参与。Habte-Tsion 等(2015a)通过添加不同浓度的苏氨酸,得出苏氨酸水平超过 1.58% 会导致生长、饲料效率和蛋白质保留率下降。高膳食苏氨酸水平触发团头鲂血浆尿素含量。团头鲂幼鱼的最佳日粮苏氨酸水平为日粮的 1.57%,对应日粮蛋白质的 4.62%。Ren 等(2017)研究了团头鲂对异亮氨酸的需求,基于特定生长率和饲料效率比的二阶多项式回归模型分析,估计团头鲂对日粮异亮氨酸的最佳需求量分别为 13.8 g/kg 干粮(40.6 g/kg 日粮蛋白质)和 14.0 g/kg 干粮(41.2 g/kg 日粮蛋白质)。Ren 等(2015c)同时也测量了团头鲂幼鱼对苯丙氨酸的需要量,研究表明,过量的膳食苯丙氨酸会降低生长、碱性磷酸酶活性,并提高血浆葡萄糖水平。使用特定生长率和饲料效率比的二阶多项式回归模型分析,估计日粮苯丙氨酸需求量分别为日粮的 0.93%(日粮蛋白质的 2.74%)和日粮的1.01%(日粮蛋白质的 2.97%)。考虑到日粮苯丙氨酸过量会导致生长性能下降,日粮总芳香族氨基酸不应超过日粮的 3.44%(日粮蛋白质的 10.1%)。

### ■ (3) 蛋白质的代谢利用

掌握鱼类对饲料原料营养物质的消化率数据是配制全价饲料的基础,不仅有利于提高饲料营养价值,而且可以降低饲料成本和减少对水体的污染。团头鲂属偏草食性的广食性鱼类,其对常规动物性、植物性蛋白质原料及能量原料均有较高的消化能力。吴建开等(1995)研究比较了团头鲂对血粉、羽毛粉、秘鲁鱼粉、肉骨粉、国产鱼粉、豆粕、棉籽粕、菜粕、带壳花生粕、玉米胚芽饼、麸皮和米糠 12 种饲料原料的表观消化率,研究表明,团头鲂对 10 种蛋白质饲料的蛋白质消化率均在 80% 以上,对能量饲料米糠和麸皮也有较高的可消化能。姜雪姣等(2011a)比较了团头鲂对鱼粉、肉骨粉、豆粕、棉粕、菜粕、花生粕和干酒糟蛋白(distillers dried grains with solubles,DDGS)的消化率,结果表明,团头鲂对菜粕干物质、蛋白质及必需氨基酸和总氨基酸的表观消化率最好,而对棉粕、豆粕和花生粕蛋白质的消化率也与鱼粉相似。另外,DDGS 作为一种发酵饲料,团头鲂对其中磷的消化率较高,具有很好的应用前景。

姜雪姣等(2011b)研究比较了团头鲂对膨化羽毛粉、酶解羽毛粉、血粉、蚕蛹粉、玉米蛋白粉、玉米、碎米和大麦 8 种非常规原料的表观消化率,在几种动物蛋白质原料中,团头鲂对蚕蛹粉中的各种营养物质的消化率最高,对血粉和羽毛粉中的营养物质也能较好地利用。玉米蛋白粉也是团头鲂的优质蛋白质饲料原料,而碎米和玉米是较好的能量饲料。因此,加强质量控制,开发畜禽加工的副产品作为团头鲂配合饲料蛋白质来源,开展以多种植物蛋白质原料为复合蛋白源的无鱼粉饲料的应用是可行的。

在养殖过程中,饲料蛋白质摄入不足会导致鱼类生长缓慢,甚至体重减轻及其他生理反应。Habte-Tsion 等(2013)报道,长期摄食蛋白质含量较低的饲料,团头鲂幼鱼生长速度降低,引起血清谷草转氨酶活力显著升高,并且造成肝脏功能的损伤。值得注意的是,蛋白质原料来源和品质也会对鱼类健康产生影响。抗营养因子在植物性蛋白源中广泛存在,有些抗营养因子可以直接对水生动物产生毒害作用,扰乱其正常的生理功能,但团头鲂的相关研究还鲜有报道。在饲料中添加 30% 的棉仁饼和菜籽粕,团头鲂并未有不良反应,但其中棉酚和硫代葡萄糖苷对鱼类的毒性以及配合饲料中的适宜用量有待进一步研究(吴建开等,1995)。

### （4）氨基酸的代谢利用

氨基酸是构成机体免疫系统的基本物质,氨基酸摄入不足可导致血浆氨基酸浓度下降,组织中细胞因子的表达降低,引起多种维生素和微量元素缺乏,从而降低机体的营养水平和免疫功能,最终增加对疾病的易感性及感染性疾病的发生率和死亡率。

研究人员发现,在饲料中添加一定水平的蛋氨酸(Liang 等,2018)、赖氨酸(廖英杰等,2013)、苏氨酸(Habte-Tsion 等,2015a)、亮氨酸(Ren 等,2015a)、苯丙氨酸(Ren 等,2015c)、组氨酸(Wilson-Arop 等,2018)、精氨酸(Liang 等,2016)等均有利于提高团头鲂的蛋白质合成效率和促进鱼体蛋白质沉积。研究表明,添加氨基酸之所以能够提高鱼体的蛋白质沉积量,除可通过建立氨基酸平衡以提高蛋白质合成效率外,更重要的是氨基酸可作为信号因子激活以雷帕霉素靶蛋白(TOR)信号通路为代表的蛋白质合成信号通路,从而调节团头鲂的蛋白质代谢。TOR 是一种高度保守的丝氨酸/苏氨酸激酶,参与调控多种细胞活动,其中最重要的就是蛋白质的翻译起始调控(Jousse 等,2004;Seo 等,2009)。在人类和大鼠上的研究表明,饲料补充亮氨酸可激活在翻译起始中起重要作用的 TOR 信号通路,从而调控蛋白质合成(Li 等,2011)。Liang 等(2019)发现在团头鲂饲料中补充适量的亮氨酸可以激活 TOR 信号因子,进而磷酸化下游 S6 蛋白激酶 1(S6K1),进一步调控 mRNA 的翻译,从而调控团头鲂的蛋白质合成代谢。在异亮氨酸(Ren 等,2017)、组氨酸(Wilson-Arop 等,2018)、精氨酸(Liang 等,2016)的试验中也发现了类似结果。此外,氨基酸除可磷酸化 TOR 下游的 S6K1 外,还可通过磷酸化 TOR 下游的 eIF4E 结合蛋白 1(eIF4EBP1)来调控蛋白质合成(Gingras 等,1998;Jefferson 等,2001)。团头鲂蛋白质分解代谢相关研究尚未见报道,因此,团头鲂蛋白质代谢相关调控机制尚不清晰,还需进一步研究。Ji 等(2020)研究表明,0.84% 的蛋氨酸通过 PI3K/AKT 通路调节 Nrf2 信号传导,并改善了抗氧化和免疫参数。

有关氨基酸与机体糖、脂代谢的研究由来已久,早在 20 世纪 50 年代,人们就发现氨基酸除了作为蛋白质合成底物外,同时也是糖异生底物(吕子全和郭非凡,2013)。试验发现,受试者在静脉注射氨基酸后,血浆中的胰岛素含量显著升高(Van Loon 等,2003,2007),表明氨基酸可能在机体糖代谢中发挥重要作用;后续的研究结果表明,氨基酸尤其是支链氨基酸以及芳香族氨基酸在机体糖、脂代谢中发挥重要作用。Liang 等(2019)研究发现,当饲料亮氨酸水平适宜(1.72%)时,亮氨酸会通过调控 TOR -蛋白激酶 B(AKT)信号通路核心因子基因 mRNA 和蛋白的表达水平,提高胰岛素信号通路敏感性和糖代谢能力,促进胰岛素分泌和糖酵解,从而降低血糖;而过量的亮氨酸水平(2.94%)会导致 S6K1 的 mRNA 和蛋白水平的高表达,并通过负反馈调控机制降低胰岛素受体底物-

1(IRS－1)、磷脂酰肌醇3激酶(PI3K)、AKT等胰岛素信号通路相关mRNA和蛋白表达水平,进而降低胰岛素通路的敏感性和糖代谢能力,导致胰岛素抵抗,从而促进糖异生,引发高血糖现象。在团头鲂精氨酸的研究中也发现,适宜水平(2.31%)精氨酸能促进糖代谢,而过量水平(2.70%)精氨酸则形成胰岛素抵抗,导致高血糖(Liang等,2017)。同样在苯丙氨酸(Ren等,2015c)、组氨酸(Wilson-Arop等,2018)的研究中也发现类似结果。有趣的是,氨基酸的糖调控机制似乎是特异性的,Ji等(2018)研究发现,团头鲂血糖含量会随着饲料色氨酸水平的升高而降低,在达到3.95 g/kg后开始升高,并且胰岛素样生长因子－1(IGF－1)含量在低色氨酸水平(0.79 g/kg)时最高,而高色氨酸水平(2.80 g/kg)的饲料则显著降低了IGF－1的mRNA水平。IGF－1是一种生物活性肽,在分子结构和功能上与胰岛素相似(Enes等,2010)。研究表明,IGF－1的含量和表达水平受氨基酸等营养状态的影响(Brameld等,2010);Bouraoui等(2010)研究发现,IGF－1比胰岛素更能促进葡萄糖代谢,这就说明可能是低色氨酸水平导致IGF－1的高表达,从而降低血糖。团头鲂氨基酸调控脂肪代谢的相关研究较少,仅有少量研究发现,部分氨基酸除可调控机体糖代谢外,还可参与脂肪合成调控。饲料中适宜水平的精氨酸(Liang等,2017)、亮氨酸(Liang等,2019)可通过上调脂肪酸合成酶(FAS)和乙酰辅酶A羧化酶(ACC)等脂肪合成核心基因的表达,从而促进脂肪合成和提高团头鲂幼鱼体脂肪含量。这与在色氨酸研究中发现的结果类似,即当色氨酸水平为3.95 g/kg时,全身脂肪含量显著上升。而在异亮氨酸的研究中则发现,适宜饲料异亮氨酸水平(14.2 g/kg)会显著降低全身脂肪含量,并且内脏脂肪指数也显著降低(Ren等,2015a)。以上研究结果表明,不同氨基酸对鱼体脂肪代谢的调控作用不尽相同,有关不同氨基酸对鱼体脂肪代谢的调控机制仍需继续深入研究。

高密度、集约化的养殖模式在增加养殖效益的同时,也会在一定程度上加大养殖生物所受到的应激,增加养殖生物的患病风险,并且水体环境较为复杂,传统化学药品对鱼病的治疗作用并不理想,所以一旦暴发鱼病,养殖效益就会"大打折扣",甚至"颗粒无收"。为减少对化学药品的依赖和氧化应激对鱼体的损伤,降低鱼病带来的经济损失,通过向饲料中添加氨基酸、益生菌及甘露寡糖等特定的营养素来增强免疫功能的"营养免疫"研究,受到了越来越多的关注(Kiron,2012)。蛋白质和氨基酸是构成机体免疫系统的物质基础,目前关于氨基酸营养与免疫系统的相关研究在哺乳动物上已有广泛报道,而水产动物氨基酸营养免疫研究起步较晚,近年来才逐步开展。在饲料中添加氨基酸和蛋白质可以增强鱼类的抗氧化能力和免疫调节。

鱼体的抗氧化能力主要由非酶防御[谷胱甘肽(GSH)]和抗氧化酶[如超氧化物化酶(SOD)、过氧化氢酶(CAT)]两部分组成(Martínez-Álvarez等,2005;Jos等,2005)。Ji等

(2019)在团头鲂色氨酸研究中发现,0.28%的色氨酸水平显著降低了团头鲂血浆中的MDA 含量,说明色氨酸对团头鲂的脂质过氧化有抑制作用。抗氧化酶是鱼体抗氧化能力的另一个重要组成部分,抗氧化酶和基因是鱼体防御氧化应激的主要细胞保护机制(Mourente 等,2002),提高鱼体抗氧化能力可有效降低养殖活动中由于氧化应激而对养殖鱼类产生的危害。Liang 等(2018b)在团头鲂精氨酸的研究中发现,适宜饲料精氨酸水平(1.62%)能显著提高团头鲂锰超氧化物歧化酶(Mn‐SOD)、谷胱甘肽过氧化物酶(GPx)、CAT 等活性。类似结果在色氨酸(Ji 等,2019)、组氨酸(Yang 等,2019)的研究中也有报道。

关于免疫调节,Yang 等(2019)研究发现,当饲料中组氨酸水平适宜时,可抑制团头鲂体内促炎细胞因子($IL-8$ 和 $TNF-\alpha$)mRNA 表达水平,并上调抗炎细胞因子($IL-10$ 和 $TGF-\beta$)的 mRNA 表达水平,从而预防或减轻鱼体炎症反应。与之相似,在色氨酸(Ji 等,2019)、精氨酸(Liang 等,2018b)、亮氨酸(Liang 等,2018a)、苏氨酸(Habte-Tsion 等,2016)的营养免疫研究中也发现了类似结果。

氨基酸对于机体蛋白质、糖类、脂肪代谢,以及抗氧化能力、免疫调控等最终表现为生长上的差异。研究人员发现,在团头鲂饲料中添加适宜水平的蛋氨酸、赖氨酸、苏氨酸、精氨酸、异亮氨酸、亮氨酸、缬氨酸、苯丙氨酸、色氨酸和组氨酸 10 种必需氨基酸均可有效促进团头鲂幼鱼生长,并且蛋氨酸、赖氨酸、异亮氨酸、缬氨酸还可提高饲料蛋白质利用率、降低饲料系数,而当氨基酸缺乏或者过量时则会降低团头鲂的生长性能(表5‐3)。研究进一步发现,适宜的饲料氨基酸水平可以激活以血浆 IGF‐1 等为代表的生长调节核心元件的基因表达,从而提高鱼类的生长(表5‐3)。

表5‐3·团头鲂饲料中补充 10 种必需氨基酸的生理功能

| 氨基酸 | 功　能 | 文　献 |
| --- | --- | --- |
| 精氨酸(Arg) | 促生长;缺乏导致 T‐NOS 活性低,影响免疫力 | Ren 等(2013) |
| | 提高 TOR 信号通路相关基因表达,促进机体蛋白质合成 | Liang 等(2016) |
| | 上调胰岛素信号通路中 $IRS-1$、$PI3K$、$AKT$ 基因的表达;适宜水平促进糖代谢,而过量导致胰岛素抵抗 | Liang 等(2017) |
| | 激活 Nrf2 和 NF‐γB 信号通路,提高肠道抗氧化酶活性,维护肠道健康 | Liang 等(2018b) |
| | 激活 AMPK‐NO 信号通路,增加 NO 合成,增强机体应激能力 | Liang 等(2018c) |
| 亮氨酸(Leu) | 激活 TOR 通路,过量导致 $TNF-\alpha$ 高表达;促进生长和蛋白质合成,并对其他 2 种支链氨基酸有拮抗作用 | Ren 等(2015a) |
| | 适宜水平促进糖酵解和胰岛素信号通路基因表达、降血糖;过量抑制胰岛素信号通路导致胰岛素抵抗和糖异生,导致血糖升高 | Liang 等(2019) |
| | 激活 Nrf2‐Keap1 信号通路,提高抗氧化能力,缓解炎症反应 | Liang 等(2018a) |

| 氨基酸 | 功　　能 | 文　献 |
| --- | --- | --- |
| 组氨酸（His） | 激活 TOR 通路,促进 *IGF－1* 表达,提高生长和鱼体蛋白质合成 | Wilson-Arop 等（2018） |
| | 激活 Nrf2－Keap1 信号通路,提高肠道抗氧化酶活性,维护肠道健康 | Yang 等（2019） |
| 色氨酸（Trp） | 调节 *IGF－1*、*GK*、*PEPCK* 等糖代谢相关基因的表达水平,促生长;高色氨酸水平通过上调 *G6Pase* 和 *PEPCK* 基因表达,促进糖异生,从而提高血糖水平 | Ji 等（2018） |
| | 激活 Nrf2－Keap1、TOR 信号通路,提高机体抗氧化及蛋白质合成能力 | Ji 等（2019） |
| 苏氨酸（Tyr） | 促进生长和蛋白质合成,影响肠道营养物质消化吸收功能和肝脏代谢 | Habte-Tsion 等（2015b） |
| | 影响抗氧化-免疫-细胞因子相关信号通路,提高机体抗氧化和免疫能力 | Habte-Tsion 等（2015b） |
| 蛋氨酸（Met） | 促生长,降低饵料系数,提高饲料蛋白质利用率和体蛋白质累积 | Liang 等（2016） |
| | 适宜水平的蛋氨酸可以促进鱼体蛋白质沉积,并抑制脂肪沉积 | Liao 等（2014） |
| 异亮氨酸（Ile） | 激活 TOR 通路,促生长,降低饵料指数,提高饲料蛋白质利用率,并且抗氧化能力也有一定提升 | Ren 等（2017） |
| 赖氨酸（Lys） | 促生长,降低饵料系数和增强蛋白质合成;缺乏或过多会影响肝功能 | 廖英杰等（2013） |
| 缬氨酸（Val） | 促生长,降低饵料系数,提高饲料蛋白质利用率 | Ren 等（2015b） |
| 苯丙氨酸（Phe） | 降低 AKP 活性,促进生长和鱼体蛋白质合成;过量导致生长减缓,影响代谢,且对血糖水平具有显著影响 | Ren 等（2015c） |

注：T－NOS. 总一氧化氮合酶（total nitric oxide synthase）；TOR. 雷帕霉素靶蛋白（target of rapamycin）；IRS－1. 胰岛素受体底物-1（insulin receptor substrate－1）；PI3K. 磷脂酰肌醇 3 激酶（phosphatidylinositol 3－kinase）；AKT. 蛋白激酶 B；Nrf2. 核因子 2 相关因子（nuclear factor erythroid－2 related factor）；NF－κB. 核转录因子-κB（NF－nuclear transcription factor－κB）；AMPK. 腺苷酸活化蛋白激酶（adenosine monophosphate activated protein kinase）；NO. 一氧化氮（nitric oxide）；TNF－α. 肿瘤坏死因子－α（tumor necrosis factor－α）；Keap1. Kelch 样环氧氯丙烷相关蛋白-1（kelch-like ECH-associated protein－1）；IGF－1. 胰岛素样生长因子-1（insulin-like growth factor－1）；GK. 葡萄糖激酶（glucokinase）；PEPCK. 磷酸烯醇丙酮酸羧激酶（phosphoenolpyruvate carboxykinase）；G6Pase. 葡萄糖-6-磷酸酶（glucose－6－phosphatase）；AKP. 碱性磷酸酶（alkaline phosphatase）。

精氨酸是一氧化氮（NO）的前体物质,在体内一氧化氮合酶（nitric oxide syntheses, NOS）的作用下转变为 NO 和瓜氨酸。NO 在减少胃肠道黏膜的损害、舒张血管,以及调节机体免疫力方面发挥着重要的作用。研究表明,饲料精氨酸缺乏会导致团头鲂血清总-NOS 活力降低,而随着饲料精氨酸水平的升高,总－NOS 活性逐渐恢复（Ren 等,2013）。研究也表明,饲料赖氨酸缺乏或过量对团头鲂幼鱼的肝功能均有一定的负面影响（廖英杰等,2013）。

在国内外科研工作者的共同努力下,团头鲂必需氨基酸营养数据库已初步构建完毕,并且在氨基酸营养与团头鲂免疫、代谢调控方面的研究也取得了长足的进展。更为重要的是,在利用氨基酸平衡模式通过补充晶体氨基酸的方式使植物蛋白质源作为主要饲料蛋白质源替代传统动物蛋白质源方面也取得突破性的进展,这些都为更加绿色、经济、高效的团头鲂人工配合饲料的研发提供了科学依据。水产养殖业的发展离不开优质水产饲料,Li 等(2009)立足"新时期"提出水产饲料的新方向,即朝着"功能性与环境导向"发展。氨基酸营养在增强机体特定生理功能、调节鱼体氨氮排放方面已显示出巨大潜力,因此,在今后水产饲料开发中,氨基酸营养也必将继续扮演重要"角色"。

### ▪ (5)影响氨基酸和蛋白质需求和利用的因素

饲料蛋白质水平和饲料蛋白质源的质量是影响团头鲂氨基酸需求的重要因素之一,主要体现在两个方面。① 鱼粉、豆粕、菜籽粕等作为团头鲂人工配合饲料中常用的蛋白质源,它们之间存在氨基酸组成上的差异,而这往往会表现为团头鲂对不同蛋白质源的消化利用能力上的差异。姜雪姣等(2011b)研究发现,团头鲂对玉米中各种氨基酸的表观消化率较低,特别是赖氨酸作为玉米中的第一限制性氨基酸,其消化率仅为 30.84%,而碎米中赖氨酸的表观消化率则高达 91.25%。这可能进一步影响到鱼类生长性能,从而导致需要量的估值偏差。此外,饲料中的蛋白质水平同样也会影响氨基酸需求量,Kim(1997)在虹鳟中研究发现,当饲料蛋白质含量从 24% 提高到 35% 以后,精氨酸的需要量从 6.67% 降低至 4.03%。② 棉籽粕、豆粕等植物蛋白质源中通常含有抗营养因子,一些抗营养因子会直接对水产养殖动物产生毒害作用。周群兰(2016)发现饲喂高水平菜籽粕饲料时,团头鲂幼鱼的生长受到抑制,这可能因为菜籽粕中存在如异硫氰酸酯、植酸、单宁等抗营养物质,从而导致团头鲂摄食率和饲料利用率降低,进而影响鱼体生长。

另一个影响因素为不同氨基酸之间的相互作用。饲料的几种特定氨基酸之间存在着特定的相互作用,如拮抗作用、互补作用等,也会影响鱼体对氨基酸的吸收。其中,比较显著的是特定氨基酸之间的拮抗作用,以赖氨酸与精氨酸的拮抗作用最为典型。有关赖氨酸与精氨酸之间的拮抗作用,在陆生动物的研究中早已被证实。廖英杰等(2013)研究发现,团头鲂幼鱼血清中精氨酸和赖氨酸的含量呈相反趋势,推测团头鲂也存在该拮抗作用。Ren 等(2013)、Liang 等(2016)的后续研究进一步证实在团头鲂中确实存在精氨酸与赖氨酸的拮抗作用。这种拮抗作用的出现可能与氨基酸结构有关。精氨酸和赖氨酸同属碱性氨基酸,在被生物体吸收时由相同转运系统负责转运,存在着吸收竞争,故会产生拮抗作用(Kaushik 等,1984)。但在虹鳟(Kaczanowski 等,1996)、牙鲆(Alam 等,2002)、鲫(Tu 等,2015)的相关研究中则未发现赖氨酸与精氨酸之间的拮抗作用,这可能与物种特异性有关。此外,Ren 等(2017)还发现团头鲂支链氨基酸之间也存在拮抗作用,在团头鲂饲料中补充异亮氨酸后发现血浆中异亮氨酸含量显著增加,而血浆缬氨酸和亮氨酸含量呈相反的趋势。Wilson 等(1980)在斑点叉尾鮰研究中发现,当亮氨酸摄入量低于最适量时,会对其血清异亮氨酸和缬氨酸含量产生显著影响。Yamamoto 等(2004)对虹鳟的研究中也报道了这种支链氨基酸之间的拮抗作用。

基于不同试验鱼为什么会产生不同的试验结果、是否还有其他尚未发现的氨基酸互作,以及如何合理利用到实际生产上等问题,仍有待进一步研究探索。

### 5.1.2 · 脂类和必需脂肪酸需求与代谢利用

#### ▨ (1) 脂肪需要量

脂肪是养殖鱼正常生长、发育、繁殖所需高度可消化能的重要来源。刘梅珍和石文雷(1992)采用纯化饲料对团头鲂幼鱼(12~15 g)进行脂肪需要量的研究,得出团头鲂饲料脂肪的适宜含量为 2%~5%。实用饲料中含 7% 脂肪对团头鲂幼鱼生长最为有利(Li 等,2010),而 1 龄团头鲂饲料中脂肪适宜含量为 6%(蒋阳阳等,2012)。当饲料中脂肪不足时,部分蛋白质将作为能量被消耗,因此在饲料中适当提高脂肪含量有助于提高蛋白质的利用效率。团头鲂饲料中脂肪含量在 4%~7% 为宜,脂肪具有明显的蛋白质节约作用(Ren 等,2013)。

#### ▨ (2) 脂肪源和必需脂肪酸需要量

脂肪酸在鱼类的脂质代谢中发挥重要作用(Tocher,2003)。因为鱼不具备 $\Delta 12$ 和 $\Delta 15$ 去饱和酶,它们不能从 18∶1n-9(油酸)产生 18∶2n-6(亚油酸)和 18∶3n-3(亚麻酸)。然而,有充分证据表明,淡水鱼具有将亚油酸和亚麻酸分别转化为 n-6 和 n-3 长链不饱和脂肪酸的先天能力(Sargent 等,2003)。已发现膳食亚油酸对鱼的生长性能和维持膜功能及类花生酸代谢有益(Bautista 和 De la Cruz,1988;Tan 等,2009)。不饱和脂肪酸硬脂酸、油酸、亚油酸和亚麻酸可能是通过激活 AMPK‐$Ca^{2+}$ 依赖性信号通路来促进肌纤维发育和肉品质的提高(Wang 等,2022)。

鱼类对饲料脂肪的利用能力,也与脂肪来源及必需脂肪酸的种类有密切关系。一般认为,饲料中含有 1% C18 PUFA(18∶3n-3 和 18∶2n-6)就能满足淡水鱼类必需脂肪酸的需要量(Jobling 等,2011)。高艳玲等(2009)研究报道,团头鲂幼鱼的必需脂肪酸种类包括 C18∶2n-6 和 C18∶3n-3,但对 C18∶2n-6 需求更大,而 C20∶5-3 对团头鲂比 C18∶2n-6 和 C18∶3n-3 对团头鲂具有更强的必需脂肪酸效力。周文玉等(1997)比较饲料中不同含量的豆油和鳕鱼肝油对团头鲂生长的影响发现,鱼油的饲养效果明显优于豆油;饲料中同时添加豆油和鱼油,鱼体生长情况较添加单一的等量豆油或鱼油差。鱼油传统上用于水产养殖饲料,因为它的 n-3 长链多不饱和脂肪酸含量高,尤其是二十碳五烯酸

(EPA)和二十二碳六烯酸(DHA)对维持正常细胞膜功能至关重要。Wang 等(2020)研究表明,补充 1.3~2.3 g DHA/kg 饲料可以提高团头鲂生长性能和脂肪生成,而日粮 DHA 可以提高肝脏和肌肉中 DHA 和 PUFA 的比例。然而,全球鱼油产量可能不足以满足动物饲料日益增长的需求。目前,大豆油因其产量稳步增长且价格合理,在中国广泛用于淡水水产饲料。

### ■ (3) 脂肪、脂肪酸与团头鲂健康

团头鲂作为草食性鱼类,对饲料脂肪耐受能力不高。当团头鲂摄食含 5% 脂肪的饲料时,肝脏结构能够维持正常;而当长期摄食含 15% 脂肪的饲料时,团头鲂肝脏脂肪出现累积(Lu 等,2013),并且对线粒体生物学和生理功能造成损害,进而引起氧化胁迫和肝细胞凋亡,最终导致团头鲂免疫力下降(Lu 等,2014)。在饲料中添加 3% 的豆油、菜油和猪油以及添加 4.7% 的油菜籽,便能满足团头鲂正常生长所需的必需脂肪酸。饱和脂肪酸含量高的猪油能引起鱼体内脏指数降低,但肝、胰脂肪含量偏高,长期投喂会引起脂肪肝,对鱼体健康不利。

## 5.1.3 · 糖类需求与代谢利用

### ■ (1) 糖类需求

糖类并不是鱼类所必需的营养元素,但是作为最廉价的能量来源,在鱼类饲料中适量添加能够起到降低饲料成本和节约蛋白质的作用。另外,淀粉等糖类作为天然黏合剂,可以提高饲料的耐水性和稳定性,已经在鱼类配合饲料中被广泛应用。作为草食性鱼类,团头鲂消化道的 α-糖苷酶、淀粉酶、葡萄糖醛酸酶活性均高于杂食性和肉食性鱼类,对饲料糖类利用和代谢能力也相对较强。Zhou 等(2013)报道,团头鲂饲料适宜的糖水平为 31%。脂肪和糖均可以为鱼类提供能量,起到节约部分蛋白质的作用,而糖和脂肪的比例也会对鱼类生长、体组成造成影响,甚至影响免疫能力。Li 等(2013)报道,糖、脂比 2.45~5.64 时,团头鲂幼鱼(6.6 g)可获得最佳生长,经过回归拟合确定团头鲂幼鱼饲料最适糖、脂比为 3.58。

纤维素作为非淀粉多糖不易被鱼类消化吸收,但在饲料中适量添加纤维素却具有吸附大量水分、促进肠蠕动、加快粪便排泄的作用,而饲料中纤维素含量过高会抑制消化,影响营养物质的有效利用。一般认为,团头鲂鱼种阶段饲料纤维素含量应≤11%,而成鱼阶段饲料纤维素含量应≤14%(张媛媛等,2010)。

### ▪（2）糖类代谢

饲料中糖类过量添加会抑制鱼类生长、引起代谢紊乱和体内脂肪过度堆积，甚至会导致免疫力下降。Zhou等（2013）报道，饲料中糖类添加过量（47%）不仅影响团头鲂幼鱼生长，而且会显著提高血清谷草转氨酶活力、皮质醇水平，降低血清溶菌酶、肝脏超氧化物歧化酶（SOD）活性；团头鲂摄食含38%淀粉的饲料，热应激蛋白（HSP70）显著高于摄食含19%、25%和31%淀粉的饲料组；感染嗜水气单胞菌后，糖添加过量（47%）组团头鲂幼鱼存活率显著下降。Wang等（2017）研究表明，团头鲂可以有效利用不同糖类水平的各种脂质来源，膳食糖类水平和脂质来源及其相互作用显著影响营养保留、组织脂质和糖原含量、血浆代谢物、组织脂肪酸谱和中间代谢，但不影响生长和饲料效率。Yu等（2020）研究表明，高脂、高糖类饮食可显著增加肠道通透性和炎症反应，降低肠道黏蛋白基因表达水平，使肠道菌群失衡。Shi等（2020）表明，高糖类水平显著增加肝体指数、腹腔内脂肪百分比、全身脂质和组织（包括肝脏、肌肉和脂肪组织）糖原和脂质的含量、血浆葡萄糖水平、糖化血清蛋白、晚期糖基化终产物、甘油三酯、丙酮酸和乳酸，以及过氧化物酶体增殖物激活受体 γ（PPARγ）、PPARα、葡萄糖转运蛋白 2（GLUT2）、葡萄糖激酶（GK）、丙酮酸激酶（PK）的肝脏转录，糖原合酶（GS）、葡萄糖-6-磷酸脱氢酶、甾醇调节元件结合蛋白-1、脂肪酸合酶（FAS）、肉碱棕榈酰转移酶 I（CPTI）、乙酰辅酶 A 羧化酶 α；而肝脏则相反，烟酰胺腺嘌呤二核苷酸（NAD+）、烟酰胺腺嘌呤二核苷酸磷酸（NADH）和肝 sirtuin-1（SIRT1）蛋白水平，以及 SIRT1、叉头转录因子 1（FOXO1）、磷酸烯醇丙酮酸羧基的转录激酶、葡萄糖 6-磷酸酶（G6pase）和酰基辅酶 A 氧化酶显著降低。Huang等（2022）比较了高、低糖类对团头鲂肌肉生长的影响，结果表明，高能量饮食促进了肌纤维增生，而高脂和高糖类饮食可能分别通过 AMPK/Sirt1 途径和 $Ca^{2+}$ 依赖性途径影响肌肉生长。Adjoumani等（2022）表明，喂食高糖类饲料超过 8 周可以增强团头鲂的葡萄糖转运、糖原和脂肪的生成，下调糖异生和脂肪酸 β 氧化，线粒体生物合成和功能受损。80%饱食度有利于增加饲喂高糖类饲料团头鲂的生长速度、饲料效率和葡萄糖稳态（Xu等，2020）。

## 5.1.4 · 矿物质需求与代谢利用

### ▪（1）矿物质需要量

无机盐是构成机体组织的重要成分，也是维持机体渗透压、调节机体正常生理代谢不可缺少的营养素。与大多数陆生动物不同，鱼类除了从饲料中获得矿物元素外，还可以从水环境中吸收矿物质。淡水鱼类主要通过鳃和体表吸收,而海水鱼则从肠和体表吸收,因而其饲料中矿物质的适宜添加量应根据养殖环境的不同而变化。石文雷等(1997)采用正交实验研究得出,团头鲂矿物质需要量分别为钙 0.31% ~ 1.07%、磷 0.38% ~ 0.72%、钾 0.41% ~ 0.57%、钠 0.14% ~ 0.15%、镁 0.04%、铁 0.024% ~ 0.048%。朱雅珠等(1998)采用正交实验研究了微量矿物质的需要量:铁 100 mg/kg、锌 20 mg/kg、铜 5 mg/kg、碘 0.6 mg/kg、锰 20 ~ 50 mg/kg、钴 1.0 mg/kg、硒 0.12 mg/kg。

Shao 等(2012)报道,3 ~ 6 mg/kg 日粮铜便能满足团头鲂幼鱼的需求,而 9 mg/kg 日粮铜能显著提高饲料效率。Liang 等(2020)研究表明,5.21 mg/kg 日粮铜可以提高团头鲂的生长性能及抗氧化能力和免疫状态,并削弱团头鲂的炎症反应。

Yang 等(2021)研究表明,日粮中磷的最适添加量为 11.5%。Yu 等验证了上述试验,表明 11.5% 是较为合适的磷浓度。

Ming 等(2021)研究表明,基于体重增加的原则,团头鲂日粮中最佳的锌添加浓度为 52.1 mg/kg。

Hao 等(2020)研究了日粮不同浓度硒对团头鲂的影响,结果表明,0.96 mg/kg 是最佳的硒添加浓度。Liu 等(2017)研究表明,硒酵母和纳米硒在 0.2 mg/kg 添加浓度时比亚硒酸钠具有更好的生长性能,且在日粮中添加适当的硒酵母可以提高团头鲂的抗氧化能力和肉质。

Bao 等(2022)研究表明,基于特定生长率(SGR)的回归分析,饲喂高糖日粮的团头鲂最佳镁水平为 366.67 mg/kg,并表现出更高的生长性能、肌肉纤维密度和肉质。

### （2）矿物质的代谢利用

矿物质如锌、铁、铜和硒作为金属酶的辅酶,对维持高等脊椎动物免疫系统的细胞功能是至关重要的,但至今有关微量元素对团头鲂免疫系统的影响仍少有报道。Shao 等(2012)发现,饲料中添加 100 mg/kg 铜能够提高 AKP 和 ACP 活性,并且能影响肠道微生物菌群结构,进而增加铜在组织中的累积。Yang 等(2021)研究表明,11.5% 含磷日粮通过提高糖代谢核心基因的表达和抑制与脂质合成相关的关键基因的表达来增强糖酵解和脂质合成。还通过激活核因子红细胞 2 相关因子信号通路和抗氧化酶的活性来提高抗氧化能力。此外,通过膳食补充磷,促炎因子基因的表达降低,而抗炎因子基因的表达提高。这些结果表明,日粮适当的磷水平对团头鲂幼鱼的生长、糖、脂代谢和健康具有积极影响。Yu 等(2021)研究表明,随着日粮磷水平的增加,增重率、比生长率和蛋白质效率比显著增加,但饲料转化率呈现相反的趋势。当日粮磷水平为 14.3 g/kg 时,水分和灰分均达到最大值,而粗脂肪含量达到最小值。随着日粮磷水平的增加,超氧化物歧化酶活性显著降低。核因子红细胞 2 相关因子、铜锌超氧化物歧化酶和 Kelch 样 ECH 相关蛋白 1 的表达水平受到膳食磷水平的显著影响。谷胱甘肽过氧化物酶 mRNA 水平仅受放养密度的干扰。此外,高日粮磷和放养密度增加了水体中总磷和氨氮的排放。一般而言,适宜的放养密度和日粮磷水平对鲷的生产具有经济和环境效益。Hao 等(2020)研究了不同浓度的硒对团头鲂的影响,适量的硒浓度添加可以增强抗氧化应激和抗炎能力。锌不足会严重影响团头鲂精子的发育,同时锌过量对精子质量会有负面影响。适量的膳食锌对肝脏氧化状态有很大影响(Jiang 等,2016)。重金属铬在正常生理条件下对团头鲂免疫能力和抗氧化能力没有显著影响,但是可以缓解热应激(Liang 等,2022)。有研究表明,最佳日粮吡啶甲酸铬补充剂通过改变与团头鲂幼鱼的葡萄糖代谢和脂肪生成相关的 mRNA 水平,对生长和血糖稳态具有积极影响(Ren 等,2018)。

坡缕石通常以纤维状硅酸盐黏土矿物的形式存在于自然界中,其表面具有反应性—OH 基团,其阳离子交换容量通常在 0.3～0.4 meq/g。此外,坡缕石由于其化学和物理特性,通常表现出突出的黏合性和高吸收能力。团头鲂的日粮中添加含锌坡缕石,增加了团头鲂的生长和饲料利用率,增强了免疫力和抗氧化能力,并提高了团头鲂对运输应激的抵抗力。含锌坡缕石作为团头鲂日粮中的添加剂优于硫酸锌($ZnSO_4$)(Zhang 等,2021)。Zhang 等(2020)研究表明,日粮中添加坡缕石可以提高鱼丸生产效率、鱼丸质量,并改变组织中微量元素的积累,而不会影响团头鲂的生长性能。

### 5.1.5 · 维生素需求与代谢利用

#### ■ (1) 维生素需要量

鱼类对维生素的需要量极微,但维生素却是参与鱼类新陈代谢、免疫功能、生长和繁殖的重要有机物质,其主要是通过调节体内物质和能量代谢以及参与氧化还原反应对机体起作用。鱼类需要 11 种水溶性维生素:硫胺素、核黄素、吡哆醇、泛酸、尼克酸、生物素、叶酸、钴胺素、肌醇、胆碱、抗坏血酸(维生素 C),以及 4 种脂溶性维生素:维生素 A、维生素 D、维生素 E 和维生素 K。

维生素 C 对鱼类的营养、免疫具有重要作用,一直是鱼类营养与饲料研究的热点。崔峰等(2002)在团头鲂幼鱼饲料中添加维生素 C 多聚磷酸酯(LAPP)和动力 C 两种不同类型维生素 C 进行养殖试验,研究表明,团头鲂幼鱼饲料中 LAPP 添加量应为 400 mg/kg 以上,动力 C 最佳添加量为 300 mg/kg。万金娟等(2013)通过在纯化饲料中添加包膜维生素 C,以团头鲂幼鱼增重率为评价指标,得到团头鲂幼鱼饲料中维生素 C 的适宜添加量为 150 mg/kg。Liu 等(2016)研究表明,日粮中添加 133.7～251.5 mg/kg 维生素 C 可能会刺激免疫反应,增强对高 pH 胁迫和团头鲂对嗜水气单胞菌(Aeromonas hydrophia)感染的抵抗力。

肌醇,即环己六醇,具有促进脂肪分解、防止脂肪肝发生的作用。崔红红等(2013)研究报道,饲料中添加 200~400 mg/kg 肌醇有利于团头鲂幼鱼的生长,并在降低肝脏和肌肉脂肪、增加肌肉蛋白质含量等方面发挥作用,以特定生长率为评价指标,团头鲂幼鱼饲料中肌醇适宜添加量为 294 mg/kg。

胆碱在动物脂肪沉积过程中起十分重要的作用。一般来说,饲料中缺乏胆碱会导致鱼类生长受阻、饲料利用率低、脂肪代谢能力低下等诸多症状。Jiang 等(2013)报道,团头鲂幼鱼饲料中需要添加外源胆碱,以维持生长和正常的生理功能,胆碱的需要量为 1 198~1 525 mg/kg。王敏等(2014)研究了团头鲂对 7 种常规饲料原料(鱼粉 87.42%、豆粕 112.54%、菜粕 76.84%、棉粕 98.00%、次粉 95.91%、麸皮 43.88%、米糠 91.55%)中胆碱的利用,对于团头鲂幼鱼而言,豆粕是一种很好的胆碱饲料原料,菜粕可以作为一种有效的植物性胆碱饲料来源,但饲料原料所含胆碱不足以满足团头鲂幼鱼的需要量,需要额外添加。

Liu 等(2016)研究表明,根据饲料转化率的折线回归分析,幼鱼的日粮维生素 A 需要量估计为 3 914 IU/kg。

维生素 E 是鱼类必需的脂溶性维生素,除有抗不育功能外,还主要起抗氧化作用。周明等(2013)研究发现,饲料中添加 25.0~200.0 mg/kg 维生素 E 可在一定程度上促进团头鲂生长,改善肉质。以增重率为评价指标得到团头鲂饲料中维生素 E 的适宜添加水平为 138.5 mg/kg。Zhang 等(2017)研究表明,补充 55.5 mg/kg 以上的维生素 E 可以促进鲷的生长,增加 n-3 LC - PUFA 的含量,对人类健康是有益的。

B 族维生素在水产动物养殖中也有诸多研究。硫胺素补充剂改善了高糖日粮团头鲂的生长性能、肠道线粒体生物发生和功能(Xu 等,2022)。烟酸基于增重和肝脏烟酰胺含量的折线回归分析表明,团头鲂的最佳日粮烟酸需要量分别为 31.25 mg/kg 和 30.62 mg/kg(Li 等,2017)。Li 等(2016)研究表明,团头鲂的最佳维生素 $B_{12}$ 需求量为 0.06 mg/kg。维生素 $B_6$ 是一种水溶性维生素,主要包括吡哆醇、吡哆醛和吡哆胺 3 种形式,是维持机体正常代谢所必需的微量营养物质。王莹等(2013)以肝脏中的 GOT 和 GPT 活性以及吡哆醇含量为评价指标,拟合折线模型得到团头鲂幼鱼的适宜吡哆醇需求量为 4.17~5.02 mg/kg。王菲等(2016)研究表明,分别根据团头鲂幼鱼增重率、肝脏核黄素沉积量和肝脏 D - AAO 活性进行回归分析,饲料中核黄素最适添加水平分别为 5.21 mg/kg、4.65 mg/kg 和 6.02 mg/kg。

Miao 等(2015)研究表明,基于 SGR 和 FCR 预估团头鲂的日粮维生素 $D_3$ 需求量分别为 5.43 IU/g 和 4.97 IU/g。维生素 $D_3$ 与团头鲂的高血糖、血脂异常和代谢综合征紧密相关。

生物素和泛酸属于水溶性维生素,是鱼类生长所必需的营养物质。生物素通常以辅酶的形式参与鱼类机体各项羧化、脱羧反应,在脂肪酸合成和糖代谢中具有重要作用。泛酸作为构成辅酶 A 的元件在糖、脂代谢的许多中间反应中起重要作用。随着集约化养殖的推广,生产中常常出现营养性疾病如营养素缺乏症,给水产养殖行业带来严重危害。饲料中缺乏生物素会引起厌食、萎靡、饲料利用率差、采食量低、表皮颜色加深、抽搐和死亡率增高(Yossa 等,2015)。近年来,团头鲂对生物素的需求被广泛研究。Qian 等(2014)研究表明,饲料中添加适量的生物素能够促进团头鲂幼鱼生长,以增重率为评价指标,团头鲂幼鱼的日粮生物素需要量为 0.063 mg/kg。Xu 等(2017)发现,膳食生物素可能在肝、胰腺脂肪酸合成和 β 氧化相关基因表达中发挥作用,能够促进鱼类肝、胰腺多不饱和脂肪酸的合成。刘文斌(2017)研究表明,团头鲂的日粮生物素和泛酸需要量分别为 0.06~0.08 mg/kg 和 23.91~25.68 mg/kg。

叶酸缺乏对鱼的生长和健康有不利影响,包括大红细胞正色素性贫血、生长不良、厌食、全身性贫血、嗜睡、尾鳍脆性、深色皮肤色素沉着、皮肤变深和脾脏梗塞(Halver,1980)。一些鱼类包括罗非鱼、绿鲷、虹鳟和石斑鱼的叶酸需求量已被研究。此外,叶酸在促进水生动物的免疫和抗氧化能力以及抵抗细菌感染方面发挥着核心作用。有研究表明,团头鲂的日粮叶酸需要量为 0.68~0.82 mg/kg,摄食叶酸可以改善团头鲂的生长性能、饲料效率、消化酶活性,提高免疫和抗氧化参数(Sesay 等,2016)。Sesay 等(2017)研究表明,从 1.0 mg/kg 开始补充基础日粮的叶酸水平,当增加到 2.0 mg/kg 和 5.0 mg/kg 时,叶酸可在一定程度上增强团头鲂的抗急性高温能力,提高生理反应、免疫和抗氧化能力。

### ▪ (2) 维生素代谢

维生素缺乏会导致动物生理功能异常、器官功能障碍等缺乏症,饲料中添加适宜的维生素有利于提高鱼类机体免疫能力。值得注意的是,在一些特殊的生理情况下,如繁殖和应激状态下鱼类对维生素的需求增加。饲料中添加 133.7~251.5 mg/kg 维生素 C 能显著提高团头鲂幼鱼的免疫力,并且在感染嗜水气单胞菌情况下,251.5 mg/kg 维生素 C 组团头鲂存活率最高,高于正常环境下需要量 150 mg/kg 维生素 C 组(万金娟等,2014)。维生素 E 是水产动物的抗氧化营养物质,可以减少对免疫系统有损害的脂类过氧化物的产生。周明等(2013)报道,在高温应激条件下,饲料中添加适量的维生素 E(50~400 mg/kg)有利于调节血脂变化,提高团头鲂肠道抗氧化能力,并且可缓解高温应激对团头鲂血液指标波动的影响,减轻脂质过氧化水平,对团头鲂起到一定保护作用,这一需要量也要高于正常生长的需要量。

钱妤(2017)研究了团头鲂对生物素和泛酸的需要量及生物素和泛酸对团头鲂的影响,结果表明,饲料中添加适宜浓度生物素可以提高团头鲂幼鱼肠道脂肪酶和蛋白酶活力,促进脂肪和蛋白质消化,提高胴体粗脂肪和粗蛋白含量,同时促进肝脏抗氧化能力的提高。不仅如此,在正常脂肪水平下,饲料中添加生物素可以上调生脂基因的表达,促进脂肪酸合成;在高脂水平下,添加生物素可以上调脂肪分解代谢基因的表达,促进脂肪酸分解,从而缓解由高脂引起的生长和代谢受阻。饲料中添加适宜水平泛酸可以提高团头鲂幼鱼肠道消化酶活性、抗氧化酶活性和生脂基因的表达,从而促进消化、抗氧化及脂肪酸合成的能力。在正常脂肪水平下,饲料中添加泛酸可以促进饱和脂肪酸合成;在高脂水平下,添加泛酸可以上调脂肪分解代谢基因的表达,促进脂肪酸分解,从而缓解由高脂引起的生长和代谢受阻。综上所述,泛酸能够增加团头鲂幼鱼肝脏抗氧化物含量及酶活性,减少肌肉中高不饱和脂肪酸含量,上调线粒体呼吸链基因表达,从而缓解由高脂引发的生长受阻、氧化应激和线粒体功能障碍。

蒋广震等(2019)使用维生素强化的团头鲂抗逆饲料,将饲料中的各种维生素进行合理优化配置,从而达到降低饲料生产成本、减少幼鱼死亡率、提高饲料利用率、增强鱼体免疫力和减少拉网中出现的"发红发毛"现象的目的。李鹏飞(2016)开发了团头鲂专用营养平衡型饲料,并研究维生素配比对高温拉网应激的影响,结果表明,适宜的维生素配比可以促进团头鲂生长。不仅如此,经过高温拉网处理和优化维生素配比,可以抑制拉网应激产生的不良影响。

B族维生素在水产动物代谢中主要有以下几个方面的作用。① 影响水产动物糖代谢,增加食欲,提高饲料营养物质的转化利用率,促进生长。② 调节糖类能量的供给,调节神经系统,避免水产动物中枢神经系统紊乱,提高存活率。③ 调节能量代谢,促进水产动物自身营养物质的积累。④ 影响蛋白质和氨基酸代谢,提高饲料营养成分利用率,促进生长。⑤ 影响水产动物的体成分,促进维生素自身在体内的积累以及不饱和脂肪酸含量的增加,改善水产品的营养价值和风味。王菲等(2016)研究日粮核黄素水平对团头鲂幼鱼生长性能、体组成、抗氧化功能和肠道酶活性的影响,结果表明,一定范围内饲料中核黄素水平可以显著提高团头鲂幼鱼的抗氧化能力,增强肠道消化功能。

Liu等(2016)研究表明,维生素A可以改善团头鲂生长性能,增加免疫能力,提高抗病能力。Xu等(2018)研究表明,长期膳食甜菜碱补充剂改善了高碳水化合物饮食造成的负面影响,包括生长参数、体成分、肝脏状况和甜菜碱代谢。但是,甜菜碱补充剂可能会暂时破坏代谢稳态。

## 5.2

# 新型饲料原料的利用

近年来,用一些粗粮蛋白质替代鱼粉的优、劣势被广泛研究,如大米浓缩蛋白、菜籽粕和棉籽粕(Cai 等,2018;Zhou 等,2017、2018)。在团头鲂中,王经远等(2019)通过使用发酵豆粕替代复合植物蛋白源对团头鲂进行生长性能及肠道健康检测,研究发现,用发酵豆粕替代 50%~75%复合植物蛋白源可有效促进团头鲂幼鱼的生长性能及维护肠道健康。蔡万存等(2017)以团头鲂为研究对象,探究用大米蛋白完全替代鱼粉并补充赖氨酸、牛磺酸、蛋白酶和棉粕酶解蛋白肽对团头鲂的影响,结果表明,大米蛋白替代鱼粉对团头鲂生长、肠道消化吸收功能及氨基酸代谢有一定影响,但在饲料中补充微囊或晶体赖氨酸可以弥补这一缺陷。Zhou 等(2017)评估了使用棉籽粕替代鱼粉对团头鲂的影响,研究表明,团头鲂幼鱼日粮中高达 25%的鱼粉(基础日粮中 150 g/kg)可以被棉籽粕替代,即 112.5 g/kg 鱼粉和 192.9 g/kg 棉籽粕。Yuan 等(2019a)研究表明,用高水平(5%和 7%)的棉籽粕蛋白水解物代替鱼粉会降低氨基酸代谢和生长性能,并通过抑制 TOR 信号通路和激活 AMPK/SIRT1 通路来抑制 ATP 消耗。另外,Yuan 等(2019b)研究表明,日粮鱼粉替代 3%棉籽粕蛋白水解物可以提高团头鲂的抗氧化能力,并增强其免疫力。

纤维素是自然界中最丰富的一类碳水化合物。由于它能促进动物肠道蠕动,刺激消化酶分泌,因而成为必不可少的饲料成分之一。但纤维素的性质稳定,对酶的作用具有很大的抵抗力,并且鱼、虾消化道中一般不存在纤维素酶。虽有报道某些鱼类肠道中可检出纤维素酶,但其活性较低,对纤维素的分解极为有限(李爱杰,1996)。因此,纤维素基本上不能被鱼类利用。饲料中纤维素过多会影响鱼类生长和饲料的利用。近年来,外源纤维素酶作为复合酶制剂的重要组分之一已被广泛应用于畜禽饲料中,并在生产中取得良好效果,但在水产动物养殖中的应用研究尚未见报道。余丰年等(2001)通过在团头鲂鱼种配合饲料中添加纤维素酶,旨在探讨纤维素酶对团头鲂生长及饲料利用的影响,从而为纤维素酶在水产饲料中的应用提供理论依据。结果表明,由于不同种类的真菌和细菌等产生的纤维素酶其最适 pH 和温度有所不同,同一种酶也不是对所有饲料的纤维素分解能力都最佳有效(王安,1998),而目前商品化生产的纤维素酶偏酸性,低于鱼类消化道的 pH。因此,纤维素酶在生产中推广应用应从纤维素酶的作用条件、底物选择、处理方法等方面考虑,有针对性地筛选适合鱼类消化道生理环境的纤维素酶和不同品种饲料的多酶体系。

刘波等(2018)发明了一种池塘工业化循环水养殖系统团头鲂功能性饲料及制备方法,其先将鱼粉、豆粕、菜粕、麸皮、棉粕、面粉、米糠粉碎与豆油、磷酸二氢钙、渔用预混料、维生素、植物发酵产物、氯化胆碱、蛋氨酸、赖氨酸、山梨酸钾防霉剂搅拌混合均匀;然后经过超微粉碎机粉碎为混合物料,最后利用常规方法制成颗粒饲料。本发明的颗粒饲料营养全面、丰富,能提高池塘工业化循环水养殖系统团头鲂的免疫与抗氧化能力,提高抗应激和抗病能力。使用本颗粒饲料不需要服用抗生素药物,所生产的鱼产品为无公害绿色环保食品。

Li 等(2015)研究了大豆卵磷脂中的日粮磷脂对钝吻鲷鱼种的生长性能、肝脏脂肪酸组成、过氧化物酶体增殖物激活受体基因(PPAR)表达水平和抗氧化反应的影响,结果表明,添加 6%(18.8 g/kg,为日粮的极性脂质)大豆卵磷脂可以提高团头鲂的生长性能。

# 5.3

# 功能性饲料的配制

功能性水产配合饲料是传统水产配合饲料的功能拓展,是一种在满足水产动物营养需求的同时具有其他多种功能的高效、安全、环境友好型水产配合饲料。从饲料营养角度来看,功能性水产配合饲料在保障水产动物营养需求的基础上,通过饲料营养调控与水产动物机体免疫刺激和抗应激的途径,有效提升水产动物非特异性免疫力,增强机体的抗病力,从而减少水产动物疾病的发生或发病后的死亡率,减少药物的使用,保障水产品安全;通过使用代谢调控和品质调节的功能性饲料添加剂,改善水产动物产品品质;通过精选原料、优化配方、改进加工工艺,以及使用植酸酶、非淀粉多糖酶等单一或复合酶制剂、微生态制剂、谷氨酰胺、果寡糖等功能性饲料添加剂,提高水产动物对饲料的消化吸收率,提升水产养殖综合效益,推进水产健康养殖的可持续发展。从饲料推广应用的角度而言,通过饲料营养均衡或免疫刺激提高水产动物先天免疫力和抗病力,减少水产动物应激,改善水产养殖环境,降低水产动物疾病的发生率,保障水产品的安全;通过饲料途径改善水产品的质构、口感、风味、肉色等肉质指标,提升水产品食用品质。在水产健康养殖业的发展过程中,功能性水产配合饲料的研发与应用意味着拥有更多的机会和更广阔的市场前景。在团头鲂养殖中,主要有如下功能性饲料添加剂被研究。

### 5.3.1 · 黄连素

黄连素在抗炎、降血糖、调节动物机体免疫功能等方面有显著效果。黄连素可以降低机体血浆中的胆固醇含量,表明其在调控脂质代谢方面也有着重要的作用。陈丹红(2018)研究表明,当黄连素浓度超过 50 μmol/L 会抑制细胞生长,引发氧化应激,影响细胞功能。适量的黄连素可以促进团头鲂的生长,改善肠道通透性和免疫屏障,提高机体免疫力。陈青青(2016、2017)研究表明,添加黄连素能够显著增加团头鲂的增重率,改善高脂环境导致的过氧化应激,增强其在逆性环境中的免疫力,缓解过多脂肪摄入引发的过度细胞凋亡。同时,黄连素能够有效抑制持续摄入高脂日粮诱导的肝、胰脏脂肪异位沉积,从而修复受损的脂肪稳态,保持鱼体健康。Xu 等(2017)研究表明,从改善鱼体健康和节约饲养成本的角度出发,以 2 周为间隔饲喂 50 mg/kg 黄连素的普通日粮与以 2 周或 4 周间隔饲喂黄连素的高脂日粮分别为最佳饲喂方式。He 等(2021)研究表明,黄连素可以通过抑制脂肪合成和促进脂质分解来减轻肝脏的代谢负担,进而增强外周组织对脂肪的摄取。Lu 等(2017)研究表明,用高脂日粮饲喂团头鲂容易造成脂肪沉积而导致肝损伤,而黄连素可以通过保护线粒体来减轻高脂引起的肝损伤。

### 5.3.2 · 寡糖和益生菌

益生菌能通过提高宿主胃肠道消化酶的活性及营养物质的消化率来调节宿主黏膜与系统免疫功能而对宿主产生有益的生理作用;寡糖作为一种非消化性成分,能够促进营养物质的消化吸收,选择性地刺激肠内一种或几种有益菌生长繁殖,改善胃肠道微生物区系并进行免疫调节。吴阳(2012)研究表明,0.01%低聚木糖和 0.01%枯草芽孢杆菌可以提升团头鲂的增重率和特定生长率,降低饵料系数,促进团头鲂对营养物质的消化,改善团头鲂机体的免疫功能。在团头鲂日粮中添加果寡糖可以提升增重率、降低饵料系数,还可以提升团头鲂的消化能力。

Zhang 等(2014)研究表明,日粮中添加适当水平的低聚果糖和改善饲喂方式可以提高鱼的生长、免疫反应和抗氧化能力,从而增强抗病能力;每周 5 天基础日粮和 2 天0.8%低聚果糖的饲喂方式最适合团头鲂。

### 5.3.3 · 中草药添加剂

中草药是我国的传统瑰宝,在水产养殖中已经得到广泛的应用和认可。在"绿色发展"和"食品安全"的大趋势下,水产养殖中使用传统的中草药,其重要性已日益显现。中草药饲料添加剂具有良好的功能性,同时具有安全性高、无残留等特点,在动物养殖中得到广泛应用。Ye 等(2019a)研究在饲料中添加不同浓度的冬虫夏草对团头鲂的影响,结果表明,40 mg/kg 冬虫夏草浓度可以有效改善团头鲂的肠道形态、免疫力、抗氧化能力和肠道微生物菌群来促进肠道健康。

甘草次酸是甘草的主要活性成分,在中药中被广泛用作非营养甜味剂或抗炎药,其具有抗炎和抗增殖的特性。Abasubong(2021)研究表明,0.3 mg/kg 甘草次酸对改善钝头鲷的脂质沉积有积极影响,而对生长性能没有不利影响。Liu 等(2018)研究表明,膳食补充 300 mg/kg 甘草次酸对促进脂质分解具有积极作用,而对生长没有负面影响。Jiang 等(2018)研究表明,甘草次酸可以显著缓减高脂日粮诱导的团头鲂肝脏脂质积累和代谢功能障碍,刺激肝脏脂肪酸转运和 β 氧化。甘草次酸可用作为减轻高脂日粮对团头鲂副作用的最有希望的补充剂。

Zhang 等(2014a)研究表明,日粮补充适当的大黄素(30 mg/kg)可以增强鱼类的生长和免疫反应,并提高对嗜水气单胞菌感染的抵抗力。同时,还研究了不同喂养间隔对于团头鲂的影响,结果表明,对于团头鲂的经济和实用培养,建议最初以 4 周为喂养间隔(Zhang 等,2014b)。Liu 等(2014)研究表明,在膳食中添加 60 mg/kg 大黄素或 500 mg/kg 维生素 E 可以提高团头鲂的 *HSP70* mRNA 水平和抗氧化能力、抗拥挤压力和生长。然而,大黄素和维生素 E 的组合在团头鲂中没有协同作用。Song 等(2019)研究表明,大黄素通过 PPARs 和 Nrf2‐Keap1 信号通路改善团头鲂膳食氧化以及鱼油抑制的代谢和抗氧化能力。

Liu 等(2012)研究表明,摄入补充有 0.1%来自大黄的蒽醌提取物的基础日粮可以增强团头鲂对病原体感染的抵抗力。

Xia 等(2015)研究表明,适当摄食姜黄素补充剂(60 mg/kg)可显著改善幼年团头鲂的生长和非特异性免疫反应。

日粮中槲皮素与白藜芦醇联合使用可提高鲷的免疫力、抗氧化能力和脂质代谢,而高浓度的白藜芦醇会抑制该物种的生长,而单独使用较高浓度的槲皮素可促进其生长(Jia 等,2019)。

Yu 等(2019)研究表明,日粮添加胡芦巴籽提取物可以改善团头鲂的血浆生化参数,调节脂质代谢相关基因,促进 Nrf2 抗氧化能力,增强团头鲂的免疫反应。

### 5.3.4 · 阿魏酸

阿魏酸是一种常见的酚类化合物,具有抗氧化、抗菌、抗炎、抗高血脂和增强免疫的特性。Chen 等(2021)研究表明,用阿魏酸饲喂团头鲂可以显著降低促炎因子的含量,进而作为抗氧化饲料添加剂。Chi 等(2022)研究表明,团头鲂的鱼片质量受日粮脂质的影响。用阿魏酸和益生菌(米曲霉和植物乳杆菌)添加剂增加了鱼肉中风味物质的含量,尤其是风味核苷酸、酮和酯的含量。Xu 等(2017)研究表明,苯磷硫胺通过刺激糖酵解、糖原生成、脂肪生成和脂肪酸氧化以及抑制糖异生,从而有利于饲喂高能日粮团头鲂的葡萄糖代谢。Xu 等(2021)也评估了苯磷硫胺对饲喂高能日粮团头鲂(45.25 g±0.34 g)的生长性能、氧化应激、炎症和细胞凋亡的影响,结果表明,苯磷硫胺(1.425 mg/kg)通过SIRT1 介导的信号通路促进了饲喂高能日粮团头鲂的生长,并减轻了氧化应激、炎症和细胞凋亡。Guo 等(2018)研究表明,基础日粮中添加 0.50 mg/kg 硒酵母和 50 mg/kg 茶多酚对团头鲂幼鱼的生长和抗氨性等都有非常有益的影响。Jiang 等(2021)研究表明,在富硒饲料中添加 2~3 g/kg 竹炭可提高团头鲂的生长性能、生理状态和抗氧化酶活性。此外,在富硒饮食中添加竹炭可通过激活 Nrf2 - Keap1 和抑制 NF - κB 来刺激抗氧化系统并抑制炎症反应。

### 5.3.5 · 抗菌肽

He 等(2014)研究表明,在饲料中添加 0.2~0.4%抗菌肽可以刺激免疫力,增加对病原菌感染的抵抗力,促进团头鲂的生长。Zhong 等(2019)研究表明,日粮添加 $1×10^6$ cfu/g粪链球菌不仅可以提高团头鲂的饲料利用率,而且可以增强其抗氧化能力、先天免疫力和抗病能力。Xu 等(2020)研究表明,日粮中添加 $1×10^6$ cfu/g 粪链球菌可改善鲷的肠道健康和先天免疫力。Liang 等(2021)研究表明,添加 0.06%~0.12%结核菌可以提高团头鲂幼鱼的生长性能。此外,补充结核菌可激活 PI3K/Akt/Nrf2 并抑制 NF - κB 信号通路,调节健康状况并预防肝脏和肠道损伤。嗜水气单胞菌能够诱导团头鲂肠道组织损伤,降低先天免疫反应和抗氧化能力,并破坏肠道屏障免疫功能(Zhang 等,2022)。

### 5.3.6 · 免疫增强剂

近年来,免疫增强剂在鱼类饲料中得到广泛应用。与其他功能性添加剂相比,免疫增强剂能作用于鱼类的免疫系统,提高鱼类的健康和存活。在过去的几年中,国内外已有学者陆续对饲用免疫增强剂的效果进行了研究,然而应当注意的是,虽然实验室的一些试验在分子和细胞水平已经显示出积极的免疫增强效果,但在生产中的效果尚有待进一步研究。Ye 等(2019b)研究表明,在团头鲂日粮中添加 20 mg/kg 和 40 mg/kg 线虫生物碱,能够显著增加其生长性能、脂质和氨基酸沉积、免疫能力,以及对嗜水气单胞菌的抵抗力。Cao 等(2015)研究表明,日粮中添加 0.125%~0.25%发酵银杏叶可显著增强团头鲂的免疫力、抗氧化能力和脂质代谢水平,提高其抗病能力。Rahimnejad 等(2020)使用酵母水解物研究其对团头鲂肝细胞的抗氧化能力和先天免疫的影响,结果表明,酵母水解物提高了团头鲂肝细胞的抗氧化能力和先天免疫能力。然而,该研究是在细胞中进行的,并未在团头鲂鱼体中进行研究。Dong 等(2022)研究表明,在团头鲂的高脂日粮中添加羟基酪醇可缓解氧化应激、细胞凋亡和炎症,这可能是由于其调节线粒体稳态所致。

Zhou 等(2019)研究表明,二甲双胍可激活钝吻鲷肝细胞中的 AMPK,这有助于增强脂质代谢并减弱高脂肪培养基培养的细胞中的脂质沉积。

### 5.3.7 · 促生长添加剂——微藻

微藻富含蛋白、多不饱和脂肪酸(PUFA)、类胡萝卜素等多种营养和生物活性物质,作为幼体动物的鲜活饵料和次级饵料生物的营养强化食物,在促进幼体生长、提高存活率方面显著优于人工饵料。作为调水剂,微藻具有稳定菌相、迅速去除氮磷、增加水体溶解氧的作用。通过摄食微藻,能够促进养殖动物的营养循环、降低饲料系数、提高成活率。在贝类净化中,可通过摄食微藻富集 EPA、DHA 或维生素,达到保肥、增质、提升产品价值的效果;作为观赏鱼和高档鱼类饲料、纯天然功能性饲料添加剂,微藻远远优于鱼粉、鱼油和中草药。微藻在育苗、调水、贝类净化以及水产饲料中的应用,展现了微藻在水产健康养殖诸多领域的应用优势和巨大的市场空间。Jiang 等(2022)研究表明,在团头鲂日粮中加入螺旋藻可以改善团头鲂的脂质消化和免疫反应。日粮中添加 3.0%螺旋藻(替代 33.25%的鱼粉)实现了最佳的生长性能和饲料利用率。

## 5.4

# 饲料配制与精准投喂技术

近年来,随着人们对团头鲂消费需求的增加以及相对较低的养殖成本,团头鲂在国内的水产养殖业迅速扩大。然而,不适当的饲养方式严重阻碍了这种鱼在幼鱼阶段的生长,造成了巨大的经济损失。因此,对于团头鲂的投喂模式和投喂频率与团头鲂的生长性能之间的相关性研究尤为重要。Tian 等(2015)研究表明,每天喂食 3~5 次的团头鲂幼鱼的体重增加比每天喂食较少或较多次数的鱼要高。

夏斯蕾等(2014)对姜黄素饲料不同投喂模式对团头鲂幼鱼生长及非特异性免疫进行研究,结果表明,先投喂添加 60 mg/kg 姜黄素的试验日粮,再投喂基础日粮,每两周一交替的投喂模式饲养团头鲂幼鱼,较之连续投喂 60 mg/kg 姜黄素的试验日粮更能促进团头鲂消化水平,提高团头鲂生长性能、非特异性免疫能力及抗氧化能力,对于降低成本和提高生产效率有重要意义。张媛媛等(2013)对大黄素饲料不同投喂模式对团头鲂幼鱼的生长、非特异性免疫及抗嗜水气单胞菌的影响进行研究,结果表明,先投喂添加30 mg/kg 大黄素的试验日粮,再投喂基础日粮,每4周一交替的投喂模式饲养团头鲂能够显著提升团头鲂的增重率、存活率和饲料转换率。金良武(2016)的专利表明,如下投喂方式可以对团头鲂的生长更有针对性,不但营养全面丰富,而且对肠炎有良好的防治效果,饲料适口性好,易于消化,极大地增大进食量,加快生长速度,提升饲料吸收转化效果,有效改善肉质。水温在18℃以下:按团头鲂体重的2.5%~3.5%投喂饲料,每日投喂2次;水温在18~23℃:按团头鲂体重的3%~4%投喂饲料,每日投喂3次;水温在23~29℃:按团头鲂体重的3.5%~4.5%投喂饲料,每日投喂4次;水温在29℃以上:按团头鲂体重的2.5%~3.5%投喂饲料,每日投喂3次。徐超等(2015)研究表明,团头鲂幼鱼每天的最适投喂量为体重的4.57%。林艳等(2015)对不同投喂频率下团头鲂幼鱼生长性能、肌肉品质和血浆生化指标进行研究,结果表明,在循环流水控温养殖方式下,投喂频率为每天5次时,团头鲂幼鱼可获得快速、健康的生长,且依然可保持鱼体肌肉品质,因此,建议团头鲂幼鱼养殖的投喂频率为每天5次。

(撰稿:缪凌鸿)

# 团头鲂养殖病害防治

# 6.1

# 病害发生的原因与发病机理

## 6.1.1 · 病害发生的原因

鱼类病害发生主要与病原体、水体环境和宿主有关,是三者之间共同作用的结果。

### ▣（1）病原体

鱼类的常见病原体主要有病毒、细菌、真菌和寄生虫等。迄今未见有团头鲂病毒性疾病的报道。有研究表明,团头鲂对草鱼出血病病毒（GCHV）具有天然的抗性,其抗病毒成分对温度及酸碱环境有较好的稳定性（何介华等,2003）。团头鲂血清对草鱼出血病病毒的中和效价保持较高水平,且一年四季中和效价无明显差异。团头鲂血清中分离到抗草鱼出血病病毒的蛋白质因子（何介华和贺路,1995）,说明团头鲂不易感染草鱼出血病病毒。

团头鲂常见细菌性疾病主要有细菌性败血症、烂鳃病、肠炎、疖疮等。常见的真菌性病有水霉病。常见的寄生虫有车轮虫、小瓜虫、锚头蚤、指环虫等。不同病原的致病原因和发病机理不同。团头鲂的致病性病原菌主要有嗜水气单胞菌（夏飞等,2012）、温和气单胞菌（田甜等,2010）、维氏气单胞菌（蔺凌云等,2015）、肺炎克雷伯菌（滕涛等,2016）、弗氏柠檬酸杆菌（张东星等,2016）等。

嗜水气单胞菌是细菌性败血症的主要病原菌（张美超等,2011）。自然水体中存在不同致病力的嗜水气单胞菌,可分为强毒株、弱毒株及非致病菌,主要是由于不同菌株含有多种不同的毒力基因型。大量研究表明,气溶素、溶血素、丝氨酸蛋白酶、金属蛋白酶及细胞毒性肠毒素等是嗜水气单胞菌的主要毒力因子（陈婷婷等,2014）。维氏气单胞菌与嗜水气单胞菌一样具有多种毒力因子,也具有致病性;池塘维氏气单胞菌主要分布于鱼体表黏液、鳃以及肠道中;部分维氏气单胞菌具有 *alt*、*My2* 两种毒力基因,且两种毒力基因可能与致病性相关;鱼体上分离到的维氏气单胞菌的毒力基因携带率要大于外界环境（周光等,2012）。

### ▣（2）水体环境

鱼类病害发生与水体环境密切相关。水温是影响鱼病发生的重要因素,从 3 个方面影响团头鲂病害的发生。一是病原体一般随水温升高其繁殖速度加快、活力增强；二是高温季节团头鲂摄食旺盛，排泄物大量增多，水中有毒有害物质增多，造成鱼体应激反应及病原体滋生；三是水温增高鱼体代谢旺盛，病原体更容易入侵。水温的剧烈波动造成鱼类不适，抗病力下降，容易暴发疾病。细菌性病害流行和暴发有明显的季节性。如细菌性败血症是团头鲂的主要病害，在水温 20～33℃ 时发生流行，最适流行水温为 27～30℃。当水质恶化，水中溶氧低，透明度低，水中总氮、有机氮、亚硝酸态氮和有机物耗氧量高时最为流行，即使水温在 12℃ 或 34℃ 时也发病（方献平等，2015）。我国不同地区因气温的差异，细菌性败血症流行时间有所不同。上海地区发病季节一般为 4—10 月，其中 7—8 月可出现两次高峰，水温为 24～32℃（翟子玉等，1993）。江苏南部地区发病时间集中在 5—10 月，其中 6—7 月为高发期；江苏北部集中发病时间为 6—10 月，其中 7—8 月为高发期，暴发水温为 26～35℃，以 30～34℃ 为高发水温，10 月后由于水温下降，团头鲂基本不发病。南方地区嗜水气单胞菌暴发时间从 4—5 月开始，持续到当年的 10—11 月（谢理等，2021）。天津地区发病水温为 13～30℃，且以 25～30℃ 流行严重。当水温 13～23℃ 时，发生出血的症状较明显，但死亡量较少，发病周期长；当水温为 25～30℃ 时，发病后往往 2～3 天即出现大批死亡，呈现急性型（暴发型）（张美婷等，1995）。

嗜水气单胞菌是细菌性败血症的主要病原，是条件致病菌。沈锦玉等（1993）通过室内培养发现，嗜水气单胞菌生长的最适温度为 25～30℃。熊焰等（1997）研究表明，在 30～35℃ 时，嗜水气单胞菌能够迅速繁殖，并分泌大量的血溶素使其毒力更强。徐伯亥等（1993）从团头鲂等鱼类分离得到点状气单胞菌（嗜水气单胞菌），通过腹腔注射攻毒，当水温 28～32℃ 时，可使实验鱼 1～2 天全部死亡，且症状明显。水温 20℃ 以下，虽死鱼但症状不明显，15℃ 以下死鱼很少甚至不发生死亡。通过在不同温度下嗜水气单胞菌感染团头鲂组织动态分布分析表明，32℃ 各组织菌量显著大于 25℃ 时。在水温 32℃ 时，嗜水气单胞菌的活力更强，更容易感染团头鲂。嗜水气单胞菌感染团头鲂的过程，主要是通过鳃进入体内，然后主要攻击脾脏、肾脏等组织器官（陆春云等，2015）。

胡靖等（2006）研究表明，嗜水气单胞菌的溶血素基因（*AHH*）、气溶素基因（*AerA*）、外膜蛋白基因（*OMP*）和黏附素毒力基因（*Aha*）在 15℃、25℃ 和 37℃ 下均能高效表达，在 4℃ 时 *AHH* 和 *AerA* 也能持续表达，但 *OMP* 和 *Aha* 两基因的表达停止，可见嗜水气单胞菌致病的水温范围较大。中性偏酸性的条件下（pH5～7）4 种毒力基因都得以表达，在碱性条件下（pH9）4 种基因只有 *AHH* 得以表达，而 *Aha* 等 3 种基因的表达减弱或停止。

池塘老化、淤泥过多、水质恶化、水中氨氮和亚硝酸盐含量过高，是病害发生的重要诱因。胡益民等（1991）对 30 个池塘水质测定结果表明，发病塘总氨氮、未离解氨氮、亚硝酸盐氮和 pH 均明显高于未发病塘，而硝酸盐氮则明显低于未发病塘。张美婷等

（1995）调查天津地区发生细菌性败血症鱼池的水质特点发现,发病鱼池水体比较老化,透明度低,一般只有 10～15 cm;发病池溶氧昼夜波动幅度大,当夜间溶氧下降到 3.0 mg/L 以下时,死鱼量显著增加;$NH_3$、$NO_2^-$—N 含量较高,尤其水中 $NO_2^-$—N 含量通常比未发病鱼池高出 1.37～2.8 倍。浙江省淡水渔业研究所在研究鲢、鳙、鲫等暴发性疾病与环境关系时,认为发病塘的总氨氮、未解离氨氮、硝酸态氮均明显高于未发病塘;同时认为,未解离氨氮达到 0.1 mg/L 时,对硝化作用有抑制作用,并阻止亚硝酸盐向硝酸盐转化,造成亚硝酸盐积累(王鸿泰等,1995)。

氮对鱼有很强的毒性,使鳃上皮细胞受到损害,造成鳃小片肿大、融合,通透性增强,诱发病菌感染。亚硝酸盐可以和血红素结合,把亚铁血红蛋白变为亚硝基血红蛋白,使血红细胞丧失携氧能力,造成组织性缺氧,使病情加重。水中溶氧波动大、溶氧低、氨氮和亚硝酸盐含量高是诱发出血病的重要水质因子。试验证明,水体中亚硝酸盐氮的存在,能使团头鲂血液中的亚铁血红蛋白氧化为高铁血红蛋白。当亚硝酸盐浓度在 2.5 mg/L 以下时,团头鲂可以通过活动能力增强、呼吸频率加快来补偿因高铁血红蛋白含量升高而引起的载氧能力的不足;当亚硝酸盐浓度超过 2.5 mg/L 时,鱼体自身的生理调节再不能抵抗因高铁血红蛋白含量升高而引起的载氧能力下降,故耗氧率逐渐呈现下降的趋势,即表现出中毒的症状(王明学等,1997)。滕涛等(2018)用亚硝酸盐氮($NO_2^-$—N)对团头鲂胁迫实验显示,随着胁迫浓度升高、时间延长,团头鲂血红蛋白含量降低,高铁血红蛋白比率升高,血红蛋白大量转化为高铁血红蛋白,并且 72 h 后胁迫浓度组 6.0 mg/L、9.0 mg/L、12.0 mg/L 均与对照组差异性显著。

溶氧是鱼类摄食生长的重要限制因子,长时间缺氧会影响鱼体正常的生理功能,影响鱼的生长,抗感染力下降。低溶氧会减慢有机物的分解及分子氨和亚硝酸盐的积累。氨的毒性取决于分子氨的比例和大小。池塘中 pH 的变化对分子氨含量起着重要作用,分子氨的比例随 pH 升高而增大。

### ▤ （3） 鱼体抗病力

鱼体抗病力与个体因素、年龄因素、营养因素有关。同一种群中,不同个体对疾病有不同的感受性,这种能力与个体的健康状况有关,也可能与遗传因子有关。在同一个池塘中,通常健康鱼不易患病,体弱鱼易患病。一般情况下,1 龄以内的鱼比多龄鱼更容易感染疾病,可能因为 1 龄以内的鱼免疫功能不成熟,并且在成长过程中,鱼体会接触到一系列的病原体,产生抗体并有特异性免疫力。某些疾病的发生和消亡与鱼的年龄有关,或仅仅在某个年龄段才患某种疾病。如细菌性白头白嘴病通常只在 6 cm 以下的鱼种中发病(汪建国,2013)。养殖群体中可能存在一些抗病力弱的易感性个体。病原体只有当其入侵到抗病力弱的鱼体后，才会引起疾病的发生和蔓延（朱清旭，2009）。研究表明，团头鲂对嗜水气单胞菌的抗性遗传力与体高、体长和体重呈显著的遗传正相关，而抗性与性别的相关性不显著（Xiong 等，2017）。

营养因素主要影响鱼体对传染因子的易感性。当鱼摄食不足、缺乏营养、体质下降时，对各种细菌病的感染率增高（汪建国，2013）。饲料营养状况是决定鱼类抗病能力的重要因素之一，饲料中蛋白质、氨基酸、必需脂肪酸、维生素和微量元素供应不足会导致鱼类营养不良，抵抗力降低而易患病（任鸣春等，2015）。试验表明，日投饵率为体重 4%~5% 时，对提高团头鲂幼鱼先天免疫力是适宜的。低投饵率引起抗氧化力下降，免疫功能受损，耐低氧能力降低；过量投喂对健康状况无益（Li 等，2016）。人工配合饲料的大量投喂、过量摄入，其中过高的能量物质会在肝脏中积存，并对团头鲂的肝脏造成伤害，特别是饲料原料中的有毒有害物质（如菜粕中的硫代葡萄糖苷、棉粕中的棉酚、大豆粕中的胰蛋白酶抑制因子、大豆凝集素、抗维生素因子等，以及维生素添加过量或维生素缺乏等）不仅能加重肝脏的负担、影响肝脏的功能，而且还能直接引发肝脏等组织器官的病变，使其功能下降（钟诗群，2018）。

养殖密度与团头鲂的抗病力密切相关。调查发现，嗜水气单胞菌引发的团头鲂细菌性败血症高发与放养密度过大有关（谢理等，2021）。杨震飞等（2019）研究表明，团头鲂池塘工业化循环水高密度（平均 1 073 尾/$m^3$、体重 2.33 g±0.15 g）养殖 60 天可通过提高肌肉和脑中 *NOX2* mRNA 表达量激活 Nrf2 - Keap1 抗氧化信号通路，并诱导 *Nrf2* 下游抗氧化酶基因（*SOD*、*CAT*）表达，以保护组织氧化应激损伤。但高密度养殖 90 天会降低 *Cu - Zn SOD* mRNA 表达量，导致肠道氧化应激损伤，影响鱼体的生长。冬季鱼种在密集饥饿条件下越冬期间停止投喂，迫使鱼种大量消耗自身贮存的物质和能量，削弱了自身的体质，当春季水温升高时，容易发病致死（陈立侨等，1994）。因此，消除人为停食、补充鱼种冬季代谢所需的物质和能量、保持其健壮的体质，可提高免疫功能和抗病力。

### 6.1.2 · 病害发生的机理

#### ▪ （1）团头鲂的免疫系统

团头鲂与一般硬骨鱼类一样，免疫系统包括免疫组织、免疫细胞和体液免疫因子三大类。免疫组织是免疫细胞发生、分化、成熟、定居和增殖及产生免疫应答的场所。鱼类与哺乳动物在免疫器官组成上的主要区别在于鱼类没有骨髓和淋巴结。胸腺、肾脏和脾脏是鱼类最主要的免疫器官；黏膜淋巴组织（muccsa-associated lymphoid tissue，MALT）是其免疫系统的重要组分。凡参与免疫应答或与免疫应答有关的细胞均称为免疫细胞。

免疫细胞分为两大类：一类是淋巴细胞，主要参与特异性免疫反应，在免疫应答中起核心作用；另一类是吞噬细胞。鱼类免疫细胞主要存在于免疫器官和组织，以及血液和淋巴液中（张永安等，2000）。解剖观察发现，团头鲂的头肾形态结构与草鱼等的头肾形态结构相同（郗明君等，2014）。鱼类的非特异性体液因子在免疫保护中起一定的作用，较常见的非特异性体液因子有补体、C反应性蛋白、干扰素、溶菌酶、天然溶血素等。鱼类的补体系统由多种蛋白质组成，存在于血清中，对热很敏感，45℃、20 min即可灭活。鱼类干扰素是一种重要的抗病毒感染因子，主要由巨噬细胞分泌，它的产生受温度影响。溶菌酶是一种水解酶，存在于鱼类的黏液、血清和巨噬细胞中。血清中的溶菌酶一般来自嗜中性细胞和单核细胞。天然溶血素是鱼类血清中存在的一种小分子蛋白质，其可能是一种酶，能溶解外源红细胞。影响免疫应答的主要环境因素有温度、季节、光周期，以及溶解于水中的有机物、重金属离子等免疫抑制剂。温度是最重要的环境因素之一。低温能延缓或阻止鱼类免疫应答的发生。各种鱼类具有不同的免疫临界温度，一般来说，温水性鱼类的较高，冷水性鱼类的较低（杨先乐，1989）。

### ■ （2）环境胁迫与健康的关系

环境对鱼的各种刺激，即为环境胁迫因子。鱼类养殖生产中的应激因子主要有三大类。第一类属环境因子，包括水温、盐度、溶氧、氨、pH、亚硝酸盐、水流等；第二类为物理干扰因子，包括运输、分池、防治疾病的操作等；第三类为生物因子，包括拥挤、病原生物的侵袭等。根据应激因子作用强度与作用时间长短，可将应激分为急性应激（如水温、溶氧、盐度的剧变）和慢性应激（如含亚致死浓度氨、亚硝酸盐的养殖水体）。应激可造成鱼体强烈的功能和组织改变，导致局部或全身性病变；或通过抑制免疫功能（包括特异性的和非特异性的），导致养殖鱼类发病率和死亡率提高（刘小玲，2007）。鱼体持续地处于应激状态，机体的特异性和非特异性免疫防御体系的功能会受到抑制，导致鱼体对各类病原敏感性升高。环境胁迫使鱼体血液皮质醇水平升高，短时间的升高可以使鱼对抵抗危及生命的胁迫发挥积极作用，但慢性的环境胁迫可以引起血液激素水平长时间升高，这将会导致鱼体重下降、生长减缓、对疾病敏感性增加（王文博和李爱华，2002；李彦和江育林，1997；耿毅和汪开毓，2005）。

随着池塘养殖团头鲂集约化程度的提高，养殖密度增大，水体水质在主要养殖季节往往出现氨氮、亚硝酸盐升高，pH偏高或降低等现象，养殖环境水质恶化往往直接引起鱼体应激反应（崔立奇等，2013）。团头鲂对各种外界刺激（如氨氮、缺氧、捕捞、运输、pH和养殖密度等）的应激反应较为强烈，如捕捞后容易出现鱼体黏液减少、体色改变和体表充血等现象。应激严重影响团头鲂的饵料系数、生长速率和免疫力，增加感染疾病的风险(崔立奇等,2013)。高金伟等(2017)通过腹腔注射皮质醇模拟急性应激,研究微量元素铁在血浆和组织中的变化规律,急性应激下机体细胞内储存的铁大量释放到体液中,造成病原感染和体内增殖风险增加;*hep* 及 *Tf* 上调表达降低细胞内铁释放和促进体液铁向胞内蓄积,在鱼体内铁稳态的调控和固有免疫反应中发挥着重要的作用。

水体氨含量偏高是细菌性败血症暴发的诱因之一。水中未离解的氨对鱼类有着很强的毒性作用,即使在低浓度下也会抑制鱼类的生长,损害鱼类的鳃部并加重其病情(翟子玉等,1993)。张武肖等(2015)研究了氨氮胁迫对团头鲂幼鱼(14.27 g±0.01 g)鳃、肝、肾组织结构的影响,结果表明,96 h 的 $LC_{50}$ 为 56.492 mg/L。氨氮胁迫 6 h,鳃丝毛细血管扩张,上皮组织增生;肝细胞肿胀,细胞核肿大,肝细胞空泡化;肾小球萎缩,肾小囊腔膨大,肾小管管腔缩小。胁迫 12 h,泌氯细胞增生,呼吸上皮细胞出现部分脱落;肝细胞水样变性、血窦扩张、细胞轮廓模糊,形成点状病灶;肾小管上皮细胞肿大、水样变性、浊肿。胁迫 24 h,鳃小片融合、变短,呼吸上皮细胞大面积脱落;肝细胞水样变性、血窦扩张严重,形成局部病灶;肾组织淋巴细胞浸润严重,充血,肾小球、肾小管坏死。胁迫 48 h,鳃小片卷曲,上皮细胞部分脱落;肝细胞部分溶解、血窦扩张,形成点状病灶;肾小管上皮细胞、肾小球坏死。恢复 96 h 后,泌氯细胞和上皮组织增生严重;肝组织大面积细胞核肿大,血窦扩张;肾组织淋巴细胞浸润严重,肾小管、肾小球坏死。试验表明,不同器官病症的损伤程度不同,肝组织的损伤最严重,然后依次是鳃和肾。随着胁迫时间延长,鳃、肝和肾组织受到的损害增加,同时鱼体也产生防御反应,但 96 h 的恢复期不足以让团头鲂幼鱼在胁迫中完全恢复,而恢复能力最差的是肾组织。

水中亚硝酸盐氮含量高也是细菌性败血症发生的原因之一。当水中亚硝酸盐氮含量过高时,它可将亚铁血红蛋白转变成亚硝基血红蛋白,使血红蛋白失去携氧功能。而氨氮含量高,必然引起亚硝酸盐含量过高(翟子玉等,1993)。

研究表明,投喂频率过低或过高对团头鲂造成应激。将团头鲂随机分为 6 种喂养频率(1、2、3、4、5、6 次/天)试验 8 周。低投喂和高投喂频率两者都可引起团头鲂幼鱼氧化应激,从而导致其免疫力下降,对嗜水气单胞菌感染的抵抗力下降。幼期以每天 4 次为最佳,以促进生长和增强免疫力(Li 等,2014)。

高温对团头鲂也会造成应激反应。热应激(32℃±1℃)1 天或 2 天后,肝脏超微结构受损,线粒体生物能量受损、线粒体功能障碍,随后介导氧化应激,提高 *HSP* 表达以调节细胞抗应激反应,从而降低免疫系统功能,增加团头鲂嗜水气单胞菌感染的死亡率(Liu 等,2016)。

### ■（3）细菌致病机理

细菌通过具有黏附能力的结构(如菌毛)黏附于宿主的消化道等黏膜上皮细胞的相

应受体,积聚毒力或继续侵入机体内部。细菌的荚膜和微荚膜具有抗吞噬和体液杀菌物质的能力,有助于病原菌在宿主体内存活。细菌产生的侵袭性酶,也有助于病原菌的感染过程。细菌在生长过程中合成并分泌外毒素,其毒性作用强。革兰阴性菌细胞壁脂多糖(LPS)等内毒素在菌体裂解时释放,作用于白细胞、血小板、补体系统、凝血系统等多种细胞和体液系统。各种革兰阴性菌内毒素的作用相似,且没有器官特异性(汪建国,2013)。

嗜水气单胞菌等病原菌引起团头鲂暴发疾病,主要是因为它们具有某些毒力因子(朱大玲等,2006),其致病性还受到外界环境温度、pH、分子氨和亚硝酸盐浓度等的影响(Vilches 等,2004;Bi 等,2007)。陆春云等(2015)试验表明,温度对嗜水气单胞菌的致病力具有显著性影响。在其他因素不变的情况下,温度 20~32℃致病力强,且温度越高嗜水气单胞菌对团头鲂的致病力越强。Tsai 等(1997)发现,嗜水气单胞菌在 5℃、28℃、37℃都可以产生血溶素和细胞毒素,且温度越高其产生的血溶素和细胞毒素越多;其他毒力因子,如溶血素、气溶素、外膜蛋白、黏附素在 15℃、25℃和 37℃都能高效表达,在4℃时少量表达或不表达(胡靖等,2006)。陆春云等(2015)试验结果表明,在其他条件不变的情况下,嗜水气单胞菌的致病力随着 pH(6.5~8.0)的升高而减弱,且变化显著。pH与分子氨的交互作用对嗜水气单胞菌致病力的影响极显著。在 pH 取最小值、分子氨浓度取最大值时,嗜水气单胞菌对团头鲂的致病力最强。试验通过模拟养殖环境下的不同温度、pH、分子氨、亚硝酸盐等多种环境因素下嗜水气单胞菌对团头鲂致病力的影响,统计分析并建立了环境因素与病原菌致病力的线性回归方程 $y = 164.713 - 6.399A + 14.367B - 11.914(B \times C)$。该数学模型方程式可以适用于团头鲂养殖中的嗜水气单胞菌细菌性败血症防控预警参考。胡靖等(2006)研究发现,pH 7 时嗜水气单胞菌的毒力因子血溶素和气溶素表达量最大。储卫华等(2001)研究也发现,pH 趋于 6.5 时嗜水气单胞菌的胞外蛋白酶表达量最高,pH 过高或过低都不利于胞外蛋白酶的表达。曲克明等(2007)提出,在水产动物养殖过程中向水体中充氧可以提高机体对非离子氨和亚硝酸盐的耐受力。

通过体内嗜水气单胞菌感染实验发现,嗜水气单胞菌感染后 1 天内通过复杂的调控机制改变了相关的抗氧化蛋白,降低了团头鲂的免疫能力(Zhang 等,2018)。

Chu 和 Lu(2008)研究表明,鳃和受伤的表皮是病原菌进入鱼体的主要途径。陆春云等(2015)利用具有绿色荧光蛋白基因标记的嗜水气单胞菌(WJ-8GFP)对团头鲂进行浸泡攻毒实验。结果显示,攻毒后 2 h、4 h、8 h、12 h、24 h,实验组 A(25℃)和实验组 B(32℃)团头鲂各组织均能检测到荧光嗜水气单胞菌,对照组未检测到嗜水气单胞菌;最高菌量出现在鳃,且鳃上嗜水气单胞菌数量显著大于其他组织,其次是脾、肾;组织内的菌量随时间大体呈现先上升后下降的趋势;实验组 B 中各组织菌量显著大于实验组 A。结果表明,鳃是嗜水气单胞菌感染团头鲂的主要组织器官,水温 32℃时团头鲂被嗜水气单胞菌感染的风险比 25℃时更高。

鱼体感染细菌后,细菌在血液中生长繁殖并产生毒力很强的毒素,使各脏器的小血管充血、小血管内皮细胞肿胀、血管壁损伤甚至破裂、血管壁的通透性增强、白细胞附壁并游出、红细胞透出,致使脏器和肌肉组织内浸润了大量血细胞。临床症状表现为全身出血。以心脏受损最为严重,有大量的炎症细胞浸润,犹如心肌炎一般(蔡完其和胡静珍,1992)。另一方面,气单胞菌及其产生的毒素(如溶血素、细胞毒素、肠毒素和表层蛋白)随血流进入内脏器官,使心、肝、肾、肠、鳃等受到损害,从而发生变性、发炎和坏死。病鱼由于缺血、缺氧,以及血液循环和呼吸、消化、排泄功能不能正常运行,最终导致鱼体衰竭而死亡。停留在体表感染部位的病菌则在局部组织引起病变,从而出现充血、出血、水肿、发炎、糜烂和溃疡等症状(何利君等,2006)。

冬季细菌性败血症发病率较低,与嗜水气单胞菌存在非可培养(viable but nonculturable,VBNC)状态有关。VBNC 状态实际上是一种休眠状态,低温及不良环境时,其菌体缩小成球状,接种培养基在常规培养条件下不生长。一旦温度回升及获得生长所需要的营养条件,VBNC 状态的细菌又可恢复到正常状态,重新具有致病力(沈锦玉,2008)。

### ▤ (4) 水霉菌的致病机理

水霉菌主要是在鱼类体表受伤、感染某种病原、饲养管理不当等导致鱼体免疫力低下时侵袭鱼类。水霉菌的游动孢子、卵孢子以及粘在鱼体表面黏液上的菌丝片段在鱼体表皮繁殖,导致鱼或鱼卵感染。鱼体感染初期通常表现为肉眼可见的灰色或白色斑点或斑纹,后期则像棉花状。菌丝在病灶处能引起出血及肌纤维坏死,从而导致鱼体死亡;当水霉菌感染垂死的鱼卵,首先黏附在卵上,继而穿透卵膜引起鱼卵死亡(汪建国,2013)。

### ▤ (5) 寄生虫的致病机理

携带有寄生虫的活鱼和病死鱼是寄生虫病原体的主要来源。鱼体皮肤上的斜管虫和车轮虫等很容易从一条鱼传播到另一条鱼。鞭毛虫、纤毛虫等都有暂时离开寄主自由游动的能力,这样就更增加了传播的可能性。小瓜虫在寄主死亡后具有离开寄主进行繁殖的习性,如不立即把死鱼捞出去,就会造成扩大传播的机会。沾染寄生虫的食物、工具、池水、池泥和水生动植物等,都是寄生虫病的间接来源。如黏孢子虫成熟后,孢子不断地自鱼体脱落进入水体中,沉于底泥里,底泥就变成黏孢子虫的来源。指环虫和三代虫等的幼虫在水中找到合适的鱼类寄主会进行侵袭。桡足类只有雌性成虫寄生到鱼体上,所产出的虫卵在水中孵化、成长,水体就成为这一类病原体的来源。寄生虫感染的方式主要有经口感染和经皮感染两种方式。寄生虫对寄主的作用主要包括机械性刺激和损伤、夺取营养、压迫和阻塞、毒素作用等(汪建国,2013)。

## 6.2
# 团头鲂病害生态防控关键技术

近年来,因团头鲂养殖规模日益扩大,集约化养殖模式增多,病害也日益频发。在病害防治过程中使用抗生素和化学药物,不仅使病原菌耐药性增强、防治效果不佳,也给食品安全和生态环境安全带来隐患。水产养殖要走高质量绿色发展道路,鱼病生态防控是必然选择。坚持以防为主的原则,实施免疫预防、系统防控、防治结合,把病害损失和安全风险降到最低。

### 6.2.1 · 免疫预防

免疫预防主要是指接种疫苗和通过免疫增强剂提高鱼体的免疫力。截至 2020 年 6 月 30 日,我国农业农村部批准使用的鱼用商品化疫苗有 8 个,其中嗜水气单胞菌败血症灭活疫苗可以用于预防团头鲂细菌性败血症。但我国地域辽阔,同种致病病原生物在不同地方可能存在不同血清型,如将从某一个地方分离的某种致病病原生物制备的疫苗应用到其他地域时,有可能由于致病病原生物血清抗原的不同,导致免疫失败。因此,有必要根据各地致病病原生物的血清型等特点,制备适合在当地使用的所谓"自家疫苗"(陈昌福等,2019)。

一些饲料添加剂可在一定程度上提高水产动物的抗应激能力,进而改善其免疫机能和生长性能(谢少林等,2013)。近年来,有关利用有益微生物、中草药提取物、氨基酸和维生素等饲料添加剂提高团头鲂抗应激能力和非特异性免疫力方面开展了一系列研究和探索,取得了一些值得推广应用的成果。

#### ■ (1) 有益微生物及其提取物

吴阳等(2013)研究发现,饲料中添加枯草芽孢杆菌能显著提高团头鲂血清中溶菌酶和碱性磷酸酶活性,同时也在一定程度上提高了肝脏中 SOD 活力。添加 0.01% 低聚木糖+0.01%枯草芽孢杆菌不同程度地提高团头鲂血清中替代途径补体、溶菌酶、碱性磷酸酶和酸性磷酸酶的活性及其肝脏中 SOD、CAT 的活性,降低肝脏中 MDA 的含量,从而提高团头鲂的免疫和抗氧化能力,减少机体的氧化应激。孙盛明等(2016)研究表明,饲料中添加适量枯草芽孢杆菌能提高团头鲂幼鱼的抗病力。在团头鲂基础日粮中添加乳酸芽孢杆菌,能显著提高鱼体增重率、蛋白质效率、特定生长率,血清中的抗超氧阴离子浓度、谷草转氨酶(GOT)含量,肝脏的总抗(T-AOC)能力,并显著降低饵料系数。攻毒试验表明,乳酸芽孢杆菌组比对照组有更高的成活率。乳酸芽孢杆菌对团头鲂有较好的生长和免疫促进效果(慈丽宁等,2011)。

研究饲料中添加果寡糖(FOS)对团头鲂氨氮应激和高温应激条件下非特异免疫指标的影响,结果表明,饲料中添加 0.4% 的 FOS 能够提高团头鲂血液的免疫指标水平和抗氧化能力,增强团头鲂抗氨氮应激和高温应激的能力(张春媛等,2016、2017)。饲料中添加适当水平的 FOS 可提高鱼体的生长、免疫反应和抗氧化能力,从而增强鱼体的抗病能力(Zhang 等,2014)。壳聚糖能提高团头鲂吞噬细胞的呼吸爆发功能,能增强吞噬细胞的吞噬活性,其作用机制可能与吞噬细胞表面的模式识别受体,以及诱导产生的细胞因子有关(郗明君等,2014)。超氧化物歧化酶和过氧化氢酶等抗氧化酶可清除过多的自由基,减少脂质的过氧化损伤。超氧化物歧化酶可特异性地催化超氧化物自由基歧化为过氧化氢和氧;过氧化氢在过氧化氢酶的作用下生成水和氧。饲料中添加 100 mg/kg、200 mg/kg 和 400 mg/kg 甘露寡糖显著提高了肝脏超氧化物歧化酶和过氧化氢酶的活性,显著降低肝脏丙二醛含量(孙盛明等,2014)。饲料中添加 200 mg/kg 酵母核苷酸能在一定程度上促进团头鲂的生长,增强鱼体的抗氧化功能和抗病力,且不会影响鱼体肝功能以及血脂和血糖的代谢(张一平等,2012)。酵母硒和茶多酚都是天然抗氧化剂。酵母硒作为有机硒源,兼有抗氧化和免疫增强的双重功效。茶多酚是茶叶中多酚类物质的总称,具有清除体内自由基、抗菌消炎和免疫调节等多种功效。酵母硒和茶多酚均能在一定程度上增强团头鲂幼鱼抵抗嗜水气单胞菌感染的能力,且两者联合添加时抗感染能力增加更加明显。团头鲂幼鱼饲料中酵母硒和茶多酚的适宜添加量分别为 0.50 mg/kg 和 50 mg/kg(龙萌等,2015a、b)。有研究表明,日粮中补充 1.5% 低聚木糖可显著提高用浓缩大米蛋白质替代鱼粉饲喂团头鲂的生长性能、抗氧化能力、先天免疫力和对嗜水气单胞菌的抵抗力(Abasubong 等,2018)。

### (2)中草药及其提取物

韩兆红等(2010)以团头鲂为研究对象,在饲料中添加 5 种不同剂型的中草药提取物 1 500 mg/kg,养殖 64 天后,5 种剂型中草药提取物对保护鱼体肝、胰功能方面均具有很好的作用;在血清溶菌酶活力和各种超氧化物歧化酶活力等方面表现出提高鱼体免疫力和防御力的作用。在团头鲂基础饵料中添加2%和4%的中草药复方制剂(以黄芪微粉为主,以金盏花和杜仲微粉为辅)能够有效增强团头鲂的非特异性免疫功能,提升鱼体抗病力,其中4%的添加量效果更佳(谭晓晨等,2022)。膨化饲料中添加0.02%地衣芽孢杆菌、0.2%果寡糖及0.3%金银花提取物为主要成分的复合抗应激添加剂,可显著提高团头鲂生长性能和抗应激能力(何超凡等,2020)。

明建华等(2010)研究表明,饲料中添加大黄素、维生素C能显著提高团头鲂增重率和特定生长率,血清中总蛋白(TP)、溶菌酶(LSZ)和碱性磷酸酶(AKP)的水平,肝脏中超氧化物歧化酶(SOD)的活性和诱导型 $HSP70$ mRNA 的基础表达水平;降低饵料系数、死亡率、血清中皮质醇(COR)、甘油三酯(TG),以及肝脏丙二醛(MDA)的含量。大黄素还能显著提高团头鲂肝脏过氧化氢酶(CAT)的活性。明建华等(2011a、b)研究表明,在基础日粮中添加大黄素 60 mg/kg 或维生素 C 700 mg/kg 可提高团头鲂的非特异性免疫力、抗氧化能力,以及热休克蛋白(heat shock proteins,HSPS) $HSP70S$ mRNA 的表达水平,增强鱼体抗病原菌感染的能力和抗拥挤应激能力。崔素丽等(2013)研究了饲料中添加大黄素在25℃和30℃下对团头鲂生长、血液生理反应及肝脏 $HSP70$ mRNA 表达的影响,结果表明,在饲料中添加 25 mg/kg 大黄素有助于缓解长期高温对团头鲂血液生理的影响,提高补体水平和肝脏 $HSP70$ mRNA 的相对含量,促进鱼体的生长。Liu 等(2012)研究了饲粮中添加蒽醌提取物(大黄)对团头鲂抗嗜水气单胞菌感染的影响,结果表明,饲粮中添加 0.1%蒽醌提取物可显著提高感染前血清溶菌酶活性、感染后 24 h 血清 ALP 活性、感染后 12 h 血清总蛋白浓度、感染后 12 h 肝脏 CAT 活性。添加组感染 6 h 后血清皮质醇水平降低,感染 12 h 后血清 AST 和 ALT 活性降低,感染后 12 h 肝脏 MDA 含量降低。试验组死亡率(86.67%)明显低于对照组(100%)。由此可见,在基础饲粮中添加 0.1%的蒽醌提取物可增强团头鲂对致病性病原生物感染的抵抗力。

近年来,国内外学者发现白藜芦醇具有抗氧化、抗菌消炎、抗白血病、降脂和提高机体免疫力等功能。团头鲂摄食高脂日粮后,机体处于氧化应激状态,导致鱼体非特异性免疫力和抗病力低下。而添加适宜剂量的白藜芦醇能够改善机体这种氧化应激的状态,提高鱼体的非特异性免疫力和抗病力,其中以 1.08%的添加量最优(闫亚楠等,2017)。

### ■ (3) 维生素

肌醇(Myoinositol)属于 B 族维生素类物质。肌醇对鱼类具有非常重要的作用,饲料中添加适量的肌醇(404.8 mg/kg)可增强团头鲂幼鱼[(3.40±0.07) g]的免疫力,对团头鲂幼鱼抗氨氮应激有一定的保护作用(崔红红等,2014)。万金娟等(2014)用维生素 C

水平为 0.2 mg/kg、33.4 mg/kg、65.8 mg/kg、133.7 mg/kg、251.5 mg/kg 和 501.5 mg/kg 的 6 种等氮、等能试验饲料对均重为(6.40±0.05) g 的团头鲂幼鱼进行为期 90 天的饲养试验。结果表明,各维生素 C 试验组均能显著提高肝脏抗超氧阴离子(ASAFR)的活性: 133.7 mg/kg 和 251.7 mg/kg 维生素 C 试验组能显著提高肝脏 HSP60 基因表达水平, 251.5 mg/kg 维生素 C 试验组能显著提高肝脏 HSP70 和 HSP90 基因表达水平;各维生素 C 试验组鱼的成活率在感染嗜水气单胞菌后 12 h、24 h 均显著高于对照组,其中以 251.5 mg/kg 维生素 C 试验组效果最佳。在试验条件下,维生素 C 作为免疫刺激剂,其水平为 133.7 mg/kg 和 251.5 mg/kg 能有效增强团头鲂幼鱼的免疫力。饲料中添加高剂量维生素 D$_3$ 的研究结果表明,团头鲂血清皮质醇水平和肝脏 HSP70 表达均显示高剂量维生素 D$_3$ 显著抑制团头鲂的抗应激能力。高剂量维生素 D$_3$ 可引起团头鲂肝脏组织不同程度的结构性损伤。尽管团头鲂可以长期耐受高剂量的膳食维生素 D$_3$,但其糖脂代谢、免疫力、抗应激功能和对病原感染的抵抗力都受到不利的影响(Miao 等,2015)。研究表明,饲料中叶酸可促进团头鲂幼鱼生长、饲料效率、消化酶活性、免疫力和抗氧化因子。叶酸含量 1 mg/kg、2 mg/kg 可降低血清 AST、ALT 和 ALP 的活性,即使在高温胁迫情况下也能显示出叶酸的保肝作用(Sesay 等,2017)。饲料中维生素 A 含量分别为 3 885 IU/kg、7 924 IU/kg 和 15 935 IU/kg 组,嗜水气单胞菌攻毒后累计死亡率显著低于 0 IU/kg 对照组。团头鲂幼鱼(2.40 g±0.01 g)日粮中维生素 A 需求量为 3 914 IU/kg(Liu 等,2016)。

胆碱是乙酰胆碱合成的组分,乙酰胆碱在脊椎动物的免疫稳态中起重要调节作用 (Andersson 等,2012)。张定东等(2017)研究表明,在高脂饲料(15% 脂肪)中添加 2 200 mg/kg 胆碱,可显著降低团头鲂肝脏脂肪含量、血浆谷草转氨酶(AST)和谷丙转氨酶(ALT)活性,显著降低肝脏丙二醛(MDA)含量、超氧化物歧化酶(SOD)和过氧化氢酶 (CAT)活性,并显著提高白细胞数和球蛋白水平以及还原型谷胱甘肽(GSH)活性,同时肝细胞形态及细胞器结构也趋于正常。研究表明,添加适量胆碱能够减少肝脏脂肪沉积,维持肝脏结构和正常功能,并增强团头鲂抗氧化能力和机体免疫力,继而保持鱼体健康。在高脂饲料中添加胆碱,可显著提高团头鲂的免疫功能。

### ■ (4) 氨基酸

鱼类的正常生长需要 10 种必需氨基酸,饲料中缺乏必需氨基酸会导致鱼类生长缓慢、饲料利用率降低和免疫力下降。精氨酸是鱼类蛋白质合成过程中必不可少的一种必需氨基酸。饲料中精氨酸含量为 1.81% 和 2.35% 时,团头鲂幼鱼生长、氨基酸吸收,以及鱼体的免疫力和抗病原菌感染的能力均达到最高(廖英杰等,2014)。

### (5) 其他

饲料中添加 600 mg/kg、1 000 mg/kg 的微囊丁酸钠显著提高了团头鲂血清、黏液、肝脏、胰脏中总超氧化歧化酶(T-SOD)活性和血清中溶酶菌(LSZ)活性;饲料中添加 400 mg/kg 的微囊丁酸钠显著提高了肝脏中 T-SOD 活性和血清中 LSZ 活性;饲料中添加 1 000 mg/kg 的微囊丁酸钠显著提高了黏液中 LSZ 活性。饲料中添加 600 mg/kg、1 000 mg/kg 的微囊丁酸钠显著提高了肝、胰脏中谷丙转氨酶(GPT)、谷草转氨酶(GOT)活性。由此可见,饲料中添加适量微囊丁酸钠有利于提高高密度养殖条件下团头鲂对饲料的利用率及其非特异性免疫力,并改善肝功能(罗玲等,2018)。

另外,通过向水体中投放碳源物质,使水体维持一定的碳/氮(C/N),通过生物絮团中的微生物群落吸收转化水中的氨氮和亚硝酸盐等无机氮。江晓浚等(2014)研究了添加不同碳源物质所形成的生物絮团对团头鲂鱼种生长、消化酶以及抗氧化酶活性的影响,结果显示,葡萄糖组的团头鲂超氧化物歧化酶(SOD)、过氧化氢酶(CAT)活性显著高于对照组,丙二醛(MDA)水平显著低于对照组。在水体中添加葡萄糖为碳源,能显著提高团头鲂鱼种的生长性能和抗氧化水平,并有效改善水质。

上述研究结果表明,饲料中添加适量的有益微生物及其提取物、中草药及其提取物、维生素、氨基酸等可有效提高团头鲂非特异性免疫力和抗病能力,可望成为团头鲂养殖生产中预防病害的安全、有效的方法。

## 6.2.2 · 生态防控措施

生态防控措施重在从改善养殖环境、合理放养、加强养殖管理等方面入手。

### (1) 改善养殖环境条件

养殖场周围没有工业等污染源,水源充足,水质符合渔业水质标准 GB 11607 的要求,产地符合 SC/T 5361 的规定。池塘进、排水方便,有独立的进、排水系统,进水要有过滤系统,排水应建设尾水处理设施,实现尾水达标排放。

### (2) 控制和消除病原体,切断病原传播途径

① 做好池塘清淤和消毒。冬季排干池水,清除过多的淤泥,池底淤泥不超过 15 cm 为宜。池底暴晒,杀灭某些病原体,促进土壤矿化和有机物分解。每 667 m² 用生石灰 100~150 kg 或漂白粉(含有效氯 25% 以上)15~20 kg 进行消毒。

② 坚持做到"四消"。鱼种消毒:在苗种放养、分塘换池之前进行苗种消毒,以杀灭

鱼体上的病原体。可用聚维酮碘溶液、高锰酸钾或食盐水等药浴。饵料消毒：投喂的商品配合饵料可以不进行消毒。水草、陆生植物均要用 30 mg/L 高锰酸钾或 100~200 mg/L 的漂白粉浸泡消毒 5 min，然后用清水冲洗干净后再投喂。食场消毒：鱼池内设置食台，投喂后及时清除食台周围的残饵。在食台周围用药物挂袋（篓），可以杀灭或抑制病原微生物，而且鱼在这里游动能起到药浴消毒的作用。工具消毒：各种养殖用具，如网具、塑料和木制工具等，是病原体传播的媒介，特别是在疾病流行季节。工具使用后及时用 50 mg/L 的高锰酸钾或 200 mg/L 的漂白粉等浸泡 5 min，然后用清水冲洗干净后再用，最好暴晒后再使用。

③ 实施苗种产地检疫制度，避免病原体随苗种流通而传播。对病死鱼要及时捞出并进行无害化处理。

### （3）合理放养

一是合理混养不同的养殖品种；二是放养密度要合理。混养不同品种，充分利用水体空间，可提高单位养殖水体效益和促进水体微生态平衡，预防传染病暴发流行。合理的放养密度和混养，减少了同一种类接触传染的机会。确定池塘适宜的负载量，勿一味追求高产，保持池塘合理的能量流动和物质循环速度是预防鱼病的一项重要措施。

### （4）科学投喂

优质的饵料是保证养殖产量、增强团头鲂对疾病抵抗力的重要措施。根据团头鲂不同生长发育阶段，选用营养全面的饲料。最好使用符合 SC/T 1074 的团头鲂配合饲料。不投喂过期、霉变、劣质饲料。按照定时、定点、定质、定量的原则进行投喂，并根据水温、天气、鱼类摄食情况等对投饵量进行控制，以减轻残留饵料对水质的影响。3—11 月，投饵量每天控制在存塘吃食鱼总体重的 0.5%~5.0%，每天投喂 2~4 次，每次投喂时间 20~30 min。不可一味追求生长速度而过量投喂。可搭配投喂新鲜青饲料，以补充维生素的摄入。

### （5）调节水质

加强水质管理，定期更换池水，保持水质清新。定期进行水体消毒，防止病原微生物大量滋生。每半月左右施生石灰 1 次，每 667 m²（1 m 水深）15~20 kg/次。合理施用微生物制剂，补充水体中有益菌数量，抑制病原微生物的繁殖生长，加速池水中有机物的生物降解，降低氨氮、亚硝酸盐等有毒有害物质含量。保持水体有充足的溶氧。在氧气充足时，微生物可将一些代谢物转变为无害或危害很小的物质；相反，当溶氧含量低时，可引起物质氧化状态的变化,使其从氧化状态到还原状态,从而导致环境自身污染,引起水产养殖动物中毒或减弱其抗病力。保持养殖水体溶氧在 4.0 mg/L 以上,不仅是预防水产养殖动物病害的需要,也是保护环境的需要。

### ■ (6) 加强养殖管理

坚持早、晚各巡塘 1 次,观察水质和鱼的摄食和活动情况,发现病鱼及时采取治疗措施,死鱼要及时捞取,以控制病原的传播。每天记录好养殖日志。

减少人为因素,如换水、投饵、用药等引起团头鲂的应激反应。水产养殖动物长期处于应激状态会导致机体抵抗力下降,引起疾病甚至暴发流行病。因此,在水产养殖过程中要尽量降低应激的强度和持续时间,以减少人为和环境胁迫。生产中尽量缩短捕捞、转运等操作持续的时间,以及在高温期对团头鲂进行拉网等操作。应激会导致鱼体耗氧量增加,在对鱼进行操作(应激)之前应停食 2~3 天,以减少应激时的耗氧负担,从而减轻应激对鱼体的危害程度。发病的鱼塘应保持环境相对稳定,不要大量换水、注水和拉网,以免引起大量死亡。

不滥用药物,严禁使用国家禁止的药物。应在正确诊断的基础上对症下药,并按规定的剂量和疗程选用疗效好、毒副作用小的药物。使用抗生素前,最好先对病原微生物进行药物敏感性试验,选择使用敏感的药物,力求达到精准用药、减量用药。

# 团头鲂主要病害防治

## 6.3.1 · 细菌性疾病

### ■ (1) 细菌性败血症

病原:嗜水气单胞菌(*Aeromonas hydrophila*)、温和气单胞菌(*Aeromonas sobria*)、维氏气单胞菌(*Aeromonas veronii*)等。

流行情况:发病时间 3—11 月,高峰期 5—9 月。

症状:初发病鱼精神不振,游动缓慢或静卧水底,对外界刺激的反应迟钝;病鱼颌部、口腔、头部、眼眶、鳃盖表皮、鳍条基部和体两侧肌肉出现局部轻度充血现象。鳃丝苍白。眼球突出。腹部膨大,肛门红肿,体表严重充血以至出血,肠系膜、肠壁充血。肝、脾、肾及胆囊肿大,肝、肾颜色较淡,脾紫黑色,腹腔内有淡黄色透明或红色混浊腹水。镜检,红细胞肿胀,有的发生溶血;在脾、肝、胰、肾中均有较多的血源性色素沉着。

### (2)赤皮病

病原:荧光假单胞菌(*Pseudomonas fluorescens*)。

流行情况:一年四季皆可流行。

症状:上下颚充血,呈块状红斑。鳃盖部分充血,呈块状红斑。鳍条基部或整个鳍充血,末端腐烂,蛀鳍。体表局部或大部分出血、发炎,鳞片脱落,鱼体两侧和腹部最为明显。有时肠道充血、发炎。

### (3)烂鳃病

病原:柱状黄杆菌(*Flavobacterium cloumnare*)。

流行情况:4—10月流行,发病水温15~30℃。

症状:体色变黑,头部暗黑。鳃丝腐烂,骨条尖端外露。鳃丝末端黏液很多,带有污泥和杂物碎屑,有时可见血斑点,并附有很多细长的黏细菌。鳃盖"开天窗"。

### (4)细菌性肠炎

病原:斑点气单胞菌(*Aeromonas punctata*)。

流行情况:每年4—9月发病。水温20℃以上流行,水温25~30℃出现流行高峰。

症状:病鱼离群独游,体色变黑,食欲减退或完全不吃食。严重的腹部膨大,肛门红肿、突出。轻压腹部有黄色黏液或血脓从肛门流出。肠壁充血发红,肿胀发炎。肠腔内没有食物或只在肠的后段有少量食物,有较多黄色或黄红色黏液。肝脏常有红色斑点状瘀血。腹腔积水。

### (5)疖疮

病原:疖疮型点状气单胞杆菌(*Aeromonas punctata f. furnculus*)。

流行情况:一年四季皆可流行。

症状:皮下肌肉内形成感染病灶,化脓形成脓疮。患部软化、向外隆起,用手触摸有柔软、浮肿的感觉。隆起的皮肤溃烂,形成火山口形的溃疡口。切开患处,可见肌肉溶解,呈灰黄色的混浊或凝乳状。

防治方法:采取生态防病的方法预防疾病,一旦发病,准确诊断,对症用药。可用含氯石灰、三氯异氰脲酸粉、溴氯海因粉、苯扎溴铵溶液等任选一种对养殖水体进行消毒,同时选用抗微生物药内服。用药之前,建议进行病原微生物药物敏感性试验,选用敏感性强的药物。

### 6.3.2 · 水霉病

病原:水霉(*Saprolegnia* spp.)。

流行情况:一年四季都能发生,但以早春和晚冬温度低时最为流行。密养的越冬池,鱼最易发生水霉病。

症状:主要由于捕捞、搬运操作不当致体表受伤,寄生虫破坏皮肤,使霉菌侵入伤口而发病。初期肉眼看不出症状。当能看到毛状菌丝时,菌丝早已向肌肉深入和蔓延扩展,向外生长成棉毛状菌丝。菌丝与伤口的细胞组织黏合,使组织坏死,游泳失衡,食欲减退,终因瘦弱而死亡。在鱼卵孵化过程中,如果鱼卵感染了水霉菌,就会造成大批鱼卵死亡。

防治方法:拉网、运输操作要细致,避免鱼体受伤。病鱼用 0.04% 食盐与 0.05% 的小苏打合剂浸泡 24~48 h。用生石灰清塘,可减少此病发生。

### 6.3.3 · 寄生虫病

#### ▣（1）小瓜虫病

病原:多子小瓜虫(*Icthyophthirius multifiliis*)。

症状:虫体大量寄生于鱼的皮肤、鳍条和鳃片上,肉眼可以看见许多白色小点状囊泡。鳃上和鱼体上黏液增多,鳃小片被破坏,鳃部贫血。蛀鳍,鳞片脱落。鱼体游泳迟钝,浮于水面,有时在鱼池的边区活动。镜检可观察到大量小瓜虫。

预防方法:目前对于小瓜虫病的防治尚无特效药,须遵循防重于治的原则,加强饲养管理,保持良好环境,增强鱼体抵抗力。清除池底过多淤泥,水泥池壁要经常进行洗刷,并用生石灰或漂白粉进行消毒。

治疗方法:用干辣椒和干姜加水煮沸后兑水泼洒,浓度分别为 0.4 mg/L 和 0.15 mg/L,每天 1 次,连用 2 次。

#### ▣（2）车轮虫病

病原:车轮虫(*Trichodina*)。

流行情况:鱼苗养成夏花阶段易发生。水中有机物含量高、放养密度大的情况下易流行。

症状：鳃上大量车轮虫寄生，鳃上皮增生，有大量黏液。呼吸困难。当体表有大量车轮虫寄生时，幼鱼体色暗淡无光泽，食欲不振甚至停止摄食。镜检看到大量虫体时可确诊。

防治方法：0.7 mg/L 硫酸铜、硫酸亚铁合剂（5∶2）全池泼洒。可使用苦参末、雷丸槟榔散等内服。

### ■（3）斜管虫病

病原：鲤斜管虫（*Chilodonella cyprini*）。

流行情况：主要发生于春、秋季。水温28℃以上，此病不易发生。

症状：大量寄生时，鳃和体表黏液增加，使寄主皮肤表面形成白色或淡蓝色的黏液层。患病鱼食欲减弱，体瘦且发黑，浮于池边下风处，呼吸困难，最终死亡。

防治方法：① 彻底清塘。② 0.7 mg/L 硫酸铜、硫酸亚铁合剂（5∶2）全池泼洒。③ 鱼种放养前药浴。用2%盐水浸洗5～15 min，或用3%盐水浸洗5 min以上。用20 mg/L 高锰酸钾溶液，水温10～20℃时，浸洗20～30 min；水温20～25℃时，浸洗15～20 min；25℃以上时，浸洗10～15 min。

### ■（4）指环虫病

病原：指环虫属（*Dactylogyrus*）。

流行情况：春末夏初、秋末，20～25℃时易发。

症状：指环虫用中央大钩和边缘小钩钩在鳃丝上，用前固着器黏附在鳃上。在鳃上爬动引起鳃病及病理变化。少量寄生时没有明显病症，组织损伤，鳃毛细血管充血和渗出。大量寄生时引起鳃丝肿胀、贫血，鳃上有大量黏液而影响呼吸，鱼摄食下降。鱼苗或鱼种患病严重时，鳃丝肿胀、鳃盖张开，鱼体消瘦而引起死亡。

防治方法：全池泼洒精制敌百虫粉，每次泼洒浓度（以敌百虫计）为 0.18～0.45 g/m³，间隔一天后重泼一次。鱼苗用量减半。

### ■（5）锚头鳋病

病原：多态锚头鳋（*Lernaea polymorpha*）。

流行情况：春末、夏季为流行盛季。

症状：锚头鳋头部插入鱼体肌肉、鳞下，身体大部露在鱼体外部，肉眼可见，犹如在鱼体上插入小针，故又称之为"针虫病"。当锚头鳋逐渐老化时，虫体上布满藻类和固着类原生动物。大量锚头鳋寄生时，鱼体犹如披着蓑衣，故又有"蓑衣虫病"之称。寄生处，周围组织充血发炎。寄生于口腔内时,可引起口腔不能关闭,因而不能摄食。鱼种仅 10 多个虫寄生,即可能失去平衡、发育严重受滞,甚至引起身体弯曲、畸形等。

防治方法：① 生石灰带水清塘,每 667 m²(水深 1 m)用 150 kg;生石灰与茶饼混合带水清塘,每 667 m² 分别用 100 kg 和 25 kg,可杀灭水中锚头鳋幼体以及带有成虫的鱼和蝌蚪。② 在发病鱼池全池泼洒精制敌百虫粉,每次泼洒浓度(以敌百虫计)为 0.18～0.45 g/m³(鱼苗用量减半),可杀死池中锚头鳋幼体,控制病情的发展。下药的次数,可根据锚头鳋成虫的形态而定,若多为"童虫",根据虫体的寿命,可在半月内连洒 2 次药;若多为"壮虫",施药一次即可;若多为老虫,则可以不下药(倪达书和汪建国,1999)。

### ▤ (6) 复口吸虫病

病原：复口吸虫(*Diplostomum*)的尾蚴、囊蚴。

流行情况：由鸥鸟传播,第一中间宿主为椎实螺。为鱼类常见病。

症状：在鱼苗、夏花被尾蚴侵入后,病鱼在水中上下往返不安地游泳,或头部向下、尾部向上挣扎。当感染严重时,鱼的脑部充血,以后造成大量死亡。如果尾蚴不是一下钻入鱼体,鱼苗不会死亡。随着鱼苗生长,尾蚴紧贴在鱼眼的晶体上,使晶体混浊,严重时造成晶体脱落。

防治方法：① 消灭鱼池中的椎实螺,切断复口吸虫的生活史,是防止此病发生最有效的方法。清塘时每 667 m²、水深 1 m 的池塘用生石灰 100～150 kg 或茶饼 50 kg。鱼池中已放养鱼苗、鱼种时,可用 0.7 mg/L 硫酸铜全池泼洒,并在 24 h 后重复泼洒 1 次。② 发病初期,可以用水草诱捕椎实螺。把水草捆成把,放入发病池水中,每天早晨取出,连续数天,可大大减少池塘中的椎实螺(倪达书和汪建国,1999)。

### ▤ (7) 血居吸虫病

病原：鲂血居吸虫(*Sanguinicola megalobramae* Li,1980)。

流行情况：团头鲂的鳃肿病,只出现在夏花至 2 寸(6.6 cm)左右的鱼种,1 龄以上的成鱼还未发现此病。

症状：当虫卵在鳃丝内大量存在时,整个鳃丝甚至各鳃小片都被虫卵充塞。虫卵发育长大,使鳃小片浮肿膨大、弯曲,产生扁圆形、球形、葫芦状等畸形,继而整个鳃丝体积大大增加,迫使外鳃盖及鳃盖膜向外张开,发生鳃肿症状。尾蚴钻进鱼苗体内后,沿着血管附近的皮下组织钻穿移动,扰乱皮层与肌肉之间的联系,阻碍皮层营养的流通。当侵入鳔、前肠周围或未被吸收的卵黄囊内而频繁活动时,使肠管的分化、发展处于停滞状态,引起肠管膨胀,使鱼苗死亡。如幼虫在眼眶周围活动、发育成长,则通入眼球的血管产生血栓。如侵入背鳍和臀鳍之间,则引起组织增生而产生畸形,甚至鱼苗尾柄发生向上弯曲。幼虫如在鱼苗心脏外围来回蠕动,虽未进入心脏和动脉球内,但由于虫体贴在心脏外表,占据了一定的位置,直接影响心脏的跳动,终使鱼苗死亡。

防治方法:① 清塘消毒。团头鲂血居吸虫的中间寄主是白旋螺。为了避免白旋螺随水流进入鱼池,应采用带水清塘法。按水深 1 m、每 667 m² 用生石灰 165 kg 带水清塘。② 诱捕法。可用杨柳树根及其他有根须的水生植物或水草、网具,让白旋螺附着而进行诱捕。③ 尾蚴的杀灭。5—6 月是鲂血居吸虫尾蚴从白旋螺体内大量逸出时期,也正是鱼苗培育季节,如池中有大量尾蚴时,在鱼苗下塘前拖 1 次复网,去其杂物,再用精制敌百虫粉全池泼洒,泼洒浓度(以敌百虫计)为 0.18~0.45 mg/L;或用 0.5 mg/L 硫酸铜全池遍洒(汪建国,2016)。

(撰稿:温周瑞、黄君)

**7**

# 贮运流通与加工技术

# 7.1

# 加 工 特 性

## 7.1.1 · 形体指标

鱼的形体指标是鱼类商品特性和加工特性的重要评价指标之一,常受淡水鱼品种、养殖模式及饲料营养等影响。表7-1显示了在春季、夏季和秋季捕获的不同规格的团头鲂的形体参数。从表中可知,不同规格的团头鲂的体长、体宽、体厚有较大差异。除秋季350~500 g/尾规格团头鲂外,夏季捕获的团头鲂的肥满度、脏体指数高于相同规格的秋季和春季捕获的团头鲂,且规格较大的团头鲂的肥满度和脏体指数较高。不同季节、不同规格团头鲂的鱼鳞占鱼体重的比例在3.80%~7.18%,平均为5.15%,而内脏与鱼鳃重量之和占鱼体重的比例在11.30%~18.31%,平均为14.34%。

表7-1·不同季节和不同规格池塘养殖团头鲂的形体指标

| 季节 | 规格<br>(g/尾) | 体长<br>(cm) | 体宽<br>(cm) | 体厚<br>(cm) | 体重<br>(g/尾) | 肥满度<br>(g/cm³) | 脏体指数<br>(%) |
|---|---|---|---|---|---|---|---|
| 春季 | 350~500 | 26.3±0.9 | 10.9±0.4 | 2.8±0.4 | 403.5±40.0 | 2.22 | 11.30 |
| | 500~600 | 28.8±1.1 | 12.1±0.5 | 3.6±0.2 | 542.0±55.7 | 2.27 | 11.92 |
| | 700~1 200 | 32.5±1.9 | 14.3±0.7 | 5.0±2.1 | 880.5±145.2 | 2.56 | 14.50 |
| 夏季 | 350~500 | 25.5±1.5 | 11.0±0.5 | 3.8±0.2 | 408.0±42.9 | 2.46 | 13.21 |
| | 500~600 | 27.1±0.5 | 11.6±0.2 | 4.1±0.2 | 495.9±29.1 | 2.49 | 18.31 |
| 秋季 | 350~500 | 25.9±0.7 | 11.6±0.5 | 4.1±0.2 | 495.5±30.6 | 2.85 | 18.08 |
| | 500~600 | 29.5±1.7 | 12.7±0.7 | 4.6±0.4 | 564.0±86.4 | 2.20 | 13.09 |

注: 数据来源于国家大宗淡水鱼产业技术体系贮藏与加工岗位团队实测数据,未发表。

养殖模式对团头鲂形体参数有较大影响。表7-2显示了华中农业大学王卫民团队选育出的团头鲂新品种"华海1号"分别在池塘、大湖养殖下的体重、体长、脏体指数、肥满度和空壳率(李温蓉等,2022)。从表中可以看出,两种养殖模式下养殖的"华海1号"的体长差异不大,但池塘养殖的"华海1号"的体重、脏体指数和肥满度明显高于大湖养殖的"华海1号",而其空壳率比大湖养殖的低1.08%。

表 7-2 · 池塘养殖和大湖养殖团头鲂"华海 1 号"的形体指标

(李温蓉等,2022)

| 养殖模式 | 体重<br>（kg/尾） | 体长<br>（cm） | 脏体指数<br>（%） | 肥满度<br>（g/cm³） | 空壳率<br>（%） |
|---|---|---|---|---|---|
| 池塘养殖 | 0.930±0.230 | 39.06±2.34 | 12.04±2.33 | 1.54±0.19 | 72.98±1.62 |
| 大湖养殖 | 0.879±0.172 | 39.81±2.24 | 9.95±1.34 | 1.38±0.12 | 74.06±2.57 |

## 7.1.2 · 食用品质

淡水鱼的食用品质直接影响消费者的可接受程度,通常包括鱼肉的营养成分、物理特性(质构、持水性、色泽)、风味品质等指标。

### ■ （1） 鱼肉的营养成分

团头鲂是我国重要的养殖淡水鱼品种。团头鲂鱼肉含有丰富的蛋白质、脂肪、灰分、必需氨基酸等营养成分,每 100 g 鱼肉中含有 18.56 g 的粗蛋白、4.08 g 的粗脂肪和 1.13 g 的矿物质。在七种大宗淡水鱼中,团头鲂鱼肉中水分含量较低、粗脂肪含量最高(杨京梅和夏文水,2012)。团头鲂鱼肉中营养成分含量受养殖模式、捕获季节和鱼体大小(规格)的影响(李温蓉等,2022;杨京梅和夏文水,2012;谌芳等,2016;何琳等,2014)。表 7-3 和表 7-4 分别列出了不同季节和不同规格池塘养殖团头鲂鱼肉基本成分和氨基酸组成。从表 7-3 中可知,秋季捕获的团头鲂鱼肉中粗蛋白和灰分含量较高,其次是夏季捕获团头鲂的,而春季捕获团头鲂鱼肉中粗蛋白含量最低,且团头鲂规格越大,其肌肉中粗脂肪含量越高。从表 7-4 可以看出,团头鲂鱼肉中含有丰富的必需氨基酸和鲜味氨基酸,鱼肉中总氨基酸平均含量为 17.75 g/100 g(15.88 g/100 g~20.42 g/100 g),其中必需氨基酸平均含量为 7.08 g/100 g(6.14 g/100 g~20.42 g/100 g)、鲜味氨基酸平均含量为 6.88 g/100 g(6.09 g/100 g~7.73 g/100 g),分别占总氨基酸的 39.82% 和 38.79%。罗永康(2001)、陆清儿等(2006)、吕斌等(2001)和 Kaneniwa 等(2000)分别测定了不同销地团头鲂背肌中脂肪酸组成,结果显示,团头鲂肌肉中含有大量的不饱和脂肪酸,其中单不饱和脂肪酸含量为 43.1%~58.6%,多不饱和脂肪酸含量为 15.8%~30.6%,两者之和占总脂肪酸的比例达 73.7%~74.4%,n-3/n-6 为 0.3~0.8。

养殖模式对团头鲂鱼肉营养成分也有较大影响。李温蓉等(2022)测定了在池塘养殖和大湖养殖的团头鲂新品种"华海 1 号"鱼肉营养成分。结果显示,池塘养殖和大湖养殖的团头鲂鱼肉中粗蛋白和灰分含量无差异,但池塘养殖团头鲂鱼肉中粗脂肪含量明显

**表 7 - 3 · 不同季节和不同规格池塘养殖团头鲂鱼肉基本成分**

| 季节 | 规格<br>（g/尾） | 含水量（湿重）<br>（%） | 粗脂肪（干重）<br>（%） | 粗蛋白（干重）<br>（%） | 灰分（干重）<br>（%） |
|---|---|---|---|---|---|
| 春季 | 350~500 | 82.73±0.17 | 5.25±0.73 | 74.25±0.17 | 4.95±0.01 |
| | 500~600 | 82.56±0.16 | 9.73±0.62 | 75.14±0.48 | 5.39±0.05 |
| | 700~1 200 | 80.13±0.26 | 13.53±0.06 | 81.82±0.27 | 4.42±0.06 |
| 夏季 | 350~500 | 80.82±0.40 | 7.75±0.30 | 86.07±0.40 | 6.23±0.02 |
| | 500~600 | 79.96±0.58 | 10.74±0.59 | 89.72±0.14 | 6.36±0.03 |
| 秋季 | 350~500 | 81.70±0.01 | 6.97±0.11 | 93.43±1.31 | 6.82±0.67 |
| | 500~600 | 79.21±0.26 | 9.60±0.27 | 91.97±1.20 | 8.12±0.29 |

注：国家大宗淡水鱼产业技术体系贮藏与加工岗位团队实测数据，未发表。

**表 7 - 4 · 不同季节、不同规格池塘养殖团头鲂鱼肉氨基酸组成（g/100 g）**

| 氨基酸 | | 春　季 | | | 夏　季 | | 秋　季 | |
|---|---|---|---|---|---|---|---|---|
| | | 350~500<br>（g/尾） | 500~600<br>（g/尾） | 700~1 200<br>（g/尾） | 350~500<br>（g/尾） | 500~600<br>（g/尾） | 350~500<br>（g/尾） | 500~600<br>（g/尾） |
| 非必需氨基酸 | Asp | 1.70 | 1.73 | 1.88 | 2.06 | 2.14 | 1.82 | 2.00 |
| | Glu | 2.64 | 2.70 | 2.76 | 3.12 | 3.32 | 2.90 | 3.15 |
| | Gly | 0.78 | 0.99 | 0.95 | 0.94 | 1.03 | 0.83 | 0.99 |
| | Ala | 0.97 | 1.06 | 1.11 | 1.18 | 1.24 | 1.00 | 1.14 |
| | Ser | 0.68 | 0.71 | 0.74 | 0.80 | 0.84 | 0.75 | 0.85 |
| | His | 0.54 | 0.40 | 0.48 | 0.58 | 0.54 | 0.64 | 0.65 |
| | Arg | 0.94 | 1.00 | 1.04 | 1.21 | 1.29 | 1.00 | 1.14 |
| | Pro | 0.55 | 0.59 | 0.56 | 0.81 | 0.88 | 0.65 | 0.65 |
| | Tyr | 0.74 | 0.76 | 0.78 | 0.69 | 0.75 | 0.70 | 0.62 |
| 必需氨基酸 | Val | 0.76 | 0.68 | 0.72 | 0.90 | 1.14 | 0.97 | 0.96 |
| | Thr | 0.48 | 0.51 | 0.58 | 0.88 | 0.92 | 0.08 | 0.90 |
| | Met | 0.48 | 0.48 | 0.48 | 0.52 | 0.58 | 0.50 | 0.50 |
| | Lys | 1.60 | 1.62 | 1.72 | 1.93 | 2.02 | 1.66 | 1.80 |
| | Ile | 0.70 | 0.69 | 0.73 | 0.82 | 0.89 | 1.42 | 0.82 |

续　表

| 氨基酸 | | 春季 | | | 夏季 | | 秋季 | |
|---|---|---|---|---|---|---|---|---|
| | | 350~500 (g/尾) | 500~600 (g/尾) | 700~1 200 (g/尾) | 350~500 (g/尾) | 500~600 (g/尾) | 350~500 (g/尾) | 500~600 (g/尾) |
| 必需氨基酸 | Leu | 1.34 | 1.34 | 1.42 | 1.64 | 1.71 | 0.70 | 1.56 |
| | Phe | 0.68 | 0.70 | 0.76 | 0.85 | 0.88 | 0.85 | 0.82 |
| | Cys | 0.30 | 0.12 | 0.07 | 0.06 | 0.25 | 0.97 | 0.21 |
| 总氨基酸 | TAA | 15.88 | 16.08 | 16.78 | 18.99 | 20.42 | 17.31 | 18.76 |
| 必需氨基酸 | EAA | 6.34 | 6.14 | 6.48 | 7.60 | 8.39 | 7.02 | 7.57 |
| 非必需氨基酸 | NEAA | 9.54 | 9.94 | 10.30 | 11.39 | 12.03 | 10.29 | 11.19 |
| 鲜味氨基酸 | DAA | 6.09 | 6.48 | 6.70 | 7.30 | 7.73 | 6.55 | 7.28 |
| 必需氨基酸占比 | (%) | 39.92 | 38.18 | 38.62 | 40.02 | 41.09 | 40.55 | 40.35 |
| 鲜味氨基酸占比 | (%) | 38.35 | 40.30 | 39.93 | 38.44 | 37.86 | 37.84 | 38.81 |

注：国家大宗淡水鱼产业技术体系贮藏与加工岗位团队实测数据，未发表。

高于大湖养殖的；从鱼肉的氨基酸组成来看，池塘养殖和大湖养殖的"华海1号"团头鲂的总氨基酸含量无显著差异，尽管池塘养殖团头鲂鱼肉中必需氨基酸指数高于大湖养殖的，但其必需氨基酸中仅赖氨酸含量显著高于大湖养殖的，而大湖养殖团头鲂鱼肉中非必需氨基酸及半必需氨基酸含量分别为池塘组的1.05倍及1.01倍；大湖养殖团头鲂肌肉中总脂肪酸含量下降21.09%，多不饱和脂肪酸占比提升4.00%，EPA和DHA含量分别为池塘养殖组的14.20倍和7.51倍，故大湖养殖的团头鲂鱼肉的营养更为均衡。

■ **（2）鱼肉的物理特性**

鱼肉的物理特性包括质构参数、色度、持水性、热特性和电特性。李温蓉等（2022）比较了池塘养殖和大湖养殖团头鲂"华海1号"鱼肉的色度、全质构参数和蒸煮损失率，结果见表7-5和表7-6。从表中可知，池塘养殖与大湖养殖的团头鲂背部肌肉、鱼皮的$a^*$值、$b^*$值差异不大，但大湖养殖团头鲂背部肌肉、鱼皮的亮度和白度值显著高于池塘养殖的，说明大湖养殖团头鲂肌肉的色泽更为鲜亮。池塘养殖和大湖养殖团头鲂鱼肉的硬度和蒸煮损失率无明显差异，但大湖养殖团头鲂的弹性、咀嚼性及回复性均显著高于池塘养殖团头鲂。

表7-5·池塘养殖和大湖养殖团头鲂"华海1号"背部肌肉和鱼皮的色度值

| 部　位 | 养殖模式 | L* | a* | b* | W |
|---|---|---|---|---|---|
| 背部肌肉 | 池塘养殖 | 62.80±1.29 | −0.95±0.25 | 1.63±0.76 | 62.75±1.30 |
| | 大湖养殖 | 64.23±1.73 | −1.16±0.33 | 1.02±0.73 | 64.19±1.72 |
| 背部鱼皮 | 池塘养殖 | 55.79±1.68 | 0.74±0.10 | 12.94±5.13 | 53.73±0.96 |
| | 大湖养殖 | 61.47±1.15 | 0.61±0.33 | 10.05±2.90 | 60.11±1.41 |

表7-6·池塘养殖和大湖养殖团头鲂"华海1号"鱼肉的全质构参数及蒸煮损失率

| 养殖模式 | 硬度(g) | 弹性 | 内聚性 | 咀嚼性(g) | 回复性 | 蒸煮损失率(%) |
|---|---|---|---|---|---|---|
| 池塘养殖 | 2 678.44±573.90 | 0.49±0.05 | 0.39±0.03 | 513.57±133.45 | 0.20±0.03 | 12.22±0.02 |
| 大湖养殖 | 3 223.72±487.06 | 0.57±0.05 | 0.43±0.03 | 806.79±197.51 | 0.25±0.02 | 13.41±0.02 |

邵颖等(2016)采用差示扫描量热法测定了团头鲂等5种淡水鱼鱼肉的冰点、变性温度、变性热熔和比热容等热特性参数,团头鲂鱼肉的冰点为−0.57℃,变性温度为44.03℃、50.73℃、54.07℃,总变性热熔为2.0897 J/g,团头鲂鱼肉在−40℃、20℃、80℃时的比热容分别为1.7113 J/(g·K)、3.3773 J/(g·K)和3.6653 J/(g·K)。在5种淡水鱼中,团头鲂鱼肉的冰点显著低于草鱼、黄颡鱼、鲈和鳜鱼肉的冰点,且变性温度较低,说明团头鲂鱼肉中蛋白质稳定性较低(邵颖等,2016)。

### ▪ (3) 鱼肉的风味品质

鱼肉的风味品质包括滋味品质和气味品质(章超桦和薛长湖,2018;熊善柏,2007)。游离氨基酸、核苷酸是鱼肉中重要的呈味物质。鱼肉中的游离氨基酸主要呈现鲜、甜、苦、酸四种味道,鱼肉中游离氨基酸的种类及含量的不同则会使鱼肉呈现不同的滋味(卢佳芳等,2021;赵洪雷等,2021)。在核苷酸及降解产物中,IMP、AMP呈鲜味,而HxR和Hx呈苦味,其含量的不同也会导致鱼肉滋味发生显著改变(慧心怡,2006)。何琳等(2014)测定了不同生长阶段团头鲂肌肉中游离氨基酸含量,游离氨基酸总含量为0.98 g/100 g(湿基),其中牛磺酸含量为0.31 g/100 g,甘氨酸、谷氨酸和丙氨酸等呈味氨基酸总量为0.22 g/100 g,分别占游离氨基酸总量的32.04%和22.60%,且不同生长阶段团头鲂肌肉中游离氨基酸组成和含量无差异。慧心怡(2006)测定了团头鲂等淡水鱼肉中ATP及其关联物的含量,团头鲂每100 g鱼肉含ATP 44 mg、ADP 3 mg、AMP 23 mg和

IMP 440 mg,其 IMP 含量低于鲫的、高于青鱼和鳙的。李阳等(2014)采用顶空固相微萃取(HS - SPME)、气-质联用仪(GC - MC)从团头鲂新鲜鱼肉中分离鉴定出 62 种挥发性气味物质,相对含量最大的挥发性气味物质为醛类、酮类和醇类,占比分别为 21.66%、4.84% 和 54.29%。李温蓉等(2022)对不同养殖模式下团头鲂鱼肉感官品质、滋味和气味品质分析结果显示,大湖养殖团头鲂鱼肉的感官品质和风味品质优于池塘养殖团头鲂。团头鲂鱼肉的风味品质除与养殖水质、养殖模式有关外,还受运输前处理和贮运条件的影响,在捕捞后采用循环微流水设施处理团头鲂 7~9 天,可以显著提高团头鲂鱼肉的风味品质(郭晓东等,2018)。在活鱼运输中,控制较低运输温度、降低水体氨氮含量、增加水体溶氧等措施,有利于提高团头鲂的存活率和保持鱼肉食用品质(杨晓,2011;彭玲等,2022)。

### 7.1.3 · 鱼肉的加工特性

鱼肉的加工特性是指与加工产品得率、感官品质、质构特性等有关的理化特性(夏文水等,2014),主要包括鱼肉的保水性、凝胶特性、乳化特性、发泡特性、热稳定性和冷冻稳定性等。鱼肉的这些加工特性除与鱼肉化学成分有关外,还受鱼肉中的内源酶的影响。不同品种淡水鱼鱼肉的加工特性存在明显差异,其加工适应性也存在差异。

#### （1）保水性(持水性)

指肌肉保持原有水分和添加水的能力,通常用系水力、肉汁损失和蒸煮损失等表征鱼肉持水性的大小。鱼肉的保水性与鱼肉中肌原纤维蛋白和水分子的相互作用有关,改变体系的 pH、离子类型和离子强度,则会引起鱼肉保水性的变化(夏文水等,2014)。孟祥忍等(2015)测定了团头鲂在冷藏过程中鱼肉持水力的变化,结果表明,新鲜鱼肉的系水力为 26%,团头鲂在冷藏 0~6 h 鱼肉的系水力逐渐下降;在冷藏 6 h 时系水力最小,其值为 12.35%;冷藏 6 h 后,随时间的延长,其系水力逐渐上升。

#### （2）凝胶特性

凝胶特性反映鱼肉中蛋白质被加工成凝胶类制品的特性参数。通常用破断强度、凹陷深度、凝胶强度等指标表征鱼肉的凝胶特性。鱼肉蛋白的凝胶形成能力决定鱼糜制品的凝胶强度、质构特性、感官特性和保水性。鱼肉蛋白的凝胶形成能力受原料鱼特性、加工条件和外源添加物等影响。不同品种淡水鱼,因鱼肉肌原纤维蛋白含量及谷氨酰胺转氨酶、组织蛋白酶等活性的差异,其凝胶形成能力也不同。团头鲂采肉率较低、鱼糜生产成本较高,不适合加工鱼糜和鱼糜制品(夏文水等,2014)。

### （3）乳化特性和发泡特性

鱼肉的乳化特性和发泡特性对分散和稳定鱼糜制品中的脂肪、改善滋味和口感具有重要作用。鱼肉中的蛋白质是一种具有表面活性作用和成膜作用的亲水性胶体，在快速斩拌或搅打过程中，蛋白质在脂滴或气泡表面形成亲水性的薄膜，将脂滴或气泡包埋在蛋白质网络内并保持稳定，从而起到乳化和发泡作用（夏文水等，2014）。目前，未见团头鲂鱼肉乳化特性和发泡特性的相关研究报道。

### （4）冷冻变性和热变性

冷冻和加热均会导致鱼肉中蛋白质变性。鱼肉在冻结过程中，因细胞内冰晶形成而产生很高的渗透压，导致肌原纤维蛋白质变性，进而导致鱼肉的持水性、弹性、咀嚼性等下降。鱼肉的冷冻变性程度与原料鱼种类、新鲜度、冻结速率、冻藏温度、冻藏时间及解冻方式等密切相关，提高冻结速率和维持冻藏温度（-18℃以下）稳定性，可降低蛋白质的冷冻变性程度；另外，适当的调理处理也可降低鱼肉中蛋白质的冷冻变性程度（夏文水等，2014）。

热加工是水产品加工的重要方式。随着温度的升高，鱼肉蛋白质逐渐变性，蛋白质溶解度下降，水溶性和盐溶性蛋白质组分减少，不溶性蛋白质组分增加，引起肌肉收缩失水和蛋白质热凝固。影响鱼肉蛋白质热变性的因素较多，一般而言，鱼类栖息水域温度越高，蛋白质的热稳定性越高。鱼肉蛋白质的热稳定性因品种不同而异，DSC 测定结果显示，团头鲂鱼肉有 3 个热变性温度（邵颖等，2016），即 44.03℃、50.73℃ 和 54.07℃。在鱼肉中添加适量的蔗糖和食盐，可提高鱼肉蛋白质的热稳定性；而添加海藻糖、羧甲基纤维素等阴离子多糖，则会降低鱼肉蛋白质的热稳定性（夏文水等，2014；鲁长新等，2007）。

### （5）加工适应性

不同品种和规格淡水鱼的形体参数、各部分比例、化学成分、内源酶活性存在较大差异，导致其加工适应性不同（章超桦和薛长湖，2018；熊善柏，2007；夏文水等，2014）。鱼肉中含有多种酶类，其中与鱼肉品质及加工特性关系密切的主要有肌球蛋白 ATP 酶、谷氨酰胺转氨酶、钙蛋白酶、组织蛋白酶和核苷酸降解酶。肌球蛋白 $Ca^{2+}-ATP$ 酶与肌球蛋白变性程度和凝胶形成能力有关，其活性可用于评价鱼肉蛋白质品质和变性程度。谷氨酰胺转氨酶可促进鱼糜蛋白质中谷氨酸和赖氨酸的交联反应，提高鱼糜凝胶的破断强度和凹陷深度。钙蛋白酶和组织蛋白酶与宰后鱼肉成熟、自溶等有关，控制钙蛋白酶和组织蛋白酶的作用，可调控、调理鱼的组织结构和口感。核苷酸降解酶先将鱼肉中 ATP 降解为 ADP,然后再在一系列酶的作用下依次降解为 AMP、IMP(肌苷酸)、HxR(次黄嘌呤核苷)和 Hx(次黄嘌呤)。鱼肉中 IMP 含量越高则鱼肉越鲜美;鱼肉含有少量 Hx 可增加肉香味,但 Hx 含量过高则会使鱼肉产生苦味和异味(熊善柏,2007;夏文水等,2014)。不同品种和规格淡水鱼的形体参数、各部分比例和理化特性不同,加工成不同类型产品的得率、品质和成本存在明显差异。团头鲂因鱼价较高、采肉率较低、鱼糜胶凝能力较弱,不适合作为鱼糜及其制品的生产原料(夏文水等,2014),但团头鲂鱼头、内脏等占比较小,其脏体指数较小、空壳率较高,且鱼肉含水量较低,团头鲂比较适合加工成调理制品、干腌制品和休闲食品(李温蓉等,2022;杨京梅和夏文水,2012;何琳等,2014;邵颖等,2016;夏文水等,2014)。

# 保鲜贮运与加工技术

## 7.2.1 · 低温保鲜技术

淡水鱼宰杀后通常会经历僵直、解僵、自溶和腐败 4 个阶段。由于淡水鱼肌肉含水量高、组织柔软、基质蛋白含量少、内源酶活性高,宰杀后鱼肉通过僵直、解僵阶段的时间短,易出现自溶甚至腐败现象,因此在淡水鱼捕获后需要进行及时、有效的保鲜作业(熊善柏,2007)。低温贮藏保鲜是淡水鱼常用、最有效的保鲜方式,依据贮藏温度可分为冷藏保鲜(0~4℃)、冰温保鲜(-3~0℃)、微冻保鲜(-5~-1℃)和速冻保鲜(-18℃以下)4种方式。因贮藏温度不同和水分存在状态的不同,4 种保鲜方式下淡水鱼的保鲜期存在显著差异(熊善柏,2007;夏文水等,2014)。

### ■ (1)冷藏保鲜

冷藏保鲜是最早采用的水产品保鲜方式,其贮藏温度在 0~4℃,宜作为水产品短期贮藏方式(邵颖等,2016)。根据冷却方式的不同,冷藏保鲜可分为冰藏保鲜和冷藏(冷库)保鲜两种方式。

① 冰藏保鲜:又称冰冷却保鲜。由于冰携带、使用方便,冷却时不需要动力,冰鲜鱼的质量最接近鲜活鱼的生物特性,所以这种传统保鲜方法至今仍在水产品保鲜中广泛应用。在实际保鲜作业时,先在泡沫保鲜箱底部放上一层冰,然后放一层鱼,再在鱼的上面放一层冰。这种方式比较适用于湖泊、水库等大水面捕获淡水鱼的暂存保鲜和短期贮运

保鲜作业(邵颖等,2016)。采用流态冰、臭氧冰可显著提高冰藏保鲜效果。董凯兵(2021)制备了不同浓度的臭氧冰并用于团头鲂的冷藏(1℃±0.5℃)保鲜,结果显示,采用浓度为4.62 mg/L臭氧冰的保鲜效果优于对照组,可明显延缓鱼肉pH和挥发性盐基态氮(TVB-N)含量的上升、抑制细菌生长,显著延长货架期,但低浓度(0.92 mg/L)臭氧冰的保鲜效果不明显。

② 冷藏保鲜:采用人工制冷的冷库等设施设备于0~4℃下贮藏鱼品的保鲜方法。在实际生产中,可先将团头鲂进行颈动脉放血,然后去鳞、剖杀、去鳃和内脏,再经清洗(去腹腔黑膜)、沥水、真空包装,最后于0~4℃贮藏,保鲜期为3~5天(邵颖等,2016)。孟祥忍等(2015)测定了团头鲂宰后冷藏过程中食用品质的变化,认为宰后冷藏12 h的团头鲂在蒸制后食用品质最好,更适宜烹调加工。宋永令等(2010)研究了团头鲂在不同温度贮藏过程中的品质变化规律,以及综合感官评分、TVB-N值、K值和菌落总数等指标,确定团头鲂在4℃保鲜期为12天。张健明等(2015)研究结果显示,水溶性红曲色素浸泡处理可抑制鱼肉中微生物生长和脂肪氧化,延缓前期(僵直期)pH下降,抑制后期(自溶和腐败期)pH上升。蒋硕等(2015)研究了聚乙烯醇抗菌包装薄膜对团头鲂冷藏保鲜效果的影响,结果显示,添加0.5 g/100 ml茶多酚或添加0.5 g/100 ml对羟基苯甲酸乙酯和1.5 g/100 ml丙酸钙的聚乙烯醇抗菌保鲜薄膜对冷藏(4℃±1℃)条件下团头鲂具有最佳的保鲜效果。He等(2016)、Nisar等(2019)和Song等(2011)分别采用添加丁香精油、橘皮精油的果胶溶液及含有抗坏血酸和茶多酚的海藻酸盐基可食性涂膜保鲜剂处理团头鲂鱼片并于4℃±1℃贮藏,结果显示,涂膜保鲜可抑制团头鲂鱼肉中细菌生长,延缓其TVB-N、pH和TBA上升,可有效延长贮藏期。罗永康等(2009)将团头鲂鱼片浸入由海藻酸钠(15 g/L)、甘油(100 ml/L)和抗坏血酸(50 g/L)组成的可食性涂膜保鲜剂中处理1~2 min,然后取出沥干1~2 min,再将鱼浸入2%~5%氯化钙中处理1~2 min,最后置于4℃下贮藏,贮藏期可达20天。

### ■ (2) 冰温保鲜

冰温保鲜是一种新型食品保鲜技术,是将易腐食品放置在冰温环境(0℃以下、冰点以上的温度区域)贮藏的保鲜方法。其优势在于处于冰温区域内的食品始终处于不冻结的鲜活状态,因而既可避免因冻结而导致的质构劣化现象,又能保持食品的鲜活状态(熊善柏,2007)。鱼肉因含有糖、蛋白质等水溶性或亲水性物质,其冻结点常会降至0℃以下,新鲜淡水鱼鱼肉的冰点在-0.7~-0.2℃之间,团头鲂鱼肉冰点为-0.57℃(邵颖等,2016;熊善柏,2007;鲁长新等,2007)。在鱼肉中添加适量的食盐、蔗糖、多聚磷酸盐等并进行调理处理,则不仅可以增加滋味、改善组织结构,而且可以降低冰点、扩宽冰温区域,便于冰温贮藏温度的控制(熊善柏,2007;鲁长新等,2007)。尽管冰温保鲜的贮藏温度(−2~0℃)与冷藏温度(0~4℃)相差不大,但因大多数微生物生长速率的温度系数($Q_{10}$)在冰温区为 1.5~2.5,而在 0~10℃温度区域一般为 5 左右,因此冰温的贮藏性是冷藏的 2.0~2.5 倍(熊善柏,2007)。在鱼肉中存在一定数量的、可在低温下缓慢生长的冷营菌,将气调包装与冰温贮藏相结合,可以延长调理鱼制品的保鲜时间。赵莉君等(2010)研究了不同 $CO_2$:$N_2$ 的混合气体包装对调理鱼片在冰温贮藏中品质变化的影响,认为采用 $CO_2$:$N_2$ 为 3:1 的混合气体包装可有效延长调理鱼片的保鲜期。郭珊珊(2010)研究了臭氧处理对冰温保鲜脆肉鲩鱼片品质的影响,建议采用浓度为 2 mg/L 的臭氧水淋洗处理鱼片 10 min,然后将鱼片于−0.5℃下贮藏,货架期可达 14 天。在实际生产中,可将宰杀、清净并沥水的鱼片先经臭氧水淋洗减菌处理,然后添加适量的食盐、白糖、复合磷酸盐、紫苏提取物、酵母抽提取物等混合物,采用真空滚揉方式对鱼片进行调理处理,再进行混合气体($CO_2$:$N_2$ 为 3:1)包装,最后置于冰温下贮藏。

### (3) 微冻保鲜

微冻保鲜是将水产品贮藏在冰点以下(−3℃左右)的一种轻度冷冻或部分冷冻的保鲜方法。鱼类的微冻保鲜温度会因鱼的种类、微冻方法而略有不同,一般在−3~−2℃。在微冻温度下贮藏,鱼体内的部分水分发生冻结,水分活度下降,可有效抑制微生物的生长繁殖和酶的活力,特别是嗜冷菌几乎不能繁殖,鱼类在微冻贮藏温度能较长时间保持鲜度而不发生腐败变质。由于微冻保鲜的贮藏温度正好处于最大冰晶生成温度带(−5~−1℃),在冻结时为了使冻结过程有最大的可逆性,就需要通过该温度带时要尽可能快,否则会因缓慢冻结而影响水产品的质量。鱼类的微冻保鲜主要有冰盐混合微冻保鲜法、低温盐水微冻保鲜法和鼓风冷却微冻保鲜法。宋永令等研究了团头鲂在−3℃(微冻)贮藏过程中感官评分、TVB−N、TBA、菌落总数、K 值等变化,结果显示,团头鲂在−3℃的贮藏期为 33 天,微冻保鲜比冷藏保鲜能更有效延缓团头鲂鱼肉核苷酸降解和食用品质的下降、延长团头鲂的贮藏期(宋永令等,2010;Song 等,2012)。

### (4) 速冻保鲜

速冻保鲜是利用低温将鱼体中心温度快速降至−18℃以下,肌肉中水分绝大部分冻结,然后于−18℃以下进行贮藏和流通的保鲜方法(熊善柏,2007;夏文水等,2014)。现有研究证明,绝大多数微生物在−18℃以下不能生长繁殖,且水分冻结形成的冰晶会破坏微生物细胞,使其丧失活力而不能繁殖;同时,鱼体内源酶的反应受到严重抑制,生化反应变慢,鱼类在冻藏温度下保鲜期可达数月。但是,在冻结和冻藏中所形成的大冰晶会破坏鱼体组织,导致其质地变软和汁液流失。鱼体冻结速率越快,鱼肉组织中水分形成的冰晶体积越小、数量越多,解冻后对鱼体组织结构的影响越小。冻藏保鲜作业主要包括鱼体前处理、冻结和冻藏、解冻等过程。冻品质量受鱼体理化特性、冻结速率和冻藏温度的影响,为了保持冻藏保鲜淡水鱼的食用品质,除了要求冻藏温度持续稳定在-18℃以下外,还需要对鱼体进行调理处理和速冻处理。目前,常用的冻结方式有隧道式或双螺旋式低温冷风速冻(-40~-35℃)、不冻液沉浸式速冻(-40~-35℃)和液氮喷淋式速冻(-95~-90℃)等速冻方式。就冻结速率而言,液氮喷淋速冻>不冻液沉浸式速冻>低温冷风速冻,其中液氮喷淋速冻品的品质最好。任章睿(2020)和李想等(2021)研究了不同调理和冻结处理的草鱼鱼片品质及贮藏过程中品质变化,结果显示,调理处理可以提高速冻保鲜鱼品的食用品质及其贮藏稳定性。黎彩等(2017)采用由红藻糖苷、透明质酸、食盐和食品级纳米氧化锌组成的腌制液处理团头鲂,结果显示,可有效保持冻藏武昌鱼(团头鲂)的口感,-18℃冻藏保质期12~18个月。

### 7.2.2 · 调理加工技术

#### ■ (1) 调理和速冻处理对调理鱼片品质的影响

调理水产品,是指以新鲜水产品为主要原料,添加各类调味料或辅料,经适当加工后于-18℃或4℃或-2~0℃下贮藏、销售的一类水产食品(冯月荣等,2006)。调理水产品是水产预制菜中的一类产品。淡水鱼因肌肉含有大量水分、蛋白质和不饱和脂肪酸,且内源酶活性高,在宰杀后鱼肉质构和风味变化快,且鱼肉中蛋白质易冷冻变性,经冷藏、冻藏后容易导致鱼肉的腥味加重、鲜味弱化、质地变软。现有研究表明,采用低盐(0.5~2.0%NaCl)调理处理的团头鲂和草鱼鱼片,可延缓冷藏和冻藏过程中鱼片品质的下降,明显延长调理鱼制品的货架期(任章睿,2020;李想等,2021;黎彩等,2017;Li 等,2018)。陈澄等(2020)和任章睿等(2020)研究了浸渍液组成与调理工艺对调理草鱼片品质的影响,发现将紫苏叶提取物或八角叶提取物与酵母提取物、食盐、复合磷酸盐按一定比例复配后用于浸渍处理鱼片,可明显消除新鲜和冻藏调理鱼品的腥味、增加鲜味和肉香味,采用真空浸渍处理制备鱼片质地和口感优于常压浸渍处理。任章睿等(2020)研究了液氮冻结速率对调理鱼片品质的影响,结果发现,调理鱼片冻结速率越高,冻藏后其质地和口感越好;-80℃液氮冻结鱼片质量与-90℃或-100℃液氮冻结鱼片质量无明显差异,故-80℃液氮冻结是一种更为经济、有效的液氮冻结方式(任章睿,2020;李想等,2021)。

#### ■ (2) 清蒸武昌鱼的加工技术

武昌鱼,即团头鲂。清蒸是武昌鱼的主要烹饪方法,因具有鱼肉细嫩、原汁原味、咸鲜淡雅等特点而受到消费者欢迎，更因毛泽东主席诗句"才饮长沙水，又食武昌鱼"而享誉全国。清蒸武昌鱼的传统做法是先将武昌鱼去鳞、剖杀、去鳃、去内脏、洗净、控干表面水分，然后抹盐、装盘、撒上姜丝、葱丝，最后上蒸锅蒸熟、浇上生抽后即可食用（谢定源，2003）。董芝杰（2021）研究了腌渍液浓度、腌制时间、蒸汽温度和蒸制时间对清蒸武昌鱼感官品质的影响，经响应面优化了清蒸武昌鱼制作工艺参数，采用95%的腌制液腌制武昌鱼10 min，然后105℃蒸汽蒸制10 min，所制得的清蒸武昌鱼的风味品质和风味强度优于传统蒸制的。王恒鹏等（2015）研究不同蒸汽压力下蒸制武昌鱼的食味品质后认为，采用压力位90 kPa蒸汽蒸制的清蒸武昌鱼的感官得分最高。

### ▪ （3）酥鳞武昌鱼的加工技术

雷跃磊等（2015、2016）采用低温腌制、低温风干、复水、汽蒸、油炸等工序制得酥鳞武昌鱼，研究了腌制和油炸处理对酥鳞武昌鱼品质的影响。结果显示，腌制温度、腌制时间、油炸温度和油炸时间对酥鳞武昌鱼品质有显著影响，且复水后再汽蒸处理可提高酥鳞武昌鱼的综合品质，建立了酥鳞武昌鱼生产工艺，即先将宰杀洗净的武昌鱼于5℃腌制3天，然后在温度20~25℃、相对湿度50%下风干至鲜鱼重的50%，再真空包装、速冻贮藏（-18℃以下）。食用前，先用流水解冻、复水20 min，再用100℃蒸汽蒸制5 min，最后于200℃下油炸5 min，所制得的酥鳞武昌鱼色泽金黄、鱼鳞酥脆、肉质紧实，品质最优。

### ▪ （4）半干武昌鱼的加工技术

半干鱼又称阳干鱼，是我国传统水产制品。李惠兰（2013）对不同含水量的半干武昌鱼食用品质的研究表明，半干武昌鱼的含水量控制在40.5%~56.4%（湿基）时有最好的食用品质；在武昌鱼中添加2.0%海藻糖、3.0%乳酸钠、2.0%氨基酸食品保湿剂与0.04%的山梨糖醇，可将半干武昌鱼水分活度降至0.794；含水量为49.9%的半干武昌鱼在4℃和-18℃贮藏的货架期分别为33天和131天。

封鳊鱼是安庆等沿江地区传统美食，是以新鲜团头鲂为原料，经宰杀、去鳃、去内脏、去腹膜、清洗、干腌、浸卤、鱼腹内填入腌制五花肉后风干、真空包装、速冻、冻藏等工序制成的特色水产加工品（陈小雷等，2015）。陈小雷等（2015、2019）和周蓓蓓等（2021）分别研究了腌制、干燥、后熟及添加抗氧化剂对封鳊鱼食用品质的影响，并对工艺参数进行了优化，适宜的腌制条件为加盐量5.7%、腌制温度12℃、腌制时间47 h；在5种干燥方式中，冷冻干燥的干燥速率最快，鱼肉复水率最高、氧化程度最低，但弹性和咀嚼性差，而冷风干燥的干燥速率较低，但鱼肉复水率高、氧化程度低，且弹性和咀嚼性最好。叶应旺等（2014）和裴陆松等（2018）分别建立了茶香风味和黄酒糟风味封鳊鱼的加工方法。鲍俊杰等(2017)对添加抗氧化剂对封鳊鱼食用品质影响的研究结果显示,在封鳊鱼制作过程中添加复合天然抗氧化剂可以显著延长封鳊鱼的货架期。

### 7.2.3 · 干制加工技术

干制是我国水产品的传统加工方法。我国传统的腌腊鱼制品通常高盐腌制、自然风干工艺生产,因其品质受温度的影响大,一般只能在冬腊月生产,因而存在产品盐分含量高、脂肪氧化重、生产季节受限等问题(夏文水等,2014)。熊善柏等(2005)、谭汝成等(2006a、b,2005)、曾令彬等(2008)以武昌鱼、白鲢等淡水鱼为对象,研究了腌制方式、加盐量、腌制温度、腌制时间、干燥方式、干燥温度对风干鱼制品含水量、质构特性、挥发性成分及感官品质的影响以及风干鱼的干燥过程内部水分扩散特性,发现采用低温低盐腌制与低温冷风干燥相结合工艺,能促进传统风干鱼制品的风味形成、减少不饱和脂肪酸的氧化,建立了低盐度风干武昌鱼、白鲢、草鱼等风腊鱼制品生产方法。曾令彬等(2007、2009)、谢静(2009)和方炎鹏(2011)对腊鱼加工过程中优势发酵微生物进行了分离与鉴定,以优势发酵菌株植物乳杆菌(*Lactobacillus plantarum*)、乳酸片球菌(*Pediococcus acidilactici*)和木糖葡萄球菌(*Staphylococcus xylosus*)按 10∶10∶1 制备发酵剂,在鱼肉中添加 $10^8$ cfu/100 g 的发酵剂,然后于12℃发酵24 h,再于10℃下干燥30 h,可制得色泽、咀嚼性、滋味优于自然发酵腊鱼的风干鱼制品。张娜等(2010)测定分析了不同工艺条件下加工的腌腊鱼的安全性指标,在冷冻干燥、冷风干燥、热风干燥和微波干燥中,采用冷冻干燥制备的风干鱼制品的蛋白质和氨基酸降解、脂肪氧化程度最低,其次为冷风干燥。采用低温腌制(10~15℃)、低温干燥(10~15℃)工艺生产的风干鱼制品的亚硝酸盐含量、N-二甲基亚硝胺含量、N-二乙基亚硝胺含量、酸价和过氧化值均显著低于相关国家食品安全标准规定的限值,产品的安全性有保障。

风干的武昌鱼还可进一步采用卤制、调味、包装、灭菌等加工成卤香武昌鱼和即食风味武昌鱼。熊舟翼等(2019)研究了熟制工艺对武昌鱼风味、品质及质构特性的影响,结果显示,煮制火候、煮制时间和浸泡时间对卤香武昌鱼的质构参数和感官品质有显著影响,其中以采用大火煮制10 min后浸泡保温60 min所制得的卤香武昌鱼的感官品质最好。经GC-MS鉴定表明,卤煮后武昌鱼新增了香茅醇、柠檬醛、水茴香醛、十六醛、乙酸香叶酯及罗勒烯、松油烯和3,3,6-三甲基癸烷等挥发性气味物质。熊善柏等(2005)率先提出了低盐低温腌制、低温干燥与复合调味相结合的非油炸、低盐度的调味风干武昌鱼的工业化生产技术。其技术要点:选用新鲜武昌鱼经预处理后,在10~15℃环境中用腌制料腌制3~5 h,压制发酵48 h,取出后用1%~2%盐水洗净鱼体并沥干;采用温度10~15℃、风速5 m/s的循环冷风干燥24~30 h,使鱼体含水量降至35%~40%;将鱼装入蒸煮袋中、注入调味汁并真空封口,最后在 121℃ 灭菌 20~25 min、反压冷却即为成品。成品含盐量低(2%)、口感风味好、贮藏稳定性好。

## 7.2.4 · 罐藏加工技术

罐藏加工是我国水产品重要加工方式之一,2020 年我国水产罐制品总产量 32.98 万吨(中国渔业统计年鉴,2021)。就武昌鱼(团头鲂)罐制品而言,主要有条装软包装罐头、块装软包装罐头和块装彩印马口铁罐头等类型。

董宝炎等(2001、2002)研究了两次真空浸渍处理对 121℃ 灭菌制备的清蒸武昌鱼品质的影响,认为两次真空浸渍处理可以提高鱼肉的凝胶强度、增强产品的硬度。建议在实际生产中选用鲜活武昌鱼,经"三去"(去鳞、去鳃、去内脏)、洗净、沥水;1.0% 海藻酸钠溶液真空(真空度 0.08 MPa)浸渍处理 30 min,再用 0.4% 氯化钙溶液真空(真空度 0.08 MPa)浸渍处理 30 min;取出鱼体装入蒸煮袋,注入调味料并真空封袋,然后经反压灭菌(10 s - 30 s - 10 s/121℃、反压 1.8 kg/cm²)、冷却、保温检验,即可加工成质地、口感、风味良好的软包装清蒸风味武昌鱼。黄文等(2002)研究烫漂温度对 121℃ 灭菌制备的清蒸武昌鱼品质的影响后认为,将武昌鱼放入 80~90℃ 热水中烫漂 10 s,可除掉鱼体表面黏液和鱼肉的腥气,使鱼肉表层蛋白质迅速变性凝固,从而改善软包装清蒸武昌鱼的口感。

明汉萍等(2002)介绍了一种风干武昌鱼软罐头的加工方法,生产工序包括原料选择、宰杀、"三去"、洗净、低温腌制(0~5℃ 腌制 3~5 天)、干燥(冷风或热风)、油炸(140℃ 炸至金黄)、浸卤(浸泡 1 min)、装袋(加入酱料)、真空封口、高温灭菌(10 s - 30 s - 15 s/121℃、反压 1.8 kg/cm²)、冷却、37℃ 保温检验。王爱霞(2014)在研究腌制、干燥条件对非油炸即食武昌鱼品质的影响,在优化调味料配方的基础上,开发了非油炸即食酸甜武昌鱼软罐头生产方法。熊赢政(2010)、臧振文(2016)分别提出了即食酱香武昌鱼、煎煮鳊的制备方法。

熊善柏等在发明专利《一种低盐度调味风干武昌鱼生产方法》基础上,进一步优化完善了腌制和干燥方法,用低温真空滚揉腌制代替低温湿法腌制、用低温热泵干燥代替低温风干,建立了"真空滚揉腌制、低温热泵干燥与复合调味"相结合的低盐度、即食风味鱼制品工业化生产技术,即选择鲜活武昌鱼等淡水鱼,先经宰杀、"三去"、切块、洗净、沥水,然后装入真空滚揉机进行滚揉腌制(温度 10~15℃,转速 1 r/min,腌制时间 30~60 min),再用低温热泵干燥机进行冷风干燥(温度 10~15℃,干燥时间 24~32 h),最后经真空滚揉调味、真空包装、高温灭菌(10 s - 20 s - 10 s/121℃、反压 1.8 kg/cm²)、冷却、保温检验(37℃ 保温 7 天)、装袋等加工成即食风味鱼制品。采用该技术加工即食风味鱼制品,腌制时间从48 h缩短至0.5~1.0 h,干燥时间从3~5天缩短至1~1.5天,不产生腌制盐卤,口感更加紧实、有嚼劲。

# 7.3
# 品质分析与质量安全控制

## 7.3.1 · 品质评价指标

根据国家及行业现行法规和标准,水产品的品质评价指标一般包括感官指标、理化指标、微生物指标等三大类,其中理化指标中的重金属含量、农(兽)药残留等有害物与微生物指标归属食品安全指标(熊善柏,2007;夏文水等,2014)。

### ▧ (1) 感官指标

感官指标是指通过人的味觉、嗅觉、视觉和触觉等感觉器官对水产品品质进行评价的一类质量指标(熊善柏,2007)。采用感官指标对水产品质量进行评价具有直接、快速等特点,是常用的水产品品质评价指标。感官评价指标包括外观、气味、风味、质感、总体可接受性等。感官评价方法有差别试验、描述试验、接受性试验三大类。

### ▧ (2) 理化指标

理化指标是评价水产品质量高低的一类非常重要的指标,包括一般营养指标、鲜度指标、有害元素、食品添加剂,以及农药、鱼药残留等指标。

① 营养指标: 主要指一般化学成分,包括水分、蛋白质、脂肪、维生素、灰分(矿物质)等含量。营养指标是评价水产品营养价值的一类重要指标。

② 鲜度指标: 鲜度是水产品非常重要的一个品质指标,它反映了水产品的食用品质和加工品质。感官指标、挥发性盐基态氮(TVB-N)、三甲胺氮(TMA-N)、组胺等含量及K值可用于评价水产品的新鲜程度。

③ 有害元素含量: 水产品受水环境污染而在体内蓄积汞、砷、铅、镉、锡、硒、锌、镍、氟等元素。汞、砷、铅、镉、锡等有毒元素可在人体内蓄积,会产生急、慢性毒性反应,严重的还可能致突变、致癌、致畸;硒、锌、镍、氟等元素少量存在对人体有益,但过量也会对人体造成危害。

④ 食品添加剂使用量: 在水产品捕捞、保鲜和加工过程中,生产者常添加抗氧化剂、

防腐剂、色素等添加剂,以改善水产品加工性能和制品品质稳定性。所使用的食品添加剂种类和用量必须符合 GB2760 标准的要求。

⑤ 农药、渔药残留量:我国目前常用渔药可大致分为消毒剂、驱(杀)虫剂、抗微生物药(抗生素类、磺胺类、呋喃类)、代谢改善和强壮剂(激素类)等几大类。每种药物的残留对人体的危害程度不尽相同,水产品中农药、鱼药残留需要严格控制。在水产品方面,需检测有机氯、恩诺沙星、孔雀石绿、氯霉素、喹乙醇、甲基睾酮、己烯雌酚、硝基呋喃类代谢物、洛美沙星、培氟沙星、诺氟沙星和氧氟沙星等指标(李晨辉等,2020)。

### ■ (3) 微生物指标

微生物指标是衡量水产品品质好坏的主要指标之一,不仅反映水产品被污染的程度,而且可用于评价水产品的鲜度和食用安全性(熊善柏,2007)。

① 细菌:细菌不仅是水产品的主要腐败菌,也是引起水产品食源性疾病最常见的病源菌。健康、鲜活的水产品肌肉是无菌的,但它的表面黏液和消化道内存在大量的细菌,当某些细菌生长繁殖、产生毒素,不仅会加快水产品腐败变质,而且当人误食后会引起感染或中毒。

② 病毒:现已证实,少数种类的病毒可通过水产品感染人类而引起疾病,需要进行检测。

③ 寄生虫:水产品(鱼、贝、螺)中常见的寄生虫有花枝睾吸虫(肝吸虫)、阔节裂头绦虫、猫后睾吸虫、横川后殖吸虫、异形吸虫、卫氏并殖吸虫(肺吸虫)、无氏线虫等,生吃鱼片易得肝吸虫病。

### ■ (4) 质量安全标准

食品质量安全标准通常分为强制性执行标准和推荐性执行标准。国家食品安全标准为强制执行标准。表 7-7、表 7-8 和表 7-9 分别列出了国家食品安全标准中涉及水产品和水产加工品的安全指标限量。

表 7-7 · 水产品中部分理化指标限量
(GB 10136—2015、GB 7098—2015、GB 2762—2017)

| 指　标 | 限　量 | 检　验　方　法 |
|---|---|---|
| 过氧化值(以脂肪计)(g/100 g): | | |
| 　盐渍鱼 | ≤2.5 | GB 5009.227 |
| 　预制水产制品 | ≤0.6 | |

| 指　标 | 限　量 | 检验方法 |
|---|---|---|
| 组胺（mg/100 g） | ≤100 | GB/T 5009.208 |
| 挥发性盐基氮（mg/100 g）：<br>腌制生食动物性水产品<br>预制动物性水产制品 | ≤25<br>≤30 | GB 5009.228 |
| N-二甲基亚硝胺（μg/kg）：<br>水产制品（水产品罐头除外）<br>干制水产品 | ≤4.0<br>≤4.0 | GB 5009.26 |
| 苯并[a]芘（μg/kg）：<br>熏、烤水产品 | <br>≤5.0 | GB 5009.27 |

### 表7-8·动物水产制品中微生物限量

（GB 10136—2015、GB 29921—2021）

| 项　目 | 采样方案[a] 及限量 | | | | 检验方法 | 备　注 |
|---|---|---|---|---|---|---|
| | n | c | m | M | | |
| 菌落总数 | 5 | 2 | 5×10⁴ cfu/g | 10⁵ cfu/g | GB 4789.2 | |
| 大肠杆菌 | 5 | 2 | 10 cfu/g | 10² cfu/g | GB 4789.3 | 即食生制品动物水产制品 |
| 副溶血性弧菌 | 5 | 1 | 100 MPN/g | 1 000 MPN/g | GB 4789.7 | |
| 单核细胞增生李斯特菌 | 5 | 0 | 100 cfu/g | — | GB 4789.30 | |
| 沙门菌 | 5 | 0 | 0 | — | GB 4789.4 | — |
| 致泻大肠埃希菌 | 5 | 0 | 0 | — | GB 4789.6 | 即食生肉、发酵肉制品类 |
| 金黄色葡萄球菌 | 5 | 1 | 100 cfu/g | 1 000 cfu/g | GB 4789.10 | — |

注：a 样品的采样及处理按 GB 4789.1 执行；n 为同一批次产品应采集的样品件数；c 为最大可允许超出 m 值的样品数；m 为微生物指标可接受水平的限量值（三级采样方案）或最高安全限量值（二级采样方案）；M 为微生物指标的最高安全限量值。

### 表7-9·水产品和水产加工品中重金属限量

（GB 2762—2017）

| 指　标 | 限　量 | 检验方法 |
|---|---|---|
| 铅（以 Pb 计）（mg/kg）：<br>鱼类<br>水产制品（海蜇制品除外） | <br>≤0.5<br>≤1.0 | GB 5009.12 |

续　表

| 指　标 | 限　量 | 检验方法 |
|---|---|---|
| 镉(以 Cd 计)(mg/kg)： | | GB 5009.15 |
| 　鱼类罐头(凤尾鱼、旗鱼制品除外) | ≤0.2 | |
| 　其他鱼类制品 | ≤0.1 | |
| 甲基汞(以 Hg 计)(mg/kg)： | | GB 5009.17 |
| 　水产动物及其制品(不含肉食性鱼类) | ≤0.5 | |
| 　肉食性鱼类及其制品 | ≤1.0 | |
| 无机砷(以 As 计)(mg/kg)： | | GB 5009.11 |
| 　鱼类及其制品 | ≤0.1 | |
| 铬(以 Cr 计)(mg/kg)： | | GB 5009.123 |
| 　水产动物及其制品 | ≤2.0 | |

## 7.3.2 · 品质分析方法

### ■ (1) 感官指标的评价方法

水产品的感官检验是通过人的视觉、嗅觉、味觉、触觉等感觉对水产品的体表状态、色泽、滋味、气味、质地和硬度等外部特征进行评价的方法。生鲜质量指数法(QIM)是评价低温保鲜鱼制品感官指标的良好方法,具体评价项目和评分标准见表 7－10。QIM 总分数 27~0 分,分值越高鲜度越高,分值越低质量越差(夏文水等,2014;李学鹏等,2016)。冷冻、即食动物性水产制品、预制动物性水产制品以及其他动物性水产制品的常用感官评价指标见表 7－11 和表 7－12。

### 表 7－10 · 淡水鱼的感官评价标准

(夏文水等,2014)

| 项　目 | | 生鲜质量指数法 | | | |
|---|---|---|---|---|---|
| | | 3 | 2 | 1 | 0 |
| 体表 | 体表色泽 | 很明亮 | 明亮 | 轻微发暗 | 发暗 |
| | 皮 | 结实而有弹性 | 柔软 | — | — |
| | 黏液 | 无 | 很少 | 有 | 很多 |
| 眼睛 | 透明度 | 清澈明亮 | 欠明亮 | 不明亮 | — |
| | 外形 | 正常 | 略凹陷 | 凹陷 | — |
| | 虹膜 | 可见 | 隐约可见 | 不可见 | — |
| | 血丝 | 无 | 轻微 | 有 | 很多 |

| 项　目 | | 生鲜质量指数法 | | | |
|---|---|---|---|---|---|
| | | 3 | 2 | 1 | 0 |
| 腹部 | 腹部颜色 | 亮白色 | 轻微发黄 | 黄色 | 深黄色 |
| 肛门 | 肛门气味 | 新鲜 | 适中 | 鱼腥味 | 腐败味 |

表 7-11 · 淡水鱼加工制品评价指标

（GB 10136—2015）

| 项　目 | 要　求 | 检　验　方　法 |
|---|---|---|
| 色泽 | 具有该产品应有的色泽 | 取适量样品置于白色瓷盘上,在自然光下观察色泽和状态。嗅其气味,用温开水漱口,品其滋味 |
| 滋味、气味 | 具有该产品正常滋味、气味,无异味、无酸败味 | |
| 状态 | 具有该产品正常的形状和组织状态,无正常视力可见的外来杂质,无霉变、无虫蛀 | |

表 7-12 · 淡水鱼罐头感官评价标准

（GB 7098—2015、GB/T 10786—2006）

| 项　目 | 要　求 | 检　验　方　法 |
|---|---|---|
| 容器 | 密封完好,无泄漏、无胖听。容器外表无锈蚀,内壁涂料无脱落 | GB/T 10786 |
| 内容物 | 具有该品种罐头食品应有的色泽、气味、滋味、形态 | |

### ▪ （2）理化指标的检测方法

① 一般性化学成分的检测：水产品的一般化学成分主要包括水分、蛋白质、脂肪和灰分（矿物质）等,这类成分含量是评价水产品营养价值的一类重要指标。水产品及其加工品中水分、粗蛋白、粗脂肪、灰分含量,以及氨基酸组成、脂肪酸组成可分别依据国家标准 GB 5009.3、GB 5009.4、GB 5009.5、GB 5009.6、GB 5009.124 和 GB 5009.168 中方法测定。

② 水产品鲜度指标测定：水产品离水死亡后,其体内会发生一系列的生物化学变化,导致水产品鲜度下降。评价水产品鲜度的方法,除感官评价方法外,还有理化指标检测法（TVB-N、K 值、丙二醛、生物胺等）、物理评价方法和其他快速检测方法。

a. 理化指标检测法：水产品中 K 值及 TVB-N、丙二醛、生物胺含量可作为鱼肉新鲜程度的评价指标。一般而言,鲜鱼的 K 值小于 10%,挥发性盐基氮(TVB‒N)、丙二醛含量越低,其鲜度越高。

K 值:鱼类死后,其体内三磷酸腺苷(ATP)在酶作用下发生降解反应,依次降解为二磷酸腺苷(ADP)、一磷酸腺苷(AMP)、肌苷酸(IMP)、肌苷(HxR)、次黄嘌呤(Hx)。可按照 SC/T 3048—2014 中方法测定并计算 K 值(熊善柏,2007;夏文水等,2014)。

$$K\,值 = \frac{HxR + Hx}{ATP + ADP + AMP + IMP + HxR + Hx} \times 100\%$$

挥发性盐基氮(TVB‒N):TVB‒N 是鱼肉中蛋白质在酶和细菌的作用下分解产生的具有挥发性的氨及胺类碱性物质。鱼肉中 TVB‒N 含量越高,则其新鲜度越低。TVB‒N 含量可按照 GB 5009.228 方法测定(熊善柏,2007)。

丙二醛:水产品中丙二醛来源于多不饱和脂肪酸过氧化物的降解,其含量随水产品鲜度的降低而升高,当其含量增长到一定程度后会发生分解而导致其含量下降,因此丙二醛含量可作为水产品的早期评价指标。丙二醛含量可按照 GB 5009.181 方法测定。

生物胺:鱼类组织中含有少量生物胺,属于生物体生产成分。然而,微生物污染导致鱼及其制品的生物胺浓度超出限定范围,摄食含过量生物胺的鱼产品将引起生物胺中毒。我国明确规定高组胺鱼类的组胺含量不得超过 40 mg/kg,其他鱼类的组胺含量不得超过 20 mg/kg(GB 2733—2015)。水产品中生物胺检测方法主要有微生物法、聚合酶链式反应(PCR)、高效液相色谱(HPLC)法、气相色谱(GC)法、薄层色谱(TLC)法等(刘亚楠等,2021;焦广睿等,2016)。

b. 物理评价法:评价鱼肉鲜度的物理方法主要有僵直指数法和电导率测量法。

僵直指数:可评价鱼僵直度。将鱼体放在水平板上,测量出整个鱼体的中心位置,以中点作为分界线,将鱼体的前 1/2 放在水平板上、后 1/2 置于水平板以外任其垂下,手指轻轻压住鱼头附近起到固定作用,测定尾部与水平板构成的最初下垂距离($L$,cm)和在不同僵直程度时的距离($L'$,cm),按图 7‒1 中左式计算僵直指数($R$)(熊善柏,2007;夏文水等,2014;吕顺等,2015)。

电导率测量法:鱼肉鲜度可通过测量鱼肌肉的电导率变化来确定(熊善柏,2007)。张丽娜等(2009)采用伏安法在不同频率下测定了冰鲜和解冻团头鲂在贮藏过程中导电特性(阻抗)的变化规律,发现冰鲜和解冻团头鲂的鱼体阻抗变化率(Q 值)存在显著差异。以 Q 值 20% 为界限可快速鉴定冰鲜团头鲂和解冻团头鲂,且贮藏过程中鱼体阻抗变化率(Q

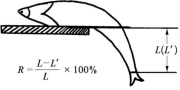

$$R = \frac{L - L'}{L} \times 100\%$$

图 7‒1 · 僵直指数的测定方法

值)与感官评价、菌落总数、TVB－N、TBA、K 值存在直线负相关性,因此可用鱼体阻抗变化率(Q)快速评价鱼体新鲜度。

c. 近红外光谱法:近红外光谱分析技术(NIR)是一种基于食品蛋白质、脂肪、水分等成分中含氢基团对近红外光的特征吸收信息而建立起来的快速分析技术,已被广泛用于农产品化学成分测定和真伪鉴别。

徐文杰等(2014)在采集团头鲂、青鱼、草鱼、鲢、鳙、鲤、鲫七种淡水鱼 665 个鱼肉样品近红外全光谱数据的基础上,经过光谱预处理方法优化和光谱波段筛选,选择 1 000～1 200 nm 和 1 300～1 450 nm 波段,采用主成分分析结合 BP 人工神经网络技术建立了淡水鱼品种鉴别模型,模型的鉴别准确率达 96.4%。Lv 等(2017)在许文杰工作基础上,经多元散射校正对光谱进行预处理,选择 1 000 nm、1 001 nm、1 154 nm、1 208 nm、1 284 nm、1 288 nm、1 497 nm、1 665 nm 和 1 770 nm 为特征吸收波长,采用主成分分析或快速傅里叶变换结合线性判别模型,建立了淡水鱼品种鉴别模型,判别准确率 100%。周娇娇等(2019)选取不同季节、产地、规格、贮藏时间的团头鲂样品 150 个,采集样品近红外光谱数据,同时测定样品鱼肉的 pH、TVB－N、TBA 和 K 值,经光谱预处理方法优化、特征波长筛选,应用偏最小二乘法建立了鱼肉 pH、TVB－N、TBA 和 K 值的定量分析模型,模型相关系数分别为 0.961、0.881、0.955 和 0.946,该模型能快速检测团头鲂鱼肉的鲜度指标。

③ 重金属含量测定:水产品中重金属主要有铅(Pb)、镉(Cd)、汞(Hg)、砷(As)、铬(Cr)等,可分别按照国家标准 GB 5009.12、GB 5009.15、GB 5009.17、GB 5009.11、GB 5009.123 中方法测定。

### (3) 微生物指标的检测方法

① 菌落总数的测定:菌落总数是水产品重要安全指标之一,不同类型的水产品中菌落总数有明确的限量标准。水产品及其加工品中菌落总数可按照 GB 4789.2《食品微生物学检验 菌落总数测定方法》测定。

② 大肠菌群的测定:大肠菌群是水产品另一个重要安全指标,不同类型的水产品中大肠菌群有明确的限量标准。水产品及其加工品中大肠菌群可按照 GB 4789.3—2016《食品微生物学检验 大肠菌群计数方法》测定。

③ 致病菌的检测:在食品中致病菌一般不得检出。熟制动物性水产品如熟干水产品、经烹调的水产制品、发酵水产制品、其他熟制水产制品,都必须符合食品安全国家标准 GB 29921 中预包装水产品中致病菌限量的要求。水产罐头食品中微生物限量应符合商业无菌要求。商业无菌可按照 GB 4789.26《食品微生物学检验 商业无菌检验方法测定》。水产品中副溶血性弧菌、单增李斯特菌、沙门菌、致泻大肠埃希菌、金黄色葡萄球菌

等致病菌的检验可按照 GB 4789.7、GB 4789.30、GB 4789.4、GB 4789.6、GB 4789.10 中方法测定。

### (4) 药物残留的监测

表 7-13 中列出了水产品中常见农药、兽药种类及其检测方法。

表 7-13·部分农药残留、兽药残留检测方法

| 检测方法 | 应用 | 参考文献 |
| --- | --- | --- |
| 液相色谱-串联质谱法 | 大环内酯类、青霉素类、红霉素、硝基呋喃类代谢物、有机磷类、磺胺类、喹诺酮类、土霉素、四环素、金霉素和多西环素等检测 | GB 31660.1、GB 31656.12、GB 29684、GB 31656.13、GB 31656.8、GB 31656.11、农业部 1077 号公告 1-2008 |
| 气相色谱法 | 氯氰菊酯、氰戊菊酯、溴氰菊酯等的检测 | GB 29705、GB 23200.88 |
| 高效液相色谱法 | 诺氟沙星、环丙沙星、恩诺沙星、氧氟沙星、噁喹酸、氟甲喹、孔雀石绿和结晶紫等检测 | GB 31656.3、GB /T 20361 |
| 胶体金免疫层析法 | 孔雀石绿、氯霉素、硝基呋喃类代谢物、地西泮、氧氟沙星、诺氟沙星、洛美沙星、培氟沙星等快速检测 | KJ 201701、KJ 201905、KJ 201705、KJ 202102、KJ 202105、DB 34/T 3637、DB 34/T 3636 |
| 酶联免疫吸附法 | 磺胺类、硝基呋喃类代谢物等检测 | DB 34/T 3649、DB 34/T 3650 |

## 7.3.3·质量安全控制

基于全面质量管理理念,食品质量安全控制已从终端产品检测转变为生产全过程的监控。危害分析与关键控制点(HACCP)体系是对食品安全危害进行识别、评估并加以控制的科学体系(GB/T 19538—2004),是一种系统性强、结构严谨、理性化、实用性强且效益显著的、以预防为主的质量保障方法,已在食品生产中广泛采用(熊善柏,2007;夏文水等,2014)。

规范建立水产品的 HACCP 体系,对水产加工行业食品安全控制具有重要意义。国家标准《水产品危害分析与关键控制点(HACCP)体系及其应用指南》依据国家标准《危害分析与关键控制点(HACCP)体系及其应用指南》(GB/T 19538—2004)对水产品加工企业 HACCP 体系的建立、实施和管理提出了指导意见,明确了水产品行业建立 HACCP 体系的基础计划、HACCP 计划的预备步骤、HACCP 计划的制定、水产品中潜在危害、相关危害的控制措施和 HACCP 体系的实施和保持的具体要求(GB/T 19838—2005)。

### ▤ (1) 基础计划

企业应按照 CAC/RCP1 及适用的食品卫生法律法规和规定,制定本企业的基础计划,建立和实施卫生标准操作程序(SSOP)、卫生设施和生产设备的维修保养计划、可追溯性和回收程序计划、人员培训计划,以及质量保证程序、产品配方、加工标准操作程序、标贴、食品生产作业规范等(GB/T 19838—2005、GB/T 27304—2008、GB 20941—2016)。

### ▤ (2) HACCP 计划

在开展 HACCP 计划前,先需要组成 HACCP 小组,描述产品特性、预期用途和消费人群、制定加工过程的流程图并验证流程图,然后制定 HACCP 计划(GB/T 19838—2005)。

① 开展危害分析:分析加工过程各工序可能存在的物理、化学、微生物学等危害因子,进行危害识别、危害评价、食品安全风险评估,提出控制危害的措施。

② 确定关键控制点:关键控制点(CCP)的准确和完整识别是控制食品安全危害的基础,在对水产品加工全过程各工序进行危害分析的基础上,选择确定影响产品质量和安全的关键工序作为关键控制点,建立相应的控制措施。

③ 建立关键限值:依据国家强制性标准和实际测试结果,确定每个关键控制点的关键限值。在实际操作中,应基于关键限值的要求设置操作限值,操作限值要严于关键限值,以降低偏离关键限值的风险。

④ 建立 CCP 监控系统:建立监控系统并对加工过程进行跟踪,以便在关键限值有失控趋势时能及时采取纠偏措施,使之恢复到控制状态;同时,确定 CCP 何时失控和发生偏离,为建立纠偏行动计划提供依据,并为验证提供书面文件。

⑤ 建立纠偏行动计划:纠偏行动的重要目的是防止不安全的食品进入消费领域。在实际操作中,需要针对 HACCP 体系中每个 CCP 制定特定的、书面的纠偏行动计划,以便当监控到某个特定 CCP 出现关键限值偏离时,能有效、快速地进行纠偏处理。纠偏行动应由充分了解工序、产品和 HACCP 计划的人员负责实施,且偏离和产品的处置方法应记载在 HACCP 体系记录并存档。

⑥ 建立验证程序,以确认 HACCP 体系运行的有效性:验证的作用主要是 HACCP 计划使用前的首次确认和评估工厂是否按照 HACCP 计划正常运作。在 HACCP 计划使用前,依据专家的意见、科学研究及生产现场的观察、测量和评价等,确认 HACCP 计划是科学的、所有危害已被识别、HACCP 计划能正确实施、危害能被有效控制。在 HACCP 计划实施过程中,企业应定期对成品、半成品进行监测和对监控设备进行校准,经常性地审查

HACCP 计划,验证 HACCP 计划是否正确执行,审查 CCP 监控记录和纠偏行动记录。HACCP 计划的验证,可由企业自身验证,也可由官方验证和第三方验证。

⑦ 建立文件和记录保存程序:有效、准确地保存记录,可提高 HACCP 计划的有效性,便于实施验证程序。HACCP 体系的记录应包括危害分析工作单、HACCP 计划表,HACCP 小组名单和各自的责任,描述食品特性、销售方法、预期用途和消费人群,流程图,计划确认记录等;CCP 的监控记录;纠偏行动记录;验证记录;生产加工过程的卫生操作记录。冷藏品的记录至少要保存一年,冷冻、腌制或保质期稳定的产品至少要保存两年。

### ■ (3) 团头鲂加工制品中的潜在危害

团头鲂等大宗淡水鱼主要生长在临近人类生活区域,养殖水体水质易受农业面源污染和人类活动的影响。淡水鱼及其加工制品中存在两类潜在危害,一类是与原料鱼品种和养殖环境有关的潜在危害,另一类是与加工方式和成品有关的潜在危害(熊善柏,2007;夏文水等,2014)。

① 与原料鱼品种和养殖环境有关的潜在危害:主要是来自捕捞水域的腐败菌、致病菌和寄生虫(生物的)、环境化学污染物和农药残留(化学的)以及水产养殖药物(化学的)。就团头鲂而言,直接生食少,几乎全部需要经过加工和烹饪后才会食用,因此其潜在危害主要是腐败菌、致病菌、寄生虫、环境化学污染物、农药和鱼药残留。因此,需要改善团头鲂养殖水体水质、控制养殖用药,以防控原料鱼相关潜在危害。

② 与加工方式和成品有关的潜在危害:不同的水产加工品,其成品特性、加工处理、包装方式、贮运条件不同,在质量安全方面存在潜在危害有较大差异。目前,团头鲂的加工制品主要有生鲜制品、调理制品、干腌制品、罐头制品等类型,且主要采用冰鲜、冷藏、冰温贮藏、冻藏和常温贮藏等贮藏保鲜方式。因此,团头鲂加工制品中可能存在温度控制不当导致致病菌生长和产毒(生物危害)、干燥不充分导致致病菌生长和产毒(生物危害)、蒸煮灭菌后致病菌残存和肉毒梭状芽孢杆菌的产毒(生物危害)、加工过程中不合规添加食品添加剂(化学危害)和混入金属杂质、玻璃杂质(物理危害)等潜在危害。因此,需要严格控制加工过程和食品添加剂的使用,以消除加工过程的潜在危害。

### ■ (4) 团头鲂加工制品中相关危害的控制措施

① 原料鱼的质量安全控制:鲜活团头鲂作为加工品的生产原料,其品质是保障水产食品质量安全的基础,通常也是 HACCP 体系的关键控制点。其潜在危害主要是微生物、寄生虫、环境化学污染物和农药、鱼药残留,特别是环境化学污染物和农药、鱼药残留是

团头鲂鱼肉的潜在危害因子。因此,在实际生产中,需要对原料鱼质量进行监管,选择健康、无环境化学污染物和农药、鱼药残留的鲜活团头鲂为原料,保证产品质量安全,也可采用人工净化处理提高原料鱼的质量和安全性。郭晓东等(2018)采用循环水净化装置净化处理团头鲂,研究了净化时间(0~10 天)对团头鲂肌肉品质的影响,认为在加工前对团头鲂净化处理 8 天,可显著增加鱼肉的弹性、咀嚼性和甜味,降低其腥味及异味,从而改善鱼肉的食用品质。

② 加工保鲜过程中生物危害控制:对罐头类水产食品而言,常因原料污染严重、总菌数高,或者杀菌温度和时间控制不当,又或者杀菌后二次污染,而出现的灭菌后致病菌残存等生物危害,特别是残存的肉毒梭状芽孢杆菌易在罐藏厌氧环境下繁殖和产生毒素,导致严重的安全问题。在实际生产中,需要加强原料鱼的选择和清洗,严格控制加工环境温度、原料预处理时间,特别是装罐后至灭菌的停留时间,减少灭菌前原料中细菌数量;需要严格控制罐头水产食品的灭菌温度(115~121℃)和灭菌时间(20 min 以上),确保达到商业杀菌要求,防止耐热致病菌特别是肉毒梭状芽孢杆菌的残存;在罐头水产食品灭菌后,进行表面清洗、干燥、保温检验,排除因破袋、漏罐而出现的二次微生物污染。

就生鲜和调理水产制品而言,常因温度控制不当而导致致病菌生长和产毒。在加工过程中,应控制产品的内部温度和暴露时间。内部温度越高,容许暴露的时间越短。若内部温度在 21℃ 以上,暴露时间不得超过 2 h;若内部温度在 10~21℃,暴露时间不得超过 6 h;若内部温度在 21℃ 上下波动时,则内部温度超过 21℃ 以上的暴露时间不得超过 2 h,内部温度超过 10℃ 以上的总暴露时间不得超过 4 h。

就干制水产品而言,常因干燥不充分而导致致病菌生长和产毒。在干燥过程中,非冷藏干制产品的水活度(Aw)应控制在 0.85 或以下,厌氧包装(真空包装或气调包装)、冷藏半干制产品的水活度(Aw)应控制在 0.97 或以下,并用冷藏控制肉毒梭状芽孢杆菌及金黄色葡萄球菌等致病菌生长和产毒。

③ 加工保鲜过程中化学危害控制:在团头鲂加工过程中出现的化学危害主要来源于鱼体在微生物和酶作用下产生的有害化合物、添加原辅料带入的环境化学污染物和农药、鱼药残留,以及不合规添加的食品添加剂。在加工过程中,除采用中央空调控制环境温度外,还应采用碎冰或冰水降低鱼体温度,以降低内源酶活性、抑制生化反应;选用优质原辅料,控制有害化合物带入;严格按照食品安全国家标准《食品添加剂使用标准》的要求,合规使用食品添加剂(GB 2760—2014)。

④ 加工保鲜过程中物理危害控制:针对团头鲂加工品中可能存在的金属和玻璃污染,除加强或经常检查可能损坏的设备部位、调整设备参数外,还可以通过加装金属探测和 X 射线设备等检测系统来予以控制。

### （5）HACCP 体系的实施和保持

HACCP 体系是一种系统性、制度化的全员质量管理体系，需要企业领导及基层员工都积极参与 HACCP 计划和实施。

① 管理承诺：HACCP 计划需要得到企业上层领导的承诺。

② HACCP 培训：在执行 HACCP 体系的企业，由 HACCP 小组对全体员工进行培训，培训内容应包括 HACCP 原理、基础计划、操作程序、表格和监控、纠偏程序等。

③ 体系的运行及持续改进：企业 HACCP 体系的运行包括连续监控、纠偏行动程序、记录保持等。需要定期对 HACCP 体系进行自我验证或外部验证，以确保 HACCP 体系的有效运行和持续改进。

## 7.3.4 · 安全追溯体系

《中华人民共和国食品安全法》对食品安全、食品生产经营过程控制、标签说明书等提出具体要求，而且明确要求构建食品可追溯体系和食品召回制度。《NY/T 1761—2009 农产品质量安全追溯操作规程 通则》和《GB/T 29568—2013 农产品追溯要求 水产品》对水产品质量安全追溯体系建设提出了具体要求。

水产品质量（安全）追溯体系是利用 3S（GPS、RS、GIS）传感器网络、常规检测技术参照 HACCP 体系对每个水产品标码、建立质量履历卡，记录存储从水产品养殖、加工、销售至消费全过程中与质量安全相关的信息并将记录存储的信息通过一定的技术手段（如条形编码、二维编码等）附着在水产品上的质量安全保障体系，其目的是保证水产品的可追溯性，具备全过程顺向跟踪和逆向溯源能力，是水产品安全管理与控制、复验、再现、仲裁判断的依据及手段（NY/T 1761—2009）。

水产品质量（安全）追溯体系由追溯技术体系和追溯管理体系组成。追溯技术体系包括实现质量追溯的系统软件、工具、设施设备和工作程序等，其中追溯信息系统是追溯技术体系的核心，应至少包括水产品生产信息录入、政府监管、消费查询的功能（GB/T 22005—2009、GB/T 29568—2013）。追溯管理体系（追溯管理平台）由政府或政府授权机构管理，应具备追溯主体管理、产品管理、数据管理等必要功能，可根据管理需求，配置应急事件管理、追溯数据统计、体系建设管理、运行监测管理、信息披露与服务等可选功能，以实现追溯信息汇总、处理、综合分析与利用等目标（GB/T 38157—2019）。在质量安全追溯体系的实施过程中，需要确定追溯产品并进行追溯标识、编码、信息采集，其中追溯标识内容应包括产品追溯码、信息查询渠道、追溯标志，而信息采集则要求包括产地、生产、加工、包装、贮运、销售、检验等环节与质量安全有关的内容，并将相关信息与产品追溯码直接关联,以便于进行顺向追踪和逆向追溯(GB/T 38157—2019、GB/T 38574—2020)。

受我国渔业经营模式的影响,分散化与小规模渔业户是我国淡水鱼养殖、捕捞与经营的主体,较难建立水产品的质量安全可追溯技术体系。因此,需要大力发展淡水鱼养殖合作社或基地、加工业和物流业,构建集淡水鱼养殖、加工、物流、销售于一体的产业链;加快应用信息技术,逐步实施淡水鱼养殖、加工与物流企业的全程信息化监控,构建集养殖、加工、流通、消费、信息认证于一体的可追溯技术体系;通过区块链融合淡水鱼全产业链所有环节数据,基于物联网、"一物一码"编码技术和云计算,实现产业链全程实时监管与追溯,以保障淡水鱼的质量安全。

(撰稿:熊善柏、刘茹)

# 参考文献

[1] 白俊杰,劳海华,叶星,等.团头鲂胰岛素样生长因子-Ⅰ基因克隆与分析[J].动物学研究,2001(06): 502-506.

[2] 鲍俊杰,陈小雷,周蓓蓓,等.复合天然抗氧化剂对封鳊鱼品质的影响及货架期预测[J].安徽农业科学,2017, 45(23): 91-93+118.

[3] 鲍凯凯.低氧条件下团头鲂 bcl2l13 在线粒体自噬中的作用[D].华中农业大学,2018.

[4] 边春媛,董仕,谭书贞.3个群体团头鲂 mtDNA D-loop 区段的限制性片断长度多态性分析[J].大连水产学院学报,2007(03): 175-179.

[5] 蔡完其,胡静珍.团头鲂、鳙及其正反杂交种对暴发性鱼病的抗病力比较和发病机理的初步探讨[J].水产科技情报,1992,19(1): 69.

[6] 蔡万存,李向飞,蒋广震,等.大米蛋白替代鱼粉对团头鲂生长、肠道消化吸收功能以及氨基酸代谢的影响[J].南京农业大学学报,2017,40(03): 529-538.

[7] 曹文宣.梁子湖的团头鲂与三角鲂[J].水生生物学集刊,1960(01): 57-82.

[8] 柴欣,胡晓坤,马徐发,等.团头鲂 MHC IIα 基因的SNP位点开发、鉴定及与抗病性状关联分析[J].华中农业大学学报,2017,36(4): 76-82.

[9] 陈昌福,李清,陈辉.为什么渔用"自家疫苗"在我国势在必行?[J].渔业致富指南,2019(3): 6869.

[10] 陈澄,胡杨,安玥琦,等.浸渍液组成与调理工艺对调理草鱼片品质的影响[J].肉类工业,2020,No. 469(05): 25-35.

[11] 陈丹红.黄连素投喂模式对摄食高能饲料的团头鲂生长和免疫机能的影响[D].南京农业大学,2018.

[12] 陈康.团头鲂 foxO 基因家族的表达及其在低氧诱导自噬中的作用[D].华中农业大学,2021.

[13] 陈立侨,陈英鸿,倪达书.池塘饲养鱼类优化结构及其增产原理草鱼传染性疾病的系统防治[J].水生生物学报,1994,18(1): 17.

[14] 陈青青.黄连素对高脂诱导下团头鲂生长性能、免疫性能及脂肪代谢的影响[D].南京农业大学,2017.

[15] 陈胜军,张晓凡,潘创,等.水产品品质评价研究进展[J].肉类研究,2022,36(06): 53-59.

[16] 陈婷婷,杨永波,杨东辉,等.湖北、江苏团头鲂源嗜水气单胞菌致病性与药敏特性研究[J].中国农学通报,2014,30(8): 2935.

[17] 陈小雷,胡王,鲍俊杰,等.不同干燥方式对封鳊鱼品质的影响[J].水产科学,2019,38(01): 98-103.

[18] 陈小雷,胡王,李海洋,等. 响应面法优化封鳊鱼腌制工艺条件[J]. 云南农业大学学报(自然科学),2015,30(06): 859－867.

[19] 陈宇龙,张丽红,周佳佳,等. 团头鲂肌腱发育相关基因 *tnmd/xirp2a* 的克隆和表达[J]. 华中农业大学学报,2019,38(2): 714.

[20] 谌芳,刘晓娜,吉维舟,等. 5 种淡水鱼的肌肉及肝脏营养成分测定及比较[J]. 贵州农业科学,2016,44(11): 108－111.

[21] 储卫华,陆承平. 培养条件对嗜水气单胞菌胞外蛋白酶合成与分泌的影响[J]. 南京农业大学学报,2001,24(3): 6568.

[22] 储辛伊. 团头鲂免疫相关基因的全长 cDNA 克隆及胁迫下的表达分析[D]. 南京农业大学,2020.

[23] 慈丽宁,刘波,谢骏,等. 乳酸芽孢杆菌对团头鲂生长、免疫及抗病力的影响[J]. 安徽农业科学,2011,39(35): 21818－21821.

[24] 崔峰,王松,鲍方印,等. 饲料中添加不同类型 Vc 对团头鲂幼鱼生长的影响[J]. 安徽技术师范学院学报,2002(04): 7－9.

[25] 崔红红,刘波,戈贤平,等. 肌醇对氨氮应激下团头鲂幼鱼免疫的影响[J]. 水产学报,2014,38(2): 228236.

[26] 崔红红,刘波,戈贤平,等. 肌醇对团头鲂幼鱼生长、血清生化及组织成分含量的影响[J]. 上海海洋大学学报,2013,22(06): 868－875.

[27] 崔立奇,叶元土,唐精. 团头鲂应激反应的原因分析及防治策略[J]. 饲料博览,2013(12): 4346.

[28] 崔素丽,刘波,徐跑,等. 两种温度下大黄素对团头鲂生长、血液指标及肝脏 HSP70 mRNA 表达的影响[J]. 水生生物学报,2013,37(5): 919－928.

[29] 崔文涛,郑国栋,苏晓磊,等. 鲂鲌杂交及回交 $F_2$ 群体的微卫星遗传结构及其生长性能分析[J]. 中国水产科学,2020,27(06): 613－623.

[30] 崔文涛. 鲂鲌杂交及回交群体的生长性能、微卫星遗传结构及三倍体诱导研究[D]. 上海海洋大学,2020.

[31] 丁祝进. 团头鲂铁蛋白和转铁蛋白基因在嗜水气单胞菌感染过程中的免疫功能研究[D]. 华中农业大学,2017.

[32] 董宝炎,明汉萍,喻陆一. 清蒸武昌鱼的加工技术探讨[J]. 水生态学杂志,2002,022(006): 53－54.

[33] 董宝炎,明汉萍,喻陆一. 提高清蒸武昌鱼软罐头产品鱼体凝胶强度的试验[J]. 水产科技情报,2001(05): 232－233.

[34] 董凯兵. 功能性臭氧冰的研制与应用[D]. 江南大学,2021.

[35] 董芝杰. 清蒸鳊鱼的工艺参数优化及其风味强度分析[J]. 美食研究,2021,38(03): 45－50.

[36] 杜尚可. 团头鲂生长相关基因(*MSTN*,*Mdk*)的克隆及热休克诱导四倍体初步研究[D]. 上海海洋大学,2017.

[37] 范晶晶. 团头鲂×蒙古鲌杂交后代生物学特性研究[D]. 湖南师范大学,2020.

[38] 范君,张锋,王卫民,等. 团头鲂补体因子 $Bf/C_2$ 的克隆和表达分析[J]. 华中农业大学学报,2019,38(02): 30－37.

[39] 方献平,朱丽敏,刘凯,等. 定量蛋白质组学揭示三角鲂和团头鲂响应嗜水气单胞菌侵染机制变化浙江大学学报(农业与生命科学版),2015,41(5): 602－615.

[40] 方耀林,余来宁,郑卫东,等. 淤泥湖团头鲂的形态及生殖力研究[J]. 淡水渔业,1990(04): 26－28.

[41] 冯月荣,樊军浩,陈松. 调理食品现状及发展趋势探讨[J]. 肉类工业,2006(10): 36－39.

[42] 高金伟,习丙文,滕涛,等. 急性胁迫对团头鲂铁稳态及其相关基因表达的影响[J]. 水产学报,2017,41(10): 1562－1570.

[43] 高艳玲,叶元土,谭芳芳. 不同脂肪源和复合肉碱对团头鲂生长的研究[J]. 饲料研究,2009,No. 331(06): 59－61.

[44] 高泽霞,王卫民,陈柏湘,等. 团头鲂生长性状相关的微卫星分子标记及应用. 授权专利号：ZL 201410654344. 4. 授权日：2017. 10. 10.

[45] 高泽霞,王卫民,蒋恩明,等. 团头鲂种质资源及遗传改良研究进展[J]. 华中农业大学学报,2014,33(03)：138－144.

[46] 高泽霞,王卫民,曾聪,等. 团头鲂微卫星家系鉴定方法. 授权专利号：ZL 2011 10051182. 1. 授权日：2013. 10. 23.

[47] 耿毅,汪开毓. 鱼类的应激与疾病[J]. 水产科技情报,2005,32(5)：195－198.

[48] 顾志敏,贾永义,叶金云,等. 翘嘴红鲌(♀)×团头鲂(♂)杂种 $F_1$ 的形态特征及遗传分析[J]. 水产学报,2008(04)：533－544.

[49] 关柠楠,聂春红,陈宇龙,等. 团头鲂雌核发育群体的肌间骨形态学分析[J]. 水产科学,2017,36(05)：596－600.

[50] 郭姗姗. 臭氧处理对冰温保鲜脆肉鲩鱼片品质的影响[D]. 华中农业大学,2010.

[51] 郭晓东,吕昊,刘茹,等. 加工前净化处理对团头鲂肌肉品质的影响[J]. 肉类研究,2018,32(12)：1－7.

[52] 韩兆红,叶元土,罗从彦. 中草药提取物对团头鲂生长及免疫力的影响[J]. 饲料研究,2010(2)：66－69.

[53] 何超凡,李向飞,张丽,等. 膨化饲料及其添加抗应激剂对团头鲂生长性能、消化酶活性、应激及生长与摄食相关基因表达的影响[J]. 南京农业大学学报,2020,43(6)：1087－1096.

[54] 何介华,贺路. 团头鲂血清中抗病毒因子的研究[J]. 淡水渔业,1995,25(2)：67.

[55] 何介华,邹思湘,陆承平. 团头鲂血清抗病毒半乳糖凝集素样蛋白的分离与鉴定[J]. 水产学报,2003,27：474－479.

[56] 何利君,廖利坤,袁金凤,等,团头鲂细菌性败血症的病理学研究[J]. 西南农业大学学报(自然科学版),2006,28(3)：483－490.

[57] 何琳,江敏,戴习林,等. 团头鲂不同生长阶段肌肉营养成分分析及评价[J]. 食品科学,2014,35(03)：221－225.

[58] 胡金鑫,李军生,徐静,等. 水产品鲜度表征与评价方法的研究进展[J]. 食品工业,2014,35(03)：225－228.

[59] 胡靖,李爱华,胡成钰,等. 温度和 pH 对嗜水气单胞菌毒力基因表达的影响[J]. 南京理工大学学报,2006,30(3)：375－380.

[60] 胡益民,陈月英. 鲫、鲢、鳙等养殖鱼类暴发性疾病与池塘水质因子的调查初报[J]. 水产科技情报,1991,18(2)：42－44.

[61] 黄文,王益,戚向阳,等. 清蒸武昌鱼的真空软包装加工工艺[J]. 食品科技,2002(05)：28－23.

[62] 惠心怡. 淡水鱼肉水溶性风味成分的分析[D]. 上海海洋大学,2006.

[63] 江晓浚,孙盛明,戈贤平,等. 添加不同碳源对零换水养殖系统中团头鲂鱼种生长、肠道生化指标和水质的影响[J]. 水产学报,2014,38(8)：1113－1122.

[64] 姜雪姣,梁丹妮,刘文斌,等. 团头鲂对 7 种饲料的蛋白质、氨基酸及磷的表观消化率[J]. 中国水产科学,2011,18(01)：119－126.

[65] 姜雪姣,梁丹妮,刘文斌,等. 团头鲂对 8 种非常规饲料原料中营养物质的表观消化率[J]. 水产学报,2011,35(06)：932－939.

[66] 蒋广震,刘文斌,李向飞,等. 一种维生素强化的团头鲂抗逆饲料的维生素添加剂[P]. CN105831496B.

[67] 蒋硕,杨福馨,张燕,等. 聚乙烯醇抗菌包装薄膜对鳊鱼冷藏保鲜效果的影响[J]. 食品科学,2015,36(06)：226－231.

[68] 蒋文枰,贾永义,刘士力,等. 鲌鲂 $F_1$、$F_2$ 及其亲本肌间骨的比较分析[J]. 水生生物学报,2016,40(02)：277－286.

[69] 蒋阳阳,李向飞,刘文斌,等. 不同蛋白质和脂肪水平对 1 龄团头鲂生长性能和体组成的影响[J]. 水生生物学

报,2012,36(05):826-836.

[70] 焦广睿,王柯,刘畅. 水产品中生物胺的检测方法研究进展[J]. 食品安全质量检测学报,2016,7(07):2611-2616.

[71] 焦妮. 源于鲤鲂杂交形成的新型鲫品系的遗传特性研究[D]. 湖南师范大学,2019.

[72] 金良武. 一种团头鲂养殖的饲料投喂方法:CN201610378084.1[P]. CN105994054A.

[73] 金万昆,杨建新,高永平,等.(团头鲂♀×翘嘴红鲌♂)杂种F₁的含肉率、肌肉营养成分及氨基酸含量[J]. 淡水渔业,2006(01):50-51.

[74] 金万昆,朱振秀,王春英,等. 散鳞镜鲤(♀)与团头鲂(♂)亚种间杂交获高成活率杂交后代[J]. 中国水产科学,2003(02):159.

[75] 康雪伟. 团头鲂与翘嘴红鲌杂交后代的受精细胞学过程及相关分子生物学研究[D]. 湖南师范大学,2013.

[76] 柯鸿文,宗琴仙,郝思平,等. 淤泥湖团头鲂与梁子湖团头鲂杂交子一代的性状研究[J]. 水产科技情报,1993(02):58-61.

[77] 劳海华,白俊杰,叶星,等. 团头鲂和广东鲂生长激素 cDNA 的分子克隆和序列分析[J]. 农业生物技术学报,2001(04):346-349.

[78] 雷跃磊,卢素芳,郑小宁,等. 腌制和油炸处理对酥鳞武昌鱼品质的影响[J]. 食品工业科技,2016,37(11):7.

[79] 雷跃磊,卢素芳,郑小宁,等. 一种酥鳞武昌鱼的制作方法:CN201510882158.0[P]. CN105533490B.

[80] 黎彩,何秋生,汪胜书,等. 一种保持武昌鱼冷冻后口感的方法:CN201711206633.8[P]. CN107950924A.

[81] 李爱杰. 水产动物营养与饲料学[M]. 北京:中国农业出版社,1996.

[82] 李宝玉,郑国栋,崔文涛,等. 团头鲂三倍体的微卫星遗传特征及生长性能分析[J]. 水产科学,2022,41(02):173-182.

[83] 李博. 团头鲂 socs 家族基因鉴定及在嗜水气单胞菌感染后的表达分析[D]. 华中农业大学,2020.

[84] 李晨辉,任源远,韩刚,等. 2019 年国产产地水产品兽药残留监控工作总结及分析[J]. 中国渔业质量与标准,2020,10(06):24-28.

[85] 李福贵,郑国栋,吴成宾,等. 团头鲂耐低氧 F₃的建立及其在低氧环境下的生长差异[J]. 水产学报,2018,42,236-245.

[86] 李弘华. 淤泥湖、梁子湖、鄱阳湖团头鲂 mtDNA 序列变异及遗传结构分析[J]. 淡水渔业,2008,276(04):63-65.

[87] 李慧兰. 半干淡水鱼的贮藏特性研究[D]. 华中农业大学,2013.

[88] 李鹏飞. 饲料中维生素和脂肪水平对团头鲂生长性能和抗应激性的影响[D]. 南京农业大学,2016.

[89] 李思发,蔡完其,周碧云. 团头鲂种群间的形态差异和生化遗传差异[J]. 水产学报,1991(03):204-211.

[90] 李思发,周碧云,林国清. 淤泥湖团头鲂的生长与繁殖——兼谈资源的保护[J]. 动物学杂志,1991(06):7-11+22.

[91] 李温蓉,田明礼,安玥琦,等. 池塘养殖和大湖养殖对"华海1号"团头鲂鱼肉品质的影响[J]. 水产学报,2022,46(07):1220-1234.

[92] 李武辉. 鲂鲌品系和鲌鲂品系遗传特性及食性研究[D]. 湖南师范大学,2018.

[93] 李想,任章睿,胡杨,等. 液氮冻结温度对调理草鱼片品质的影响[J]. 华中农业大学学报,2021,40(04):200-208.

[94] 李学鹏,陈杨,王金厢,等. 冷藏大菱鲆质量指数法的建立及其货架期[J]. 食品科学,2016,37(14):219-224.

[95] 李彦,江育林. 环境胁迫因子对鱼类免疫功能的影响[J]. 中国兽医学报,1997,17(6):611-614.

[96] 李阳,汪超,胡建中,等. 武昌鱼中挥发性成分的 HS-SPME 和 GC-MS 分析[J]. 湖北农业科学,2014,53(04):907-912.

[97] 李杨. 团头鲂三个野生群体的遗传结构分析及遗传图谱的构建[D]. 华中农业大学,2010.

[98] 廖青,万世明,王旭东,等. 鱼类Ⅰ型与Ⅱ型胶原蛋白基因系统进化及其在有/无肌间骨代表鱼中的表达比较分析[J]. 水生生物学报,2021,45(02):318-326.

[99] 廖英杰,刘波,任鸣春,等. 精氨酸对团头鲂幼鱼生长、血清游离精氨酸和赖氨酸、血液生化及免疫指标的影响[J]. 中国水产科学,2014,21(3):549-559.

[100] 廖英杰,刘波,任鸣春,等. 赖氨酸对团头鲂幼鱼生长、血清生化及游离必需氨基酸的影响[J]. 水产学报,2013,37(11):1716-1724.

[101] 林艳,缪凌鸿,戈贤平,等. 投喂频率对团头鲂幼鱼生长性能、肌肉品质和血浆生化指标的影响[J]. 动物营养学报,2015,27(09):2749-2756.

[102] 蔺凌云,潘晓艺,袁雪梅,等. 团头鲂致病性维氏气单胞菌的分离鉴定及药敏试验[J]. 水产养殖,2015,36(7):49-53.

[103] 刘波,徐跑,戈贤平,等. 一种池塘工业化循环水养殖系统团头鲂功能性饲料及其制备方法:CN201810683513.5[P]. CN108464413A.

[104] 刘红,胡晓坤,崔蕾,等. 一种团头鲂转铁蛋白受体基因SNP分子标记及其应用. ZL 201610785387.5. 授权日:2020.01.24.

[105] 刘红,胡晓坤,丁祝进,等. 团头鲂转铁蛋白基因SNP分子标记及其应用. 授权专利号:ZL 201610590362.X. 授权日:2021.05.04,2021.

[106] 刘娟,郑国栋,陈杰,等. 团头鲂TET1基因的表达及对低氧胁迫的响应研究[J]. 水生生物学报,2021,45,17.

[107] 刘筠. 我国淡水养殖鱼类育种的实践和思考[J]. 生命科学研究,1997(01):1-8.

[108] 刘梅珍,石文雷,朱晨炜,等. 饲料中脂肪的含量对团头鲂鱼种生长的影响[J]. 水产学报,1992(04):330-336.

[109] 刘宁,陈秀荔,黄欣. 鲤科鱼类RNase1基因的进化与组织表达模式[J]. 华中农业大学学报,2021,6:126-133.

[110] 刘小玲. 鱼类应激反应的研究[J]. 水利渔业,2007,27(3):13.

[111] 刘亚楠,李欢,陈剑,等. 水产品生物胺检测技术研究进展[J]. 食品科学,2021,42(15):269-277.

[112] 刘子茵. 金鱼Tgf2转座元件的转座效率研究及团头鲂HIF3α基因的低氧诱导表达分析[D]. 上海海洋大学,2018.

[113] 龙萌,侯杰,苏玉晶,等. 酵母硒和茶多酚对团头鲂幼鱼生长和生长轴基因表达、营养品质及抗病力的影响[J]. 水产学报,2015,39(1):97-107.

[114] 龙萌,侯杰,苏玉晶,等. 日粮添加酵母硒和茶多酚对团头鲂幼鱼肝抗氧化酶活性及其基因表达的影响[J]. 中国水产科学,2015,22(2):259-268.

[115] 卢佳芳,朱煜康,徐大伦,等. 不同剂量电子束辐照对花鲈鱼肉风味的影响[J]. 食品科学,2021,42(12):153-158.

[116] 鲁长新,赵思明,熊善柏. 鲢鱼肉相变区间的热特性研究[J]. 农业工程学报,2007(06):39-43.

[117] 陆春云,习丙文,叶诗尧,等. 多个环境因素对嗜水气单胞菌感染团头鲂致病力的影响[J]. 生态学杂志,2015,34(7):2025-2029.

[118] 陆春云,谢骏,习丙文,等. 嗜水气单胞菌在浸泡感染团头鲂的组织动态分布[J]. 中国水产科学,2015,22(5):1068-1074.

[119] 陆茂英,石文雷,刘梅珍,等. 团头鲂对饲料中五种必需氨基酸的需要量[J]. 水产学报,1992(01):40-49.

[120] 陆清儿,李行先,王宇希,等. 三角鲂与团头鲂鱼体营养成分比较分析[J]. 淡水渔业,2006(01):11-13.

[121] 吕斌,陈舜胜,横山雅仁,等. 三种中国淡水鱼肌肉脂质的研究[J]. 上海水产大学学报,2001(04):338-342.

[122] 吕顺,王冠,陆剑锋,等. 鲢鱼新鲜度对鱼糜凝胶品质的影响[J]. 食品科学,2015,36(04):241-246.

[123] 吕子全,郭非凡. 氨基酸感应与糖脂代谢调控的研究进展[J]. 生命科学,2013,25(02):152-157.

[124] 罗玲,易德玮,杨坤明,等. 饲料中添加微囊丁酸钠对高密度养殖条件下团头鲂生长性能、非特异性免疫力及肝功能的影响[J]. 动物营养学报,2018,30(7):2865-2871.

[125] 罗伟. 团头鲂 EST-SSR 的开发及在育种中的应用[D]. 华中农业大学,2014.

[126] 罗永康,宋永令,沈慧星. 一种用于武昌鱼的可食性涂膜保鲜剂及其使用方法:CN200910236944.8[P]. CN101700052A.

[127] 罗永康. 7种淡水鱼肌肉和内脏脂肪酸组成的分析[J]. 中国农业大学学报,2001(04):108-111.

[128] 罗云林. 鲂属鱼类的分类整理[J]. 水生生物学报,1990(02):160-165.

[129] 马波,金万昆. 散鳞镜鲤、团头鲂及其杂交 F₁ 肌肉营养成分的比较[J]. 水产学杂志,2004(02):76-78.

[130] 孟祥忍,王恒鹏,饶胜其,等. 宰后冷藏对鳊鱼理化性状及食用品质的影响[J]. 江苏农业科学,2015,43(12):295-297.

[131] 明汉萍,董宝炎,喻陆一. 风干武昌鱼软罐头的加工技术[J]. 渔业现代化,2002(2):30-31.

[132] 明建华,谢骏,徐跑,等. 大黄素、维生素 C 及其配伍对团头鲂感染嗜水气单胞菌后生理生化指标的影响[J]. 中国水产科学,2011,18(3):588-601.

[133] 明建华,谢骏,徐跑,等. 大黄素、维生素 C 及其配伍对团头鲂抗拥挤胁迫的影响[J]. 水生生物学报,2011,35(3):400413.

[134] 明建华,谢骏,徐跑,等. 大黄素、维生素 C 及其配伍对团头鲂生长、生理生化指标、抗病原感染以及两种 HSP70s mRNA 表达的影响[J]. 水产学报,2010,34(9):1447-1459.

[135] 倪达书,汪建国. 草鱼生物学与疾病[M]. 北京:科学出版社,1999.

[136] 聂春红,关柠楠,陈文倩,等. 鲂属鱼类杂交子代肌间骨的形态学比较[J]. 动物学杂志,2016,51(2):12.

[137] 农业部 1077 号公告—12008 水产品中 17 种磺胺类及 15 种喹诺酮类药物残留量的测定[S]. 中华人民共和国农业部.

[138] 农业农村部渔业渔政管理局,全国水产技术推广总站,中国水产学会. 2021 中国渔业统计年鉴[M]. 北京:中国农业出版社,2021.

[139] 农业农村部渔业渔政管理局,全国水产技术推广总站,中国水产学会. 中国渔业统计年鉴—2019[M]. 北京:中国农业出版社. 2019,25.

[140] 欧阳敏,陈道印,喻晓. 鄱阳湖团头鲂的生物学研究[J]. 江西农业学报,2001(01):47-50.

[141] 裴陆松,吴向骏,裴晓鹏. 一种黄酒糟风味封鳊鱼的加工方法:CN201810526537.X[P]. CN108719853A.

[142] 裴陆松,吴向骏,裴晓鹏. 一种抗氧化封鳊鱼的制备方法:CN201810489648.8[P]. CN108685050A.

[143] 彭玲,尤娟,汪兰,等. 保活运输过程中武昌鱼肌肉品质的变化[J]. 肉类研究,2022,36(06):42-47.

[144] 钱妤. 团头鲂幼鱼适宜生物素和泛酸需要量及其对脂肪酸代谢的影响研究[D]. 南京农业大学,2017.

[145] 曲克明,徐勇,马绍赛,等. 不同溶解氧条件下亚硝酸盐和非离子氨对大菱鲆的急性毒性效应[J]. 海洋水产研究,2007,28(4):83-88.

[146] 曲宪成,崔严慧,周正峰,等. 团头鲂促性腺激素 GtH Iβ 亚基基因5′端启动子区克隆及表达载体构建[J]. 水生生物学报,2008(04):558-567.

[147] 曲宪成,刘颖,杨艳红,等. 团头鲂促性腺激素 β 亚基 cDNA 的克隆和序列分析[J]. 水生生物学报,2007(03):377-385.

[148] 冉玮,张桂蓉,王卫民,等. 利用 SRAP 标记分析3个团头鲂群体的遗传多样性[J]. 华中农业大学学报,2010,29(05):601-606.

[149] 任鸣春,周群兰,缪凌鸿,等. 团头鲂营养需求与健康研究进展[J]. 水产学报,2015,39(5):761-768.

[150] 任章睿,熊善柏,胡杨,等. 真空浸渍处理对调理草鱼片品质的影响[J]. 食品安全质量检测学报,2020,

11(12)：3831-3839.

[151] 任章睿. 调理和冻结处理对调理草鱼片品质及贮藏稳定性的影响[D]. 华中农业大学,2020.

[152] 邵颖,王小红,吴文锦,等. 5种淡水鱼肌肉热特性比较研究[J]. 食品科学,2016,37(19)：106-111.

[153] 沈月玉,陈月英,沈智华,等. 浙江养殖鱼类暴发性流行病病原的研究：1. 嗜水气单胞菌(*Aeromonas hydrophila*)的分离、致病性及生理生化特性[J]. 科技通报,1993,9(6)：397-401.

[154] 沈锦玉. 嗜水气单胞菌的研究进展[J]. 浙江海洋学院学报(自然科学版),2008,27(1)：78-86.

[155] 石文雷,刘梅珍,陆茂英,等. 团头鲂对几种主要无机盐需要量的研究[J]. 水产学报,1997(04)：458-461.

[156] 宋长友,任鸣春,谢骏,等. 不同生长阶段团头鲂的赖氨酸需要量研究[J]. 上海海洋大学学报,2016,25(03)：396-405.

[157] 宋永令,罗永康,张丽娜,等. 不同温度贮藏期间团头鲂品质的变化规律[J]. 中国农业大学学报,2010,15(04)：104-110.

[158] 孙盛明,苏艳莉,张武肖. 饲料中添加枯草芽孢杆菌对团头鲂幼鱼生长性能、肝脏抗氧化指标、肠道菌群结构和抗病力的影响[J]. 动物营养学报,2016,28(2)：507-514.

[159] 孙盛明,谢骏,朱健,等. 饲料中添加甘露寡糖对团头鲂幼鱼生长性能、抗氧化能力和肠道菌群的影响[J]. 动物营养学报,2014,26(11)：3371-3379.

[160] 孙盛明,朱健,戈贤平,等. 团头鲂谷胱甘肽S-转移酶基因的克隆及其在氨氮胁迫中的表达分析[J]. 生态毒理学报,2016,11(01)：295-305.

[161] 谭慧. 鲂鲌品系和鲌鲂品系部分同源基因表达模式的探究[D]. 湖南师范大学,2019.

[162] 谭汝成,熊善柏,鲁长新,等. 加工工艺对腌腊鱼中挥发性成分的影响[J]. 华中农业大学学报,2006,25(002)：203-207.

[163] 谭汝成,赵思明,熊善柏. 腌腊鱼主要成分含量对质构特性的影响[J]. 现代食品科技,2006(03)：14-16.

[164] 谭汝成,赵思明,熊善柏,等. 白鲢腌制过程中鱼肉与盐卤成分的变化[J]. 华中农业大学学报,2005(03)：300-303.

[165] 谭晓晨,麻艳群,董升辉,等. 中草药复方制剂对团头鲂非特异性免疫机能和抗病力的影响[J]. 饲料研究,2022(4)：56-60.

[166] 唐首杰,毕详,张飞明,等. 连续三代减数分裂雌核发育团头鲂的遗传多样性分析和RAPD鉴别方法的建立[J]. 浙江农业学报,2019,31(08)：1257-1271.

[167] 唐首杰,李思发,蔡完其. 不同倍性团头鲂群体的线粒体DNA分析[J]. 中国水产科学,2008(02)：222-229.

[168] 唐首杰,李思发. 不同倍性团头鲂群体遗传变异的初步分析[J]. 上海水产大学学报,2007(02)：97-102.

[169] 滕涛,梁利国,谢骏,等. 团头鲂源肺炎克雷伯氏菌的分离鉴定[J]. 水生态学杂志,2016,37(6)：95-100.

[170] 滕涛,习丙文,费茜旎,等. 亚硝酸盐氮对团头鲂急性毒性及高铁血红蛋白的影响[J]. 水生态学杂志,2018,39(3)：99106.

[171] 田甜,胡火庚,陈昌福. 团头鲂细菌性败血症病原菌分离鉴定及致病力研究[J]. 华中农业大学学报,2010,29(3)：341-345.

[172] 万金娟,刘波,戈贤平,等. 日粮中不同水平维生素C对团头鲂幼鱼免疫力的影响[J]. 水生生物学报,2014,38(01)：10-18.

[173] 万金娟,刘波,戈贤平,等. 维生素C对团头鲂幼鱼生长、血液学及肌肉理化指标的影响[J]. 上海海洋大学学报,2013,22(01)：112-119.

[174] 汪建国. 淡水养殖鱼类疾病及其防治技术(33)—团头鲂疾病[J]. 渔业致富指南,2016(9)：52-56.

[175] 汪建国. 鱼病学[M]. 北京：中国农业出版社,2013.

[176] 王爱霞. 非油炸即食酸甜武昌鱼软罐头加工技术的研究[D]. 华中农业大学,2014.

[177] 王安. 纤维素复合酶在饲料中的作用及其应用的研究[J]. 东北农业大学学报,1998(03)：29-44.

[178] 王东东,邹曙明,郑国栋,等. 团头鲂耐低氧 F₄ 代和"浦江 1 号"1、2 龄鱼生长速度比较[J]. 水产科技情报,2019,46(02)：103-105+109.

[179] 王菲,李向飞,李鹏飞,等. 饲料维生素 B₂ 水平对团头鲂幼鱼生长性能、体组成、抗氧化功能和肠道酶活性的影响[J]. 江苏农业科学,2016,44(05)：319-324.

[180] 王恒鹏,孟祥忍,南新月,等. 不同压力下清蒸鳊鱼的品质研究[J]. 食品科技,2015,40(08)：128-132.

[181] 王鸿泰,汤伏生. 鱼类暴发性流行病的生态学防治[J]. 中国水产科学,1995,2(4)：71-77.

[182] 王经远,戈贤平,周群兰,等. 发酵豆粕替代复合植物蛋白质源对团头鲂幼鱼生长性能及肠道健康的影响[J]. 动物营养学报,2019,31(11)：5111-5121.

[183] 王敏,蒋广震,刘文斌,等. 团头鲂幼鱼对不同浓度胆碱的利用率及 7 种常见饲料原料中胆碱生物学效价的评定[J]. 水生生物学报,2014,38(01)：51-57.

[184] 王明学,雷和江,卢光,等. 亚硝酸盐对团头鲂鱼种血红蛋白和耗氧率的影响[J]. 淡水渔业,1997,27(1)：14-16.

[185] 王文博,李爱华. 环境胁迫对鱼类免疫系统影响的研究概况[J]. 水产学报,2002,26(4)：368-374.

[186] 王旭东,聂春红,高泽霞. 鱼类肌间骨发育分子调控机制及遗传选育研究进展[J]. 水生生物学报,2021,45(3)：680-691.

[187] 王莹,李向飞,张微微,等. 团头鲂幼鱼吡哆醇适宜需求量的研究[J]. 水生生物学报,2013,37(04)：632-639.

[188] 王余德. 锦鲤与团头鲂远缘杂交后代遗传及繁殖特性研究[D]. 湖南师范大学,2018.

[189] 魏伟. 嗜水气单胞菌感染后团头鲂肝脏组织的转录组分析[D]. 华中农业大学,2015.

[190] 吴成宾. 团头鲂选育系耐低氧性能与鳃重塑的关系及关键候选基因的鉴定[D]. 上海海洋大学,2019.

[191] 吴建开,雍文岳,游文章,等. 团头鲂(Megalobrama amblycephala Yih)对 12 种饲料原料消化率和可消化能的测定[J]. 中国水产科学,1995(03)：55-62.

[192] 吴阳,鲁康乐,刘文斌,等. 饲料中添加低聚木糖与枯草芽孢杆菌对团头鲂生长、消化、免疫和抗氧化功能的影响[J]. 江苏农业科学,2013,41(3)：183-185.

[193] 吴阳. 寡糖和益生菌对团头鲂生长、消化及免疫抗氧化的影响[D]. 南京农业大学,2012.

[194] 武佳琪,王济秀,刘红. 团头鲂 IL-12 表达及功能的初步研究[J]. 水产学报,2022,46(11)：2028-2037.

[195] 郗明君,刘立春,张涓,等. 3 种壳聚糖对团头鲂体外头肾吞噬细胞呼吸爆发功能的影响[J]. 华中农业大学学报,2014,33(3)：72-77.

[196] 夏飞,梁利国,谢骏. 团头鲂病原嗜水气单胞菌的分离鉴定及药敏试验[J]. 水产科学,2012,31(10)：606-610.

[197] 夏斯蕾,刘波,戈贤平,等. 姜黄素饲料不同投喂模式对团头鲂幼鱼生长及非特异性免疫的影响[C]. 中国水产学会. 2014 年中国水产学会学术年会论文摘要集. 2014：1.

[198] 夏文水,罗永康,熊善柏. 大宗淡水鱼贮运保鲜与加工技术[M]. 北京：中国农业出版社,2014.

[199] 谢定源. 中国名菜[M]. 北京：高等教育出版社,2003.

[200] 谢刚,叶星,庞世勋,等. 杂交鲂(广东鲂♀×团头鲂♂)及其亲本主要遗传性状的比较研究[J]. 湖北农学院学报,2002(04)：330-332.

[201] 谢静,熊善柏,曾令彬,等. 腊鱼加工中的乳酸菌及其特性[J]. 食品与发酵工业,2009,35(06)：32-36.

[202] 谢理,高崧,高清清,等. 江苏人工养殖团头鲂嗜水气单胞菌感染的调查分析[J]. 动物医学进展,2021,42(11)：125-128.

[203] 谢少林,邹青,姚东林. 抗应激饲料添加剂对草鱼生长、免疫和抗应激能力的影响[J]. 水产科技情报,2013,40(6)：312-316.

[204] 熊善柏,谭汝成,何成炎,等. 一种低盐度调味风干武昌鱼生产方法:CN200510018347[P]. CN1663461A.

[205] 熊善柏,赵思明,胡奕静,等. 一株淡水鱼发酵制品用的植物乳杆菌及应用:CN201210443570. 9[P]. CN103421704A.

[206] 熊善柏. 水产品保鲜储运与检验[M]. 北京:化学工业出版社,2007.

[207] 熊焰,周煜,汪开毓. 影响嗜水气单胞菌溶血素产生的因素[J]. 中国兽医科技,1997,27(7):2525.

[208] 熊赢政. 一种即食酱香鱼的加工方法:CN201010275516.9[P]. CN102379431B.

[209] 熊舟翼,卢素芳,徐洪亮,等. 熟制工艺对武昌鱼风味、品质及质构特性的影响[J]. 湖北农业科学,2019,58(22):168-178.

[210] 徐伯亥,殷战,吴玉深,等. 淡水养殖鱼类暴发性传染病致病细菌的研究[J]. 水生生物学报,1993,17(3):259-266.

[211] 徐超,李向飞,田红艳,等. 投喂量对团头鲂幼鱼生长性能,肠道消化和吸收能力及内分泌功能的影响[C]. 中国水产学会. 2015年中国水产学会学术年会论文摘要集. 2015:1.

[212] 徐薇,熊邦喜. 我国鲂属鱼类的研究进展[J]. 水生态学杂志,2008,29(06):7-11.

[213] 徐文杰,刘茹,洪响声,等. 基于近红外光谱技术的淡水鱼品种快速鉴别[J]. 农业工程学报,2014,30(01):253-261.

[214] 徐湛宁,李福贵,郑国栋,等. 团头鲂耐低氧新品系雌核发育群体遗传结构的微卫星分析[J]. 水产学报,2017,41(03):330-338.

[215] 闫亚楠,夏斯蕾,田红艳,等. 白藜芦醇对高脂胁迫团头鲂抗氧化能力、非特异免疫机能和抗病力的影响[J]. 水生生物学报,2017,41(1):155-164.

[216] 杨怀宇,李恩发,邹曙明. 三角鲂与团头鲂正反杂交 F1 的遗传性状[J]. 上海水产大学学报,2002(04):305-309.

[217] 杨京梅,夏文水. 大宗淡水鱼类原料特性比较分析[J]. 食品科学,2012,33(07):51-54.

[218] 杨先乐. 鱼类免疫学研究的进展[J]. 水产学报,1989,13(3):271-284.

[219] 杨晓. 低温处理对团头鲂肉质及血液生化特性的影响[D]. 华中农业大学,2011.

[220] 杨震飞,刘波,徐跑,等. 池塘工业化跑道式循环水高密度应激对团头鲂组织抗氧化酶及其 Nrf2Keap1 信号通路的影响[J]. 中国水产科学,2019,26(2):232-241.

[221] 叶星,谢刚,许淑英,等. 广东鲂(♀)×团头鲂(♂)杂交子一代及其双亲同工酶的比较[J]. 上海水产大学学报,2001(02):118-122.

[222] 易伯鲁. 关于鲂鱼(平胸鳊)种类的新资料[J]. 水生生物学集刊,1955(02):115-122.

[223] 余丰年,王道尊,徐洪杰. 纤维素酶对团头鲂生长及饲料利用的影响[J]. 上海水产大学学报,2001(01):90-92.

[224] 俞菊华,夏德全,杨弘,等. RACE法分离团头鲂生长抑素全长 cDNA 及其序列测定[J]. 水产学报,2003(06):533-539.

[225] 臧振文. 一种煎煮鳊鱼及其制备方法:中国,ZL201610841506.4[P]. 2016.

[226] 曾聪,曹小娟,高泽霞. 团头鲂生长性状的遗传力和育种值估计[J]. 华中农业大学学报,2014,33(02):89-95.

[227] 曾聪,曹小娟,罗伟,等. 团头鲂形态性状对体重的影响效果分析[J]. 中国农学通报,2011,27(32):66-71.

[228] 曾令彬,谭汝成,熊善柏,等. 腌腊鱼加工中优势乳酸菌的分离与鉴定[J]. 食品工业科技,2007,No. 189(01):115-116+119.

[229] 曾令彬,熊善柏,王莉. 腊鱼加工过程中微生物及理化特性的变化[J]. 食品科学,2009,30(03):54-57.

[230] 曾令彬,赵思明,熊善柏,等. 风干白鲢的热风干燥模型及内部水分扩散特性[J]. 农业工程学报,2008,130

(07)：280－283.

[231] 翟子玉,陈慧达,俞豪祥,等. 团头鲂、鲫鱼出血性败血病的研究[J]. 水产科技情报,1993,20(3)：105－108.

[232] 詹柒凤,丁祝进,崔雷,等. 团头鲂 NK-lysin 基因鉴定和表达分析[J]. 水产学报,2016,40(08)：1145－1155.

[233] 张阿鑫,陈康,王伟峰,等. 团头鲂 foxO 基因家族的序列特征及表达分析[J]. 水生生物学报,2022,11：1684－1693.

[234] 张春暖,任洪涛,张纪亮,等. 果寡糖对急性氨氮应激下团头鲂非特异性免疫指标的影响[J]. 淡水渔业,2016,46(5)：64－69.

[235] 张春暖,张纪亮,任洪涛,等. 高温应激下果寡糖水平对团头鲂血液免疫和抗氧化指标的影响[J]. 大连海洋大学学报,2017,32(4)：399－404.

[236] 张大龙,杜睿,聂竹兰,等. 鲂属 4 种鱼类种间杂交的初步研究[J]. 大连海洋大学学报,2014,29(02)：121－125.

[237] 张德春. 淤泥湖和梁子湖团头鲂遗传多样性的研究[J]. 三峡大学学报(自然科学版),2001(03)：282－284.

[238] 张定东,李俊怡,王冰柯. 胆碱对高脂胁迫的团头鲂肝脏抗氧化、组织结构和免疫力的影响[J]. 水产学报,2017,41(3)：438－447.

[239] 张冬星,康元环,田佳鑫,等. 团头鲂致病性弗氏柠檬酸杆菌的分离鉴定及药敏试验[J]. 中国兽医科学,2016,46(12)：1589－1595.

[240] 张建. 团头鲂 JAK 家族基因的鉴定和表达分析[D]. 华中农业大学,2020.

[241] 张健明,何钢,刘岿,等. 探究水溶性红曲色素对武昌鱼的冷藏保鲜性能[J]. 食品科技,2015,284(06)：159－163.

[242] 张丽娜,沈慧星,张连娣,等. 冰鲜和解冻团头鲂在贮藏过程中导电特性变化规律研究[J]. 渔业现代化,2009,36(06)：39－41.

[243] 张美超,曹雅男,姚斌,等. 淬灭酶 AiiO-AIO6 酶学性质及对嗜水气单胞菌毒力因子的表达调控[J]. 水产学报,2011,35(11)：1720－1728.

[244] 张美婷,王玉佩,朱彤玲,等. 淡水养殖鱼类暴发性出血病与水质环境的关系[J]. 天津农林科技,1995(2)：32－33.

[245] 张娜,熊善柏,赵思明. 工艺条件对腌腊鱼安全性品质的影响[J]. 华中农业大学学报,2010,29(06)：783－787.

[246] 张武肖,孙盛明,戈贤平,等. 急性氨氮胁迫及毒后恢复对团头鲂幼鱼鳃、肝和肾组织结构的影响[J]. 水产学报,2015,39(2)：233－244.

[247] 张新辉,罗伟,高泽霞,等. 团头鲂三倍体的诱导及其鉴定[J]. 水产科学,2013,32(09)：503－508.

[248] 张新辉,夏新民,罗伟,等. 团头鲂雌核发育后代的微卫星标记分析[J]. 华中农业大学学报,2012,31(06)：737－743.

[249] 张一平,刘波,华润璐. 酵母核苷酸对团头鲂生长性能、抗氧化功能和抗病力的影响动物营养学报,2012,24(3)：583－590.

[250] 张永安,孙宝剑,聂品. 鱼类免疫组织和细胞的研究概况[J]. 水生生物学报,2000,24(6)：648－654.

[251] 张媛媛,刘波,戈贤平,等. 大黄素的不同投喂模式对团头鲂幼鱼的生长、非特异性免疫及抗嗜水气单胞菌的影响[C]. 中国水产学会动物营养与饲料专业委员会. 第九届世界华人鱼虾营养学术研讨会论文摘要集. 2013：1.

[252] 张媛媛,刘波,周传朋,等. 团头鲂对营养需求的研究进展[J]. 安徽农业科学,2010,38(32)：18239－18241.

[253] 章超桦,薛长湖. 水产食品学(第三版)[M]. 北京：中国农业出版社,2018.

[254] 章琼,孙盛明,李冰,等. 团头鲂(Megahbrama amblycephala) Caspase 9 基因全长 cDNA 的克隆及在氨氮胁迫下的表达分析[J]. 渔业科学进展,2016,37(01)：36－45.

［255］赵博文,赵鸿昊,杨振华,等. 团头鲂(♀)×长春鳊(♂)杂交 $F_1$ 代形态特征及性腺发育[J]. 华中农业大学学报,2015,34(04):89－96.

［256］赵洪雷,冯媛,徐永霞,等. 海鲈鱼肉蒸制过程中品质及风味特性的变化[J]. 食品科学,2021,42(20):145－151.

［257］赵莉君,顾卫瑞,赵思明,等. 包装方式对冰温贮藏鲩鱼片品质的影响[J]. 华中农业大学学报,2010,29(05):639－643.

［258］郑国栋. 鲂鲌杂交新品系的遗传特征、最适蛋白需求及其杂种优势的分子机制研究[D]. 上海海洋大学,2018.

［259］郑国栋. 团头鲂(♀)×翘嘴鲌(♂)杂交后代的遗传特征及长江草鱼的 EST-SSR、雌核发育研究[D]. 上海海洋大学,2015.

［260］钟诗群. 团头鲂细菌性出血病发生原因浅析与防治实例[J]. 科学养鱼,2018(5):69－70.

［261］钟泽洲. 翘嘴鳊及其亲本肌间骨的比较分析[D]. 湖南师范大学,2014.

［262］周蓓蓓,吴向骏,张雷,等. 后熟过程对封鳊鱼风味物质及氨基酸、脂肪酸组成的影响[J]. 食品科技,2021,46(08):118－127.

［263］周光,谢骏,周群兰,等. 团头鲂养殖池塘维氏气单胞菌的致病性耐药性及在不同生态位闻的差异[J]. 江苏农业科学,2012,40(5):192－196.

［264］周娇娇,吴潇扬,陈周,等. 近红外光谱技术快速预测团头鲂新鲜度[J]. 华中农业大学学报,2019,38(04):120－126.

［265］周明,刘波,戈贤平,等. 不同水平维生素 E 对高温应激及常温恢复后团头鲂血清生化指标、肠道抗氧化能力的影响[J]. 水产学报,2013,37(09):1369－1377.

［266］周明,刘波,戈贤平,等. 饲料维生素 E 添加水平对团头鲂生长性能及血液和肌肉理化指标的影响[J]. 动物营养学报,2013,25(07):1488－1496.

［267］周佩. 源于远缘杂交形成的同源四倍体鲤品系的生物学特性研究[D]. 湖南师范大学,2020.

［268］周群兰. 棉粕和菜粕经 TOR、AAR 信号通路调控团头鲂生长及肠道微生态的研究[D]. 南京农业大学,2016.

［269］周文玉,俞春玉,刘建忠,等. 饲料中油脂的质和量对团头鲂生长的影响[J]. 水产科技情报,1997(01):3－6+9.

［270］朱大玲,李爱华,汪建国,等. 嗜水气胞菌毒力与毒力基因分布的相关性[J]. 中山大学学报,2006,45(1):82－85.

［271］朱清旭. 鱼病发生的原因及健康养殖技术[J]. 科学养鱼,2009,(01):82.

［272］朱雅珠,杨国华. 团头鲂鱼种对微量元素需要的研究[C]. 第三届世界华人鱼虾营养研讨会. 1998.

［273］邹曙明,李思发,蔡完其,等. 团头鲂人工同源四倍体、自繁后代、倍间交配后代的染色体组型及形态遗传特征[J]. 动物学报,2005(03):455－461.

［274］邹曙明,李思发,蔡完其,等. 团头鲂同源四倍体、倍间三倍体与二倍体红细胞的形态特征比较[J]. 中国水产科学,2006(06):891－896.

［275］邹志清,苑福熙,陈双喜. 团头鲂饲料中最适蛋白质含量[J]. 淡水渔业,1987(03):21－24.

［276］Chen S, Lin Y, Miao L, et al. Ferulic acid alleviates lipopolysaccharide-induced acute liver injury in *Megalobrama amblycephala*[J]. Aquaculture, 2021, 532:735972.

［277］Enes P, Sanchez-Gurmaches J, Navarro I, et al. Role of insulin and IGF-I on the regulation of glucose metabolism in European sea bass (Dicentrarchus labrax) fed with different dietary carbohydrate levels[J]. Comparative Biochemistry and Physiology Part A:Molecular & Integrative Physiology, 2010, 157(4):346－353.

［278］Fu X, Ding Z, Fan J, et al. Characterization, promoter analysis and expression of the interleukin-6 gene in blunt snout bream, *Megalobrama amblycephala*[J]. Fish physiology and biochemistry, 2016, 42:1527－1540.

[279] Jiang Y H, Tang L L, Zhang F Y, et al. Identification and characterization of immune-related microRNAs in blunt snout bream, *Megalobrama amblycephala* [J]. Fish & Shellfish Immunology, 2016, 49: 470 – 492.

[280] Kaneniwa M, Miao S, Yuan C, et al. Lipid components and enzymatic hydrolysis of lipids in muscle of Chinese freshwater fish [J]. Journal of the American Oil Chemists' Society, 2000, 77(8): 825.

[281] Li Y, Gao J, Huang S. Effects of different dietary phospholipid levels on growth performance, fatty acid composition, PPAR gene expressions and antioxidant responses of blunt snout bream *Megalobrama amblycephala* fingerlings [J]. Fish Physiology and Biochemistry, 2015, 41: 423 – 436.

[282] Lu K, Xu W, Li J, et al. Alterations of liver histology and blood biochemistry in blunt snout bream *Megalobrama amblycephala* fed high-fat diets [J]. Fisheries Science, 2013, 79: 661 – 671.

[283] Shi W, Shan J, Liu M, et al. A study of the optimum demand of protein by blunt snout bream (*Megalobrama amblycephala*). FAO library Accession. 1988(289611).

[284] Vilches S, Urgell C, Merino S, et al. Complete type III secretion system of a mesophilic *Aeromonas hydrophila* strain [J]. Applied and environmental microbiology, 2004, 70(11): 6914 – 6919.

[285] Zhang R, Jiang Y, Liu W, et al. Evaluation of zinc-bearing palygorskite effects on the growth, immunity, antioxidant capability, and resistance to transport stress in blunt snout bream (*Megalobrama amblycephala*) [J]. Aquaculture, 2021, 532: 735963.

[286] Zhang R, Wen C, Chen Y, et al. Zinc-bearing palygorskite improves the intestinal development, antioxidant capability, cytokines expressions, and microflora in blunt snout bream (*Megalobrama amblycephala*) [J]. Aquaculture reports, 2020, 16: 100269.

[287] Abasubong K P, Adjoumani J J Y, Li X F, et al. Dietary supplementation of glycyrrhetinic acid benefit growth performance and lipid metabolism in blunt snout bream (*Megalobrama amblycephala*) juveniles [J]. Aquaculture Nutrition, 2021, 27(2): 407 – 416.

[288] Abasubong K P, Liu W B, Zhang D D, et al. Fishmeal replacement by rice protein concentrate with xylooligosaccharides supplement benefits the growth performance, antioxidant capability and immune responses against *Aeromonas hydrophila* in blunt snout bream (*Megalobrama amblycephala*) [J]. Fish & Shellfish Immunology, 2018, 78: 177 – 186.

[289] Adjoumani J J Y, Abasubong K P, Zhang L, et al. A time-course study of the effects of a high-carbohydrate diet on the growth performance, glycolipid metabolism and mitochondrial biogenesis and function of blunt snout bream (*Megalobrama amblycephala*) [J]. Aquaculture, 2022, 552: 738011.

[290] Ahmed M, Liang H, Chisomo Kasiya H, et al. Complete replacement of fish meal by plant protein ingredients with dietary essential amino acids supplementation for juvenile blunt snout bream (*Megalobrama amblycephala*) [J]. Aquaculture Nutrition, 2019, 25(1): 205 – 214.

[291] Alam M S, Teshima S, Koshio S, et al. Arginine requirement of juvenile Japanese flounder Paralichthys olivaceus estimated by growth and biochemical parameters [J]. Aquaculture, 2002, 205(1 – 2): 127 – 140.

[292] Andersson U, Tracey K J. Reflex principles of immunological homeostasis [J]. Annual review of immunology, 2012, 30: 313 – 335.

[293] Bao S T, Liu X C, Huang X P, et al. Magnesium supplementation in high carbohydrate diets: Implications on growth, muscle fiber development and flesh quality of *Megalobrama amblycephala* [J]. Aquaculture Reports, 2022, 23: 101039.

[294] Bautista M N, De la Cruz M C. Linoleic (ω6) and linolenic (ω3) acids in the diet of fingerling milkfish (Chanos chanos Forsskal) [J]. Aquaculture, 1988, 71(4): 347 – 358.

[295] Bi Z X, Liu Y J, Lu C P. Contribution of AhyR to virulence of *Aeromonas hydrophila* J-1 [J]. Research in veterinary science, 2007, 83(2): 150 – 156.

[296] Bouraoui L, Capilla E, Gutiérrez J, et al. Insulin and insulin-like growth factor I signaling pathways in rainbow

trout (Oncorhynchus mykiss) during adipogenesis and their implication in glucose uptake[J]. American Journal of Physiology-Regulatory, Integrative and Comparative Physiology, 2010, 299(1): R33-R41.

[297] Brameld J M, Gilmour R S, Buttery P J. Glucose and amino acids interact with hormones to control expression of insulin-like growth factor-I and growth hormone receptor mRNA in cultured pig hepatocytes[J]. The Journal of nutrition, 1999, 129(7): 1298 – 1306.

[298] Cai W C, Jiang G Z, Li X F, et al. Effects of complete fish meal replacement by rice protein concentrate with or without lysine supplement on growth performance, muscle development and flesh quality of blunt snout bream (*Megalobrama amblycephala*)[J]. Aquaculture Nutrition, 2018, 24(1): 481 – 491.

[299] Cao F, Lu Y, Zhang X, et al. Effects of dietary supplementation with fermented Ginkgo leaves on innate immunity, antioxidant capability, lipid metabolism, and disease resistance against *Aeromonas hydrophila* infection in blunt snout bream (*Megalobrama amblycephala*)[J]. Israeli Journal of Aquaculture-Bamidgeh, 2015, 67.

[300] Chen BX, Yi SK, Wang WF, et al. Transcriptome comparison reveals insights into muscle response to hypoxia in blunt snout bream (*Megalobrama amblycephala*). Gene, 2017, 624: 613.

[301] Chen J, Chen X, Huang X, et al. Genome-wide analysis of intermuscular bone development reveals changes of key genes expression and signaling pathways in blunt snout bream (*Megalobrama amblycephala*)[J]. Genomics, 2021, 113(1): 654 – 663.

[302] Chen J, Huang X, Geng R, et al. Ribonuclease1 contributes to the antibacterial response and immune defense in blunt snout bream (*Megalobrama amblycephala*)[J]. International Journal of Biological Macromolecules, 2021, 172: 309 – 320.

[303] Chen N, Huang C H, Chen B X, et al. Alternative splicing transcription of *Megalobrama amblycephala* HIF prolyl hydroxylase PHD3 and up-regulation of PHD3 by HIF-1α[J]. Biochemical and biophysical research communications, 2016, 469(3): 737 – 742.

[304] Chen N, Huang C X, Huang C H, et al. The molecular characterization, expression pattern and alternative initiation of *Megalobrama amblycephala* Hif prolyl hydroxylase Phd1[J]. Gene, 2018, 678: 219 – 225.

[305] Chen Q Q, Liu W B, Zhou M, et al. Effects of berberine on the growth and immune performance in response to ammonia stress and high-fat dietary in blunt snout bream *Megalobrama amblycephala*[J]. Fish & Shellfish Immunology, 2016, 55: 165 – 172.

[306] Chen Y, Wan S, Li Q, et al. Genome-wide integrated analysis revealed functions of lncRNA-miRNA-mRNA interaction in growth of intermuscular bones in *Megalobrama amblycephala*[J]. Frontiers in Cell and Developmental Biology, 2021, 8: 603815.

[307] Chi C, Lin Y, Miao L, et al. Effects of dietary supplementation of a mixture of ferulic acid and probiotics on the fillet quality of *Megalobrama amblycephala* fed with oxidized oil[J]. Aquaculture, 2022, 549: 737786.

[308] Chu W H, Lu C P. In vivo fish models for visualizing *Aeromonas hydrophila* invasion pathway using GFP as a biomarker[J]. Aquaculture, 2008, 277(34): 152 – 155.

[309] Daniela Borda, Anca I Nicolau, Peter Raspor. Trends in Fish Processing Technologies[M]. Taylor&Francis Group CRC Press, 2018.

[310] Ding M, Fan J, Wang W, et al. Molecular characterization, expression and antimicrobial activity of complement factor D in *Megalobrama amblycephala*. Fish Shellfish Immunol, 2019, 89: 43 – 51.

[311] Ding Z, Wu J, Su L, et al. Expression of heat shock protein 90 genes during early development and infection in *Megalobrama amblycephala* and evidence for adaptive evolution in teleost. Dev Com Immunol, 2013, 41(4): 683 – 693.

[312] Ding Z, Zhao X, Cui L, et al. Novel insights into the immune regulatory effects of ferritins from blunt snout bream, *Megalobrama amblycephala*, Fish Shellfish Immunol, 2019a, 87: 679 – 687.

[313] Ding Z, Zhao X, Su L, et al. The *Megalobrama amblycephala* transferrin and transferrin receptor genes: molecular

cloning, characterization and expression during early development and after Aeromonas hydrophila infection. Dev Comp Immunol, 2015, 49(2): 290-297.

[314] Ding Z, Zhao X, Wang J, et al. Intelectin mediated phagocytosis and killing activity of macrophages in blunt snout bream (*Megalobrama amblycephala*). Fish Shellfish Immunol, 2019b, 87: 129-135.

[315] Ding Z, Zhao X, Zhan Q, et al. Characterization and expression analysis of an intelectin gene from *Megalobrama amblycephala* with excellent bacterial binding and agglutination activity. Fish Shellfish Immunol, 2017b, 61: 100-110.

[316] Ding Z, Zhao X, Zhan Q, et al. Comparative analysis of two ferritin subunits from blunt snout bream (*Megalobrama amblycephala*): Characterization, expression, iron depriving and bacteriostatic activity. Fish Shellfish Immunol, 2017a, 66: 411-422.

[317] Dong Y, Xia T, Yu M, et al. Hydroxytyrosol Attenuates High-Fat-Diet-Induced Oxidative Stress, Apoptosis and Inflammation of Blunt Snout Bream (*Megalobrama amblycephala*) through Its Regulation of Mitochondrial Homeostasis[J]. Fishes, 2022, 7(2): 78.

[318] Gao Z, Luo W, Liu H, et al. Transcriptome Analysis and SSR/SNP Markers Information of the Blunt Snout Bream (*Megalobrama amblycephala*)[J]. Plos One, 2012, 7.

[319] Geng R, Liu H, Wang W. Differential expression of six Rnase2 and three Rnase3 paralogs identified in blunt snout bream in response to aeromonas hydrophila infection[J]. Genes, 2018, 9(2): 95.

[320] Gingras A C, Kennedy S G, O'Leary M A, et al. 4E-BP1, a repressor of mRNA translation, is phosphorylated and inactivated by the Akt (PKB) signaling pathway[J]. Genes & development, 1998, 12(4): 502-513.

[321] Gong D, Tao M, Xu L, et al. An improved hybrid bream derived from a hybrid lineage of *Megalobrama amblycephala* (♀) × *Culter alburnus* (♂)[J]. Science China Life Sciences, 2022: 1-9.

[322] Guan W Z, Guo D D, Sun Y W, et al. Characterization of duplicated heme oxygenase-1 genes and their responses to hypoxic stress in blunt snout bream (*Megalobrama amblycephala*)[J]. Fish physiology and biochemistry, 2017, 43: 641-651.

[323] Guo H, Lin W, Hou J, et al. The protective roles of dietary selenium yeast and tea polyphenols on growth performance and ammonia tolerance of juvenile Wuchang bream (*Megalobrama amblycephala*)[J]. Frontiers in physiology, 2018, 9: 1371.

[324] Guo H H, Sun Y, Zhang X, et al. Identification of duplicated Cited3 genes and their responses to hypoxic stress in blunt snout bream (*Megalobrama amblycephala*). Fish Physiol Biochem, 2019, 45, 1141-1152.

[325] Habte-Tsion H M, Liu B, Ge X, et al. Effects of dietary protein level on growth performance, muscle composition, blood composition, and digestive enzyme activity of Wuchang bream (*Megalobrama amblycephala*) fry[J]. Israeli Journal of Aquaculture-Bamidgeh, 2013, 65: 1-9.

[326] Habte-Tsion H M, Liu B, Ren M, et al. Dietary threonine requirement of juvenile blunt snout bream (*Megalobrama amblycephala*)[J]. Aquaculture, 2015a, 437: 304-311.

[327] Habte-Tsion H M, Ren M, Liu B, et al. Threonine affects digestion capacity and hepatopancreatic gene expression of juvenile blunt snout bream (*Megalobrama amblycephala*)[J]. British journal of nutrition, 2015b, 114(4): 533-543.

[328] Habte-Tsion H M, Ren M, Liu B, et al. Threonine modulates immune response, antioxidant status and gene expressions of antioxidant enzymes and antioxidant-immune-cytokine-related signaling molecules in juvenile blunt snout bream (*Megalobrama amblycephala*)[J]. Fish & shellfish immunology, 2016, 51: 189-199.

[329] Halver JE. The vitamins. In: Fish feed technolgy. UNDP/FAO (United Nations Development Programme Food and Agriculture Organization of the United Nations) Rome, Italy. Report No. ADCP/REP/80/11. 1980: 65103.

[330] Han J, Lin Y, Pan W, et al. Dietary selenium enhances the growth and anti-oxidant capacity of juvenile blunt snout bream (*Megalobrama amblycephala*)[J]. Fish & shellfish immunology, 2020, 101: 115-125.

[331] He C, Jia X, Zhang L, et al. Dietary berberine can ameliorate glucose metabolism disorder of *Megalobrama amblycephala* exposed to a high-carbohydrate diet[J]. Fish Physiology and Biochemistry, 2021, 47: 499–513.

[332] He Q, Xiao K. The effects of tangerine peel (*Citri reticulatae pericarpium*) essential oils as glazing layer on freshness preservation of bream (*Megalobrama amblycephala*) during superchilling storage[J]. Food Control, 2016, 69: 339–345.

[333] He Y, Liu B, Xie J, et al. Effects of antibacterial peptide extracted from Bacillus subtilis fmbJ on the growth, physiological response and disease resistance of *Megalobrama amblycephala*[J]. Israeli Journal of Aquaculture-Bamidgeh, 2014, 66.

[334] Huang C H, Chen N, Huang C X, et al. Involvement of miR462/731 cluster in hypoxia response in *Megalobrama amblycephala*. Fish Physiol Biochem, 2017, 43(3): 863–873.

[335] Huang Y, Jiang G, Abasubong K P, et al. High lipid and high carbohydrate diets affect muscle growth of blunt snout bream (*Megalobrama amblycephala*) through different signaling pathways[J]. Aquaculture, 2022, 548: 737495.

[336] Jefferson L S, Kimball S R. Amino acid regulation of gene expression[J]. The Journal of nutrition, 2001, 131(9): 2460–2466.

[337] Ji K, Liang H, Chisomo-Kasiya H, et al. Effects of dietary tryptophan levels on growth performance, whole body composition and gene expression levels related to glycometabolism for juvenile blunt snout bream, *Megalobrama amblycephala*[J]. Aquaculture Nutrition, 2018, 24(5): 1474–1483.

[338] Ji K, Liang H, Ren M, et al. Effects of dietary tryptophan levels on antioxidant status and immunity for juvenile blunt snout bream (*Megalobrama amblycephala*) involved in Nrf2 and TOR signaling pathway[J]. Fish & Shellfish Immunology, 2019, 93: 474–483.

[339] Ji K, Liang H, Ren M, et al. Nutrient metabolism in the liver and muscle of juvenile blunt snout bream (*Megalobrama amblycephala*) in response to dietary methionine levels[J]. Scientific Reports, 2021, 11(1): 1–13.

[340] Ji K, Liang H, Ren M, et al. The immunoreaction and antioxidant capacity of juvenile blunt snout bream (*Megalobrama amblycephala*) involves the PI3K/Akt/Nrf2 and NF-κB signal pathways in response to dietary methionine levels[J]. Fish & Shellfish Immunology, 2020, 105: 126–134.

[341] Ji W, Zhang G R, Ran W, et al. Genetic diversity of and differentiation among five populations of blunt snout bream (*Megalobrama amblycephala*) revealed by SRAP markers: implications for conservation and management[J]. PLoS One, 2014, 9(9): e108967.

[342] Jia E, Yan Y, Zhou M, et al. Combined effects of dietary quercetin and resveratrol on growth performance, antioxidant capability and innate immunity of blunt snout bream (*Megalobrama amblycephala*)[J]. Animal Feed Science and Technology, 2019, 256: 114268.

[343] Jiang F, Lin Y, Miao L, et al. Addition of Bamboo Charcoal to Selenium (Se)-Rich Feed Improves Growth and Antioxidant Capacity of Blunt Snout Bream (*Megalobrama amblycephala*)[J]. Animals, 2021, 11(9): 2585.

[344] Jiang G Z, Wang M, Liu W B, et al. Dietary choline requirement for juvenile blunt snout bream, *Megalobrama amblycephala*[J]. Aquaculture Nutrition, 2013, 19(4): 499–505.

[345] Jiang G, Zhou M, Zhang D, et al. The mechanism of action of a fat regulator: Glycyrrhetinic acid (GA) stimulating fatty acid transmembrane and intracellular transport in blunt snout bream (*Megalobrama amblycephala*)[J]. Comparative Biochemistry and Physiology Part A: Molecular & Integrative Physiology, 2018, 226: 83–90.

[346] Jiang M, Wu F, Huang F, et al. Effects of dietary Zn on growth performance, antioxidant responses, and sperm motility of adult blunt snout bream, *Megalobrama amblycephala*[J]. Aquaculture, 2016, 464: 121–128.

[347] Jiang W, Miao L, Lin Y, et al. Spirulina (Arthrospira) platensis as a protein source could improve growth, feed utilisation and digestion and physiological status in juvenile blunt snout bream (*Megalobrama amblycephala*)[J]. Aquaculture Reports, 2022, 22: 100932.

[348] Jiang Y H, Mao Y, Lv Y N, et al. Natural Resistance Associated Macrophage Protein Is Involved in Immune Response of Blunt Snout Bream, *Megalobrama amblycephala*. Cells, 2018, 7, 27.

[349] Jobling M. National Research Council. Nutrient requirements of fish and shrimp[M]. National academies press, 2011.

[350] Jos A, Pichardo S, Prieto A I, et al. Toxic cyanobacterial cells containing microcystins induce oxidative stress in exposed tilapia fish (Oreochromis sp.) under laboratory conditions[J]. Aquatic toxicology, 2005, 72(3): 261–271.

[351] Jousse C, Averous J, Bruhat A, et al. Amino acids as regulators of gene expression: molecular mechanisms[J]. Biochemical and biophysical research communications, 2004, 313(2): 447–452.

[352] Kaczanowski T C, Beamish F W H. Dietary essential amino acids and heat increment in rainbow trout (Oncorhynchus mykiss)[J]. Fish Physiology and Biochemistry, 1996, 15: 105–120.

[353] Kaushik S J, Fauconneau B. Effects of lysine administration on plasma arginine and on some nitrogenous catabolites in rainbow trout[J]. Comparative Biochemistry and Physiology Part A: Physiology, 1984, 79(3): 459–462.

[354] Kim K I. Re-evaluation of protein and amino acid requirements of rainbow trout (Oncorhynchus mykiss)[J]. Aquaculture, 1997, 151(1–4): 3–7.

[355] Kiron V. Fish immune system and its nutritional modulation for preventive health care[J]. Animal Feed Science and Technology, 2012, 173(1–2): 111–133.

[356] Li F, Yin Y, Tan B, et al. Leucine nutrition in animals and humans: mTOR signaling and beyond[J]. Amino acids, 2011, 41: 1185–1193.

[357] Li P, Mai K, Trushenski J, et al. New developments in fish amino acid nutrition: towards functional and environmentally oriented aquafeeds[J]. Amino acids, 2009, 37: 43–53.

[358] Li R, Fan W, Tian G, et al. The sequence and de novo assembly of the giant panda genome[J]. Nature, 2010, 463(7279): 311–317.

[359] Li S F, Cai W Q. Genetic improvement of the herbivorous blunt snout bream (*Megalobrama amblycephala*)[J]. 2003.

[360] Li S F, Zou S M, Cai W Q, et al. Production of interploid triploids by 4n×2n blunt snout bream (*Megalobrama amblycephala*. Yih) and their first performance data[J]. Aquaculture Research, 2006, 37(4): 374–379.

[361] Li X F, Tian H Y, Zhang D D, et al. Feeding frequency affects stress, innate immunity and disease resistance of juvenile blunt snout bream *Megalobrama amblycephala*[J]. Fish & shellfish immunology, 2014, 38(1): 80–87.

[362] Li X F, Wang F, Qian Y, et al. Dietary vitamin B12 requirement of fingerling blunt snout bream *Megalobrama amblycephala* determined by growth performance, digestive and absorptive capability and status of the GH-IGF-I axis [J]. Aquaculture, 2016, 464: 647–653.

[363] Li X F, Wang T J, Qian Y, et al. Dietary niacin requirement of juvenile blunt snout bream *Megalobrama amblycephala* based on a dose-response study[J]. Aquaculture Nutrition, 2017, 23(6): 1410–1417.

[364] Li X F, Wang Y, Liu W B, et al. Effects of dietary carbohydrate/lipid ratios on growth performance, body composition and glucose metabolism of fingerling blunt snout bream *Megalobrama amblycephala*[J]. Aquaculture Nutrition, 2013, 19(5): 701–708.

[365] Li X F, Xu C, Tian H Y, et al. Feeding rates affect stress and non-specific immune responses of juvenile blunt snout bream *Megalobrama amblycephala* subjected to hypoxia[J]. Fish & shellfish immunology, 2016, 49: 298–305.

[366] Li X, Liu W, Jiang Y, et al. Effects of dietary protein and lipid levels in practical diets on growth performance and body composition of blunt snout bream (*Megalobrama amblycephala*) fingerlings[J]. Aquaculture, 2010, 303(1–4): 65–70.

[367] Li Y, Fang Y, Zhang J, et al. Changes in quality and microbial succession of lightly salted and sugar-salted blunt

snout bream (*Megalobrama amblycephala*) fillets stored at 4℃[J]. Journal of food protection, 2018, 81(8): 1293-1303.

[368] Liang H L, Ren M C, Habte-Tsion H M, et al. Dietary methionine requirement of pre-adult blunt snout bream (*Megalobrama amblycephala* Yih, 1955)[J]. Journal of Applied Ichthyology, 2016, 32(6): 1171-1178.

[369] Liang H, Ge X, Xia D, et al. The role of dietary chromium supplementation in relieving heat stress of juvenile blunt snout bream *Megalobrama amblycephala*[J]. Fish & Shellfish Immunology, 2022, 120: 23-30.

[370] Liang H, Habte-Tsion H M, Ge X, et al. Dietary arginine affects the insulin signaling pathway, glucose metabolism and lipogenesis in juvenile blunt snout bream *Megalobrama amblycephala*[J]. Scientific reports, 2017, 7(1): 1-11.

[371] Liang H, Ji K, Ge X, et al. Tributyrin plays an important role in regulating the growth and health status of juvenile blunt snout bream (*Megalobrama amblycephala*), as evidenced by pathological examination[J]. Frontiers in Immunology, 2021, 12: 652294.

[372] Liang H, Ji K, Ge X, et al. Effects of dietary arginine on antioxidant status and immunity involved in AMPK-NO signaling pathway in juvenile blunt snout bream[J]. Fish & Shellfish Immunology, 2018c, 78: 69-78.

[373] Liang H, Ji K, Ge X, et al. Effects of dietary copper on growth, antioxidant capacity and immune responses of juvenile blunt snout bream (*Megalobrama amblycephala*) as evidenced by pathological examination[J]. Aquaculture Reports, 2020, 17: 100296.

[374] Liang H, Mokrani A, Chisomo-Kasiya H, et al. Dietary leucine affects glucose metabolism and lipogenesis involved in TOR/PI3K/Akt signaling pathway for juvenile blunt snout bream *Megalobrama amblycephala*[J]. Fish physiology and biochemistry, 2019, 45: 719-732.

[375] Liang H, Mokrani A, Ji K, et al. Dietary leucine modulates growth performance, Nrf2 antioxidant signaling pathway and immune response of juvenile blunt snout bream (*Megalobrama amblycephala*)[J]. Fish & shellfish immunology, 2018a, 73: 57-65.

[376] Liang H, Mokrani A, Ji K, et al. Effects of dietary arginine on intestinal antioxidant status and immunity involved in Nrf2 and NF-κB signaling pathway in juvenile blunt snout bream, *Megalobrama amblycephala*[J]. Fish & shellfish immunology, 2018b, 82: 243-249.

[377] Liang H, Ren M, Habte-Tsion H M, et al. Dietary arginine affects growth performance, plasma amino acid contents and gene expressions of the TOR signaling pathway in juvenile blunt snout bream, *Megalobrama amblycephala*[J]. Aquaculture, 2016, 461: 1-8.

[378] Liao Y J, Ren M C, Liu B, et al. Dietary methionine requirement of juvenile blunt snout bream (*Megalobrama amblycephala*) at a constant dietary cystine level[J]. Aquaculture Nutrition, 2014, 20(6): 741-752.

[379] Liu B O, Xu P, Xie J, et al. Effects of emodin and vitamin E on the growth and crowding stress of Wuchang bream (*Megalobrama amblycephala*)[J]. Fish & Shellfish Immunology, 2014, 40(2): 595-602.

[380] Liu B, Ge X, Xie J, et al. Effects of anthraquinone extract from Rheum officinale Bail on the physiological responses and HSP70 gene expression of *Megalobrama amblycephala* under *Aeromonas hydrophila* infection[J]. Fish & Shellfish Immunology, 2012, 32(1): 1-7.

[381] Liu B, Ge X, Xie J, et al. Effects of anthraquinone extract from Rheum officinale Bail on the physiological responses and HSP70 gene expression of *Megalobrama amblycephala* under *Aeromonas hydrophila* infection[J]. Fish & Shellfish Immunology, 2012, 32(1): 1-7.

[382] Liu B, Xu P, Brown P B, et al. The effect of hyperthermia on liver histology, oxidative stress and disease resistance of the Wuchang bream, *Megalobrama amblycephala*[J]. Fish & shellfish immunology, 2016, 52: 317-324.

[383] Liu B, Zhao Z, Brown P B, et al. Dietary vitamin A requirement of juvenile Wuchang bream (*Megalobrama amblycephala*) determined by growth and disease resistance[J]. Aquaculture, 2016, 450: 23-30.

[384] Liu G X, Jiang G Z, Lu K L, et al. Effects of dietary selenium on the growth, selenium status, antioxidant activities, muscle composition and meat quality of blunt snout bream, *Megalobrama amblycephala*[J]. Aquaculture Nutrition, 2017, 23(4): 777-787.

[385] Liu H, Chen C, Gao Z, et al. The draft genome of blunt snout bream (*Megalobrama amblycephala*) reveals the development of intermuscular bone and adaptation to herbivorous diet[J]. Gigascience, 2017, 6(7): gix039.

[386] Liu H, Chen C, Lv M, et al. A chromosome-level assembly of blunt snout bream (*Megalobrama amblycephala*) genome reveals an expansion of olfactory receptor genes in freshwater fish. Molecular Biology and Evolution, 2021, 38(10): 4238-4251.

[387] Liu H, Wang W. Expression patterns and functional novelty of ribonuclease 1 in herbivorous *Megalobrama amblycephala*[J]. International Journal of Molecular Sciences, 2016, 17(5): 786.

[388] Liua B, Wana J, Gea X, et al. Effects of dietary Vitamin C on the physiological responses and disease resistance to pH stress and *Aeromonas hydrophila* infection of *Megalobrama amblycephala*[J]. Turkish Journal of Fisheries and Aquatic Sciences, 2016, 16(2): 421-433.

[389] Lu K L, Wang L N, Zhang D D, et al. Berberine attenuates oxidative stress and hepatocytes apoptosis via protecting mitochondria in blunt snout bream *Megalobrama amblycephala* fed high-fat diets[J]. Fish Physiology and Biochemistry, 2017, 43: 65-76.

[390] Lu K L, Xu W N, Liu W B, et al. Association of mitochondrial dysfunction with oxidative stress and immune suppression in blunt snout bream *Megalobrama amblycephala* fed a high-fat diet[J]. Journal of aquatic animal health, 2014, 26(2): 100-112.

[391] Luo W, Wang W M, Wan S M, et al. Assessment of parental contribution to fast-growth and slow-growth progenies in the blunt snout bream (*Megalobrama amblycephala*) based on parentage assignment[J]. Aquaculture, 2017, 472: 23-29.

[392] Luo W, Zeng C, Deng W, et al. Genetic parameter estimates for growth-related traits of blunt snout bream (*Megalobrama amblycephala*) using microsatellite-based pedigree[J]. Aquaculture Research, 2014a, 45(11): 1881-1888.

[393] Luo W, Zeng C, Yi S, et al. Heterosis and combining ability evaluation for growth traits of blunt snout bream (Megalobrama amblycephala) when crossbreeding three strains[J]. Chinese Science Bulletin, 2014b, 59: 857-864.

[394] Luo W, Zhang J, Wen J, et al. Molecular cloning and expression analysis of major histocompatibility complex class I, IIA and IIB genes of blunt snout bream (Megalobram amblycephala). Dev Comp Immunol, 2014a, 42(2): 169-173.

[395] Lv H, Xu W, You J, et al. Classification of freshwater fish species by linear discriminant analysis based on near infrared reflectance spectroscopy[J]. Journal of Near Infrared Spectroscopy, 2017, 25(1): 54-62.

[396] Lv M, Chen X, Huang X, et al. Transcriptome analysis reveals sexual disparities between olfactory and immune gene expression in the olfactory epithelium of *Megalobrama amblycephala*. International Journal of Molecular Sciences, 2021, 22(23): 13017.

[397] Martínez-Álvarez R M, Morales A E, Sanz A. Antioxidant defenses in fish: biotic and abiotic factors[J]. Reviews in Fish Biology and fisheries, 2005, 15: 75-88.

[398] Miao L H, Xie J, Ge X P, et al. Chronic stress effects of high doses of vitamin D3 on *Megalobrama amblycephala*[J]. Fish & Shellfish Immunology, 2015, 47(1): 205-213.

[399] Miao LH, Ge XP, Xie J, et al. Dietary vitamin D3 requirement of Wuchang bream (*Megalobrama amblycephala*)[J]. Aquaculture, 2015, 436: 104-109.

[400] Mourente G, Díaz-Salvago E, Bell J G, et al. Increased activities of hepatic antioxidant defence enzymes in juvenile gilthead sea bream (Sparus aurata L.) fed dietary oxidised oil: attenuation by dietary vitamin E[J]. Aquaculture, 2002, 214(1-4): 343-361.

[401] Nei M, Niimura Y, Nozawa M. The evolution of animal chemosensory receptor gene repertoires: roles of chance and necessity[J]. Nature Reviews Genetics, 2008, 9(12): 951-963.

[402] Nie C H, Wan S M, Liu Y L, et al. Development of teleost intermuscular bones undergoing intramembranous ossification based on histological-transcriptomic-proteomic data[J]. International Journal of Molecular Sciences, 2019, 20(19): 4698.

[403] Nie CH, Wan SM, Tomljanovic T, et al. Comparative proteomics analysis of teleost intermuscular bones and ribs provides insight into their development. BMC Genomics, 2017, 18(1): 147.

[404] Nisar T, Yang X I, Alim A, et al. Physicochemical responses and microbiological changes of bream (*Megalobrama ambycephala*) to pectin based coatings enriched with clove essential oil during refrigeration[J]. International Journal of Biological Macromolecules, 2019, 124: 1156-1166.

[405] Qian Y, Li X F, Sun C X, et al. Dietary biotin requirement of juvenile blunt snout bream, M egalobrama amblycephala[J]. Aquaculture Nutrition, 2014, 20(6): 616-622.

[406] Rahimnejad S, Yuan X Y, Liu W B, et al. Evaluation of antioxidant capacity and immunomodulatory effects of yeast hydrolysates for hepatocytes of blunt snout bream (*Megalobrama amblycephala*)[J]. Fish & shellfish immunology, 2020, 106: 142-148.

[407] Ren M, Habte-Tsion H M, Liu B, et al. Dietary isoleucine requirement of juvenile blunt snout bream, *Megalobrama amblycephala*[J]. Aquaculture Nutrition, 2017, 23(2): 322-330.

[408] Ren M, Habte-Tsion H M, Liu B, et al. Dietary leucine level affects growth performance, whole body composition, plasma parameters and relative expression of TOR and TNF-α in juvenile blunt snout bream, *Megalobrama amblycephala*[J]. Aquaculture, 2015a, 448: 162-168.

[409] Ren M, Habte-Tsion H M, Liu B, et al. Dietary valine requirement of juvenile blunt snout bream (*Megalobrama amblycephala* Yih, 1955)[J]. Journal of Applied Ichthyology, 2015b, 31(6): 1086-1092.

[410] Ren M, Liao Y, Xie J, et al. Dietary arginine requirement of juvenile blunt snout bream, *Megalobrama amblycephala*[J]. Aquaculture, 2013, 414: 229-234.

[411] Ren M, Liu B, Habte-Tsion H M, et al. Dietary phenylalanine requirement and tyrosine replacement value for phenylalanine of juvenile blunt snout bream, *Megalobrama amblycephala*[J]. Aquaculture, 2015c, 442: 51-57.

[412] Ren M, Mokrani A, Liang H, et al. Dietary chromium picolinate supplementation affects growth, whole-body composition, and gene expression related to glucose metabolism and lipogenesis in juvenile blunt snout bream, *Megalobrama amblycephala*[J]. Biological trace element research, 2018, 185: 205-215.

[413] Sargent J R, Tocher D R, Bell J G. The lipids[J]. Fish nutrition, 2003: 181-257.

[414] Sargent J, Bell G, McEvoy L, et al. Recent developments in the essential fatty acid nutrition of fish[J]. Aquaculture, 1999, 177(1-4): 191-199.

[415] Seo J, Fortuno III E S, Suh J M, et al. Atf4 regulates obesity, glucose homeostasis, and energy expenditure[J]. Diabetes, 2009, 58(11): 2565-2573.

[416] Sesay D F, Habte-Tsion H M, Zhou Q, et al. Effects of dietary folic acid on the growth, digestive enzyme activity, immune response and antioxidant enzyme activity of blunt snout bream (*Megalobrama amblycephala*) fingerling [J]. Aquaculture, 2016, 452: 142-150.

[417] Sesay D F, Habte-Tsion H M, Zhou Q, et al. The effect of dietary folic acid on biochemical parameters and gene expression of three heat shock proteins (HSPs) of blunt snout bream (*Megalobrama amblycephala*) fingerling under acute high temperature stress[J]. Fish physiology and biochemistry, 2017, 43: 923-940.

[418] Shao X P, Liu W B, Lu K L, et al. Effects of tribasic copper chloride on growth, copper status, antioxidant activities, immune responses and intestinal microflora of blunt snout bream (*Megalobrama amblycephala*) fed practical diets[J]. Aquaculture, 2012, 338: 154-159.

[419] Shi H J, Li X F, Xu C, et al. Nicotinamide improves the growth performance, intermediary metabolism and

glucose homeostasis of blunt snout bream *Megalobrama amblycephala* fed high-carbohydrate diets[J]. Aquaculture Nutrition, 2020, 26(4): 1311 – 1328.

[420] Song C, Cui Y, Liu B, et al. HSP60 and HSP90β from blunt snout bream, *Megalobrama amblycephala*: Molecular cloning, characterization, and comparative response to intermittent thermal stress and Aeromonas hydrophila infection. Fish & Shellfish Immunology, 2018, 74, 119 – 132.

[421] Song C, Liu B, Xu P, et al. Emodin ameliorates metabolic and antioxidant capacity inhibited by dietary oxidized fish oil through PPARs and Nrf2-Keap1 signaling in Wuchang bream (*Megalobrama amblycephala*)[J]. Fish & shellfish immunology, 2019, 94: 842 – 851.

[422] Song Y, Liu L, Shen H, et al. Effect of sodium alginate-based edible coating containing different anti-oxidants on quality and shelf life of refrigerated bream (*Megalobrama amblycephala*)[J]. Food control, 2011, 22(3 – 4): 608 – 615.

[423] Song Y, Luo Y, You J, et al. Biochemical, sensory and microbiological attributes of bream (*Megalobrama amblycephala*) during partial freezing and chilled storage[J]. Journal of the Science of Food and Agriculture, 2012, 92(1): 197 – 202.

[424] Sun S, Ge X, Zhu J, et al. De novo assembly of the blunt snout bream (*Megalobrama amblycephala*) gill transcriptome to identify ammonia exposure associated microRNAs and their targets. Results in Immunology, 2016a, 6, 21 – 27.

[425] Sun S, Xuan F, Ge X, et al. Dynamic mRNA and miRNA expression analysis in response to hypoxia and reoxygenation in the blunt snout bream (*Megalobrama amblycephala*)[J]. Scientific reports, 2017, 7(1): 12846.

[426] Sun S, Zhu J, Ge X, et al. Molecular characterization and gene expression of ferritin in blunt snout bream (*Megalobrama amblycephala*). Fish & Shellfish Immunology 2016b, 57, 8795.

[427] Sun Y, Guo H H, Guo D D, et al. Divergence of genes encoding CITED1 and CITED2 in blunt snout bream (*Megalobrama amblycephala*) and their transcriptional responses to hypoxia[J]. Frontiers in Physiology, 2018, 9: 186.

[428] Tan X, Luo Z, Xie P, et al. Effect of dietary linolenic acid/linoleic acid ratio on growth performance, hepatic fatty acid profiles and intermediary metabolism of juvenile yellow catfish Pelteobagrus fulvidraco[J]. Aquaculture, 2009, 296(1 – 2): 96 – 101.

[429] Teng T, Xi B, Xie J, et al. Molecular cloning and expression analysis of *Megalobrama amblycephala* transferrin gene and effects of exposure to iron and infection with Aeromonas hydrophila. Fish Physiol Biochem, 2017, 43, 987 – 997.

[430] Tian H Y, Zhang D D, Li X F, et al. Optimum feeding frequency of juvenile blunt snout bream *Megalobrama amblycephala*[J]. Aquaculture, 2015, 437: 60 – 66.

[431] Tocher D R. Metabolism and functions of lipids and fatty acids in teleost fish[J]. Reviews in fisheries science, 2003, 11(2): 107 – 184.

[432] Tran N T, Gao Z X, Zhao H H, et al. Transcriptome analysis and microsatellite discovery in the blunt snout bream (*Megalobrama amblycephala*) after challenge with Aeromonas hydrophila[J]. Fish & shellfish immunology, 2015, 45(1): 72 – 82.

[433] Tsai GJ, Tsai FC, Kong ZL. Effects of temperature, medium composition, pH, salt and dissolved oxygen on haemolysin and cytotoxin production by *Aeromonas hydrophila* isolated from oyster[J]. International Journal of Food Microbiology, 1997(38): 111 – 116.

[434] Tu Y, Xie S, Han D, et al. Dietary arginine requirement for gibel carp (Carassis auratus gibelio var. CAS III) reduces with fish size from 50 g to 150 g associated with modulation of genes involved in TOR signaling pathway [J]. Aquaculture, 2015, 449: 37 – 47.

[435] Van Loon C, Luc J. Amino acids as pharmaco-nutrients for the treatment of type 2 diabetes[J]. Immunology, Endocrine & Metabolic Agents in Medicinal Chemistry (Formerly Current Medicinal Chemistry-Immunology,

Endocrine and Metabolic Agents), 2007, 7(1): 39 − 48.

[436] Van Loon L J C, Kruijshoop M, Menheere P P C A, et al. Amino acid ingestion strongly enhances insulin secretion in patients with long-term type 2 diabetes[J]. Diabetes care, 2003, 26(3): 625 − 630.

[437] Wan S M, Xiong X M, Tomljanovic T, et al. Identification and mapping of SNPs associated with number of intermuscular bone in blunt snout bream. Aquaculture, 2019, 507: 75 − 82.

[438] Wan S M, Yi S K, Zhong J, et al. Dynamic mRNA and miRNA expression analysis in response to intermuscular bone development of blunt snout bream (*Megalobrama amblycephala*). Sci Rep, 2016, 6: 31050.

[439] Wan S M, Yi S K, Zhong J, et al. Identification of MicroRNA for intermuscular bone development in blunt snout bream (*Megalobrama amblycephala*). Int J Mol Sci, 2015, 16: 10686 − 10703.

[440] Wang B K, Liu W B, Xu C, et al. Dietary carbohydrate levels and lipid sources modulate the growth performance, fatty acid profiles and intermediary metabolism of blunt snout bream *Megalobrama amblycephala* in an interactive pattern[J]. Aquaculture, 2017, 481: 140 − 153.

[441] Wang C, Jiang G, Cao X, et al. Effects of dietary docosahexaenoic acid on growth performance, fatty acid profile and lipogenesis of blunt snout bream (*Megalobrama amblycephala*)[J]. Aquaculture Nutrition, 2020, 26(2): 502 − 515.

[442] Wang G W, Sun Q H, Wang H L, et al. Identification and characterization of circRNAs in the liver of blunt snout bream (*Megalobrama amblycephala*) infected with Aeromonas hydrophila. Dev Comp Immunol, 2021, 124: 104185.

[443] Wang J, Luo H, Sun Q, et al. Characterization of β2m gene and its association with antibacterial trait in *Megalobrama amblycephala*[J]. Aquaculture, 2021, 541: 736802.

[444] Wang JX, Sun Q H, Wu J Q, et al. Identification of four STAT3 isoforms and functional investigation of IL6/JAK2/STAT3 pathway in blunt snout bream (*Megalobrama amblycephala*). Dev Comp Immunol, 2022a, 135: 104484.

[445] Wang J X, Sun Q H, Zhang J, et al. Classical Signaling and Trans-Signaling Pathways Stimulated by *Megalobrama amblycephala* IL6 and IL6R. Int J Mol Sci, 2022b, 23(4): 2019.

[446] Wang J X, Sun Q H, Zhang J, et al. The effects of blunt snout bream (*Megalobrama amblycephala*) IL6 trans-signaling on immunity and iron metabolism via JAK/STAT3 pathway. Dev Comp Immunol, 2022c, 131: 104372.

[447] Wang X, Xiao K, Jiang G Z, et al. Dietary 18-carbon fatty acid unsaturation improves the muscle fiber development and meat quality of *Megalobrama amblycephala*[J]. Aquaculture Reports, 2022, 24: 101127.

[448] Wilson R P, Poe W E, Robinson E H. Leucine, isoleucine, valine and histidine requirements of fingerling channel catfish[J]. The Journal of Nutrition, 1980, 110(4): 627 − 633.

[449] Wilson-Arop O M, Liang H, Ge X, et al. Dietary histidine requirement of juvenile blunt snout bream (*Megalobrama amblycephala*)[J]. Aquaculture nutrition, 2018, 24(3): 1122 − 1132.

[450] Wu C, Huang X, Chen Q, et al. The formation of a new type of hybrid culter derived from a hybrid lineage of *Megalobrama amblycephala* (♀)×*Culter alburnus* (♂). Aquaculture, 2020, (525): 735328.

[451] Xia S, Ge X, Liu B, et al. Effects of supplemented dietary curcumin on growth and non-specific immune responses in juvenile wuchang bream (*Megalobrama amblycephala*)[J]. The Israeli Journal of Aquaculture-Bamidgeh, 2015.

[452] Xiong X M, Chen Y L, Liu L F, et al. Estimation of genetic parameters for resistance to Aeromonas hydrophila in blunt snout bream (*Megalobrama amblycephala*)[J]. Aquaculture, 2017, 479: 768 − 773.

[453] Xiong X M, Robinson N A, Zhou J J, et al. Genetic parameter estimates for intermuscular bone in blunt snout bream (*Megalobrama amblycephala*) based on a microsatellite-based pedigree [J]. Aquaculture, 2019, 502: 371 − 377.

[454] Xu C, Li Y Y, Brown P B, et al. Interactions between dietary carbohydrate and thiamine: implications on the growth performance and intestinal mitochondrial biogenesis and function of *Megalobrama amblycephala*[J]. British

Journal of Nutrition, 2022, 127(3): 321 – 334.

[455] Xu C, Liu W B, Dai Y J, et al. Long-term administration of benfotiamine benefits the glucose homeostasis of juvenile blunt snout bream *Megalobrama amblycephala* fed a high-carbohydrate diet[J]. Aquaculture, 2017, 470: 74 – 83.

[456] Xu C, Liu W B, Shi H J, et al. Benfotiamine ameliorates high-carbohydrate diet-induced hepatic oxidative stress, inflammation and apoptosis in *Megalobrama amblycephala* [J]. Aquaculture Research, 2021, 52 (7): 3174 – 3185.

[457] Xu C, Liu W B, Wang B K, et al. Restricted feeding benefits the growth performance and glucose homeostasis of blunt snout bream *Megalobrama amblycephala* fed high-carbohydrate diets [J]. Aquaculture Reports, 2020, 18: 100513.

[458] Xu C, Zhong X Q, Li X F, et al. Regulation of growth, intestinal microflora composition and expression of immune-related genes by dietary supplementation of Streptococcus faecalis in blunt snout bream (*Megalobrama amblycephala*)[J]. Fish & Shellfish Immunology, 2020, 105: 195 – 202.

[459] Xu J, Wang F, Jakovlić I, et al. Metabolite and gene expression profiles suggest a putative mechanism through which high dietary carbohydrates reduce the content of hepatic betaine in *Megalobrama amblycephala* [J]. Metabolomics, 2018, 14: 1 – 13.

[460] Xu W N, Chen D H, Chen Q Q, et al. Growth performance, innate immune responses and disease resistance of fingerling blunt snout bream, *Megalobrama amblycephala* adapted to different berberine-dietary feeding modes[J]. Fish & Shellfish Immunology, 2017, 68: 458 – 465.

[461] Xu W, Qian Y, Li X, et al. Effects of dietary biotin on growth performance and fatty acids metabolism in blunt snout bream, *Megalobrama amblycephala* fed with different lipid levels diets [J]. Aquaculture, 2017, 479: 790 – 797.

[462] Xu X, Wang J, Wu J, et al. Evolution and expression analysis of STAT family members in blunt snout bream (*Megalobrama amblycephala*). Fish Shellfish Immunol, 2022, 121: 316 – 321.

[463] Yamamoto T, Shima T, Furuita H. Antagonistic effects of branched-chain amino acids induced by excess protein-bound leucine in diets for rainbow trout (Oncorhynchus mykiss) [J]. Aquaculture, 2004, 232(1 – 4): 539 – 550.

[464] Yang Q, Liang H, Maulu S, et al. Dietary phosphorus affects growth, glucolipid metabolism, antioxidant activity and immune status of juvenile blunt snout bream (*Megalobrama amblycephala*) [J]. Animal Feed Science and Technology, 2021, 274: 114896.

[465] Yang Q, Liang H, Mokrani A, et al. Dietary histidine affects intestinal antioxidant enzyme activities, antioxidant gene expressions and inflammatory factors in juvenile blunt snout bream (*Megalobrama amblycephala*) [J]. Aquaculture Nutrition, 2019, 25(1): 249 – 259.

[466] Ye Q, Feng Y, Wang Z, et al. Effects of dietary Gelsemium elegans alkaloids on growth performance, immune responses and disease resistance of *Megalobrama amblycephala*[J]. Fish & shellfish immunology, 2019b, 91: 29 – 39.

[467] Ye Q, Feng Y, Wang Z, et al. Effects of dietary Gelsemium elegans alkaloids on intestinal morphology, antioxidant status, immune responses and microbiota of *Megalobrama amblycephala* [J]. Fish & Shellfish Immunology, 2019a, 94: 464 – 478.

[468] Yossa R, Sarker P K, Mock D M, et al. Current knowledge on biotin nutrition in fish and research perspectives [J]. Reviews in Aquaculture, 2015, 7(1): 59 – 73.

[469] Yu C, Zhang J, Qin Q, et al. Berberine improved intestinal barrier function by modulating the intestinal microbiota in blunt snout bream (*Megalobrama amblycephala*) under dietary high-fat and high-carbohydrate stress[J]. Fish & Shellfish Immunology, 2020, 102: 336 – 349.

[470] Yu H, Liang H, Ren M, et al. Effects of dietary fenugreek seed extracts on growth performance, plasma biochemical parameters, lipid metabolism, Nrf2 antioxidant capacity and immune response of juvenile blunt snout

bream (*Megalobrama amblycephala*)[J]. Fish & Shellfish Immunology, 2019, 94: 211 – 219.

[471] Yu H, Yang Q, Liang H, et al. Effects of stocking density and dietary phosphorus levels on the growth performance, antioxidant capacity, and nitrogen and phosphorus emissions of juvenile blunt snout bream (*Megalobrama amblycephala*)[J]. Aquaculture Nutrition, 2021, 27(2): 581 – 591.

[472] Yuan X Y, Liu M Y, Cheng H H, et al. Replacing fish meal with cottonseed meal protein hydrolysate affects amino acid metabolism via AMPK/SIRT1 and TOR signaling pathway of *Megalobrama amblycephala*[J]. Aquaculture, 2019a, 510: 225 – 233.

[473] Yuan X, Jiang G, Cheng H, et al. An evaluation of replacing fish meal with cottonseed meal protein hydrolysate in diet for juvenile blunt snout bream (*Megalobrama amblycephala*): Growth, antioxidant, innate immunity and disease resistance[J]. Aquaculture Nutrition, 2019b, 25(6): 1334 – 1344.

[474] Zeng C, Liu X, Wang W, et al. Characterization of GHRs, IGFs and MSTNs, and analysis of their expression relationships in blunt snout bream, *Megalobrama amblycephala*[J]. Gene, 2014, 535(2): 239 – 249.

[475] Zhang B, Chen N, Huang CH, et al. Molecular response and association analysis of *Megalobrama amblycephala* fih1 with hypoxia, Mol Genet Genomics, 2016, 291(4): 161524.

[476] Zhang C N, Li X F, Jiang G Z, et al. Effects of dietary fructooligosaccharide levels and feeding modes on growth, immune responses, antioxidant capability and disease resistance of blunt snout bream (*Megalobrama amblycephala*)[J]. Fish & Shellfish Immunology, 2014, 41(2): 560 – 569.

[477] Zhang C, Yuan X, Xu R, et al. The intestinal histopathology, innate immune response and antioxidant capacity of blunt snout bream (*Megalobrama amblycephala*) in response to *Aeromonas hydrophila*[J]. Fish & Shellfish Immunology, 2022, 124: 525 – 533.

[478] Zhang CN, Rahimnejad S, Lu KL, et al. Molecular characterization of p38 MAPK from blunt snout bream (*Megalobrama amblycephala*) and its expression after ammonia stress, and lipopolysaccharide and bacterial challenge. Fish & Shellfish Immunology, 2019, 84, 848 – 856.

[479] Zhang C N, Zhang J L, Liu W B, et al. Cloning, characterization and mRNA expression of interleukin6 in blunt snout bream (*Megalobrama amblycephala*). Fish & Shellfish Immunology 2016, 54, 639 – 647.

[480] Zhang H, Song C, Xie J, et al. Comparative proteomic analysis of hepatic mechanisms of *Megalobrama amblycephala* infected by *Aeromonas hydrophila*[J]. Fish & shellfish immunology, 2018, 82: 339 – 349.

[481] Zhang J. Parallel adaptive origins of digestive RNases in Asian and African leaf monkeys[J]. Nature genetics, 2006, 38(7): 819 – 823.

[482] Zhang R, Liu Y, Wang W, et al. A novel interleukin-1 receptor-associated kinase 4 from blunt snout bream (*Megalobrama amblycephala*) is involved in inflammatory response via MyD88-mediated NF-κB signal pathway [J]. Fish & Shellfish Immunology, 2022, 127: 23 – 34.

[483] Zhang W Z, Lan T, Nie C H, et al. Characterization and spatiotemporal expression analysis of nine bone morphogenetic protein family genes during intermuscular bone development in blunt snout bream[J]. Gene, 2018, 642: 116 – 124.

[484] Zhang X L, Sun Y W, Chen J, et al. Gene duplication, conservation and divergence of Heme oxygenase 2 genes in blunt snout bream (*Megalobrama amblycephala*) and their responses to hypoxia[J]. Gene, 2017, 610: 133 – 139.

[485] Zhang Y, Li Y, Liang X, et al. Effects of dietary vitamin E supplementation on growth performance, fatty acid composition, lipid peroxidation and peroxisome proliferator-activated receptors (PPAR) expressions in juvenile blunt snout bream *Megalobrama amblycephala*[J]. Fish physiology and biochemistry, 2017, 43: 913 – 922.

[486] Zhang Y, Liu B, Ge X, et al. Effects of dietary emodin supplementation on growth performance, non-specific immune responses, and disease resistance to *Aeromonas hydrophila* in juvenile Wuchang bream (*Megalobrama amblycephala*)[J]. The Israeli Journal of Aquaculture-Bamidgeh, 2014a.

[487] Zhang Y, Liu B, Ge X, et al. The influence of various feeding patterns of emodin on growth, non-specific immune

responses, and disease resistance to *Aeromonas hydrophila* in juvenile Wuchang bream (*Megalobrama amblycephala*)[J]. Fish & Shellfish Immunology, 2014b, 36(1): 187−193.

[488] Zhao Z, Ren M, Xie J, et al. Dietary arginine requirement for blunt snout bream (*Megalobrama amblycephala*) with two fish sizes associated with growth performance and plasma parameters[J]. Turkish Journal of Fisheries and Aquatic Sciences, 2017, 17(1): 171−179.

[489] Zhong X Q, Liu M Y, Xu C, et al. Dietary supplementation of Streptococcus faecalis benefits the feed utilization, antioxidant capability, innate immunity, and disease resistance of blunt snout bream (*Megalobrama amblycephala*)[J]. Fish physiology and biochemistry, 2019, 45: 643−656.

[490] Zhou C, Liu B, Ge X, et al. Effect of dietary carbohydrate on the growth performance, immune response, hepatic antioxidant abilities and heat shock protein 70 expression of Wuchang bream, *Megalobrama amblycephala*[J]. Journal of Applied Ichthyology, 2013, 29(6): 1348−1356.

[491] Zhou F, Zhan Q, Ding Z, et al. A NLRC3-like gene from blunt snout bream (*Megalobrama amblycephala*): molecular characterization, expression and association with resistance to Aeromonas hydrophila infection[J]. Fish & Shellfish Immunology, 2017, 63: 213−219.

[492] Zhou J J, Chang Y J, Chen Y L, et al. Comparison of myosepta development and transcriptome profiling between blunt snout bream with and tilapia without intermuscular bones. Biology (Basel), 2021, 10(12): 1311.

[493] Zhou M, Mi H F, Liu W B, et al. Molecular characterisation of tumour necrosis factor alpha and its potential connection with lipoprotein lipase and peroxisome proliferator-activated receptors in blunt snout bream (*Megalobrama amblycephala*)[J]. Journal of Applied Genetics, 2017, 58: 381−391.

[494] Zhou Q L, Habte-Tsion H M, Ge X, et al. Graded replacing fishmeal with canola meal in diets affects growth and target of rapamycin pathway gene expression of juvenile blunt snout bream, *Megalobrama amblycephala*[J]. Aquaculture nutrition, 2018, 24(1): 300−309.

[495] Zhou Q L, Habte-Tsion H M, Ge X, et al. Growth performance and TOR pathway gene expression of juvenile blunt snout bream, *Megalobrama amblycephala*, fed with diets replacing fish meal with cottonseed meal[J]. Aquaculture Research, 2017, 48(7): 3693−3704.

[496] Zhou Q, Xia D, Pan L, et al. Molecular cloning and expression mechanism of Mnp65 in *Megalobrama amblycephala* response to Aeromonas hydrophilia challenge. Comparative Biochemistry and Physiology Part A: Molecular & Integrative Physiology 2021, 261, 111046.

[497] Zhou W, Rahimnejad S, Tocher D R, et al. Metformin attenuates lipid accumulation in hepatocytes of blunt snout bream (*Megalobrama amblycephala*) via activation of AMP-activated protein kinase[J]. Aquaculture, 2019, 499: 90−100.

[498] Zhu L, Wu Q, Dai J, et al. Evidence of cellulose metabolism by the giant panda gut microbiome[J]. Proceedings of the National Academy of Sciences, 2011, 108(43): 17714−17719.

[499] Zou S, Li S, Cai W, et al. Establishment of fertile tetraploid population of blunt snout bream (*Megalobrama amblycephala*)[J]. Aquaculture, 2004, 238(1−4): 155−164.

[500] Zou S, Li S, Cai W, et al. Induction of interspecific allo-tetraploids of *Megalobrama amblycephala* ♀ × *Megalobrama terminalis* ♂ by heat shock[J]. Aquaculture Research, 2008, 39(12): 1322−1327.

[501] Zou S, Li S, Cai W, et al. Ploidy polymorphism and morphological variation among reciprocal hybrids by *Megalobrama amblycephala×Tinca tinca*[J]. Aquaculture, 2007, 270(1−4): 574−579.